甘孜藏族自治州畜禽遗传资源志

GAN ZI ZANG ZU ZI ZHI ZHOU XU QIN YI CHUAN ZI YUAN ZHI

毛进彬 ◎ 主编

四川科学技术出版社

图书在版编目(CIP)数据

甘孜藏族自治州畜禽遗传资源志 / 毛进彬主编.
--成都:四川科学技术出版社,2019.9
ISBN 978-7-5364-9585-2

Ⅰ.①甘… Ⅱ.①毛… Ⅲ.①畜禽 – 种质资源 – 概况
– 甘孜藏族自治州 Ⅳ.①S813.9

中国版本图书馆CIP数据核字（2019）第205986号

甘孜藏族自治州畜禽遗传资源志

主　　编　毛进彬

出 品 人　钱丹凝
责任编辑　梅　红
封面设计　杨文涛
责任出版　欧晓春
出版发行　**四川科学技术出版社**
　　　　　成都市槐树街2号　邮政编码 610031
　　　　　官方微博:http://e.weibo.com/sckjcbs
　　　　　官方微信公众号:sckjcbs
成品尺寸　**185mm × 260mm**
印　　张　15.375
印　　刷　四川玖艺呈现印刷有限公司
版　　次　**2019年10月第一版**
印　　次　**2019年10月第一次印刷**
定　　价　**150.00元**

ISBN 978-7-5364-9585-2

邮购:四川省成都市槐树街2号　邮政编码: 610031

《甘孜藏族自治州畜禽遗传资源志》
编纂人员名单

顾　　问：松　呷　罗永红　杨　林

编　　审：杨树农　王大成　谢锅平

主　　编：毛进彬

副 主 编：方世界　代舜尧　阿农呷　王　平

编写人员：毛进彬　方世界　代舜尧　阿农呷

　　　　　张永成　王俊杰　涂永强　冯　勇

　　　　　杨鹏波　潘晓玲　邓启红　王照燕

　　　　　付华龙　沈常欢　伍　珊　格桑拉姆

　　　　　罗晓蓉　彭海云　高太利　黄　伦

　　　　　赵光阳　余廷辉　文　俐　王燕军

　　　　　樊珍祥　何宗伟　李松明　郭格桑

　　　　　泽仁洛日　冲翁扎西　甘万华　巴桑卓玛

校　　对：王俊杰　邓启红　王照燕　冯　勇

　　　　　杨鹏波　涂永强　格桑拉姆　罗晓蓉

　　　　　潘晓玲　付华龙　黄耀琼　樊世蓉

　　　　　陆雪艳　沈常欢　伍　珊　巴桑卓玛

图片摄影：毛进彬　代舜尧　阿农呷

序

　　甘孜藏族自治州畜禽遗传资源是青藏高原畜禽遗传资源重要组成之一，有猪、牛、羊、马、驴、骡、藏獒、中蜂等丰富的资源。2018年底，全州存栏牛、羊、猪、马344.64万头（只、匹）。甘孜藏族自治州畜禽遗传资源是历史保存下来的畜禽品种和宝贵基因库，是我国重要畜禽遗传资源的组成部分，是甘孜藏族自治州农牧民的珍贵财富，是农牧民生产和生活的基础资料，更是畜禽新品种培育不可缺少的原始素材。这些资源一直广泛应用于畜牧业生产，在畜牧业可持续发展中发挥着重要作用。受地理环境、自然气候、民族文化等自然因素的影响，畜禽遗传资源的数量、分布及种质特性等始终处于变化和更新过程。客观描述并科学调查分析畜禽遗传资源的种质特性及其与当地自然、生态、市场需求的关系，对于加强畜禽遗传资源保护与管理、开发与利用，促进畜牧业可持续发展，满足人类社会对畜产品的多元化需求，具有重大的战略意义。改革开放初期，甘孜藏族自治州第一次开展了畜种资源的自然条件、社会经济及分布特点调查。随着畜种资源在发展畜牧业经济中的基础性的作用以及保护和利用畜禽遗传资源的重要性认识的不断提高，畜牧业生产方式的转变和外来品种的引进，畜禽遗传资源的数量和质量不断发生变化。为了弄清和掌握畜禽遗传资源状况，2006年在农业部的安排下，开展了第二次调查，由于经费有限，甘孜藏族自治州只对安排的畜种进行了调查。2015年农业部再次部署对全国藏族地区畜禽遗传资源进行补充调查时，州委、州人民政府更加高度重视，专门拨出资金，由州畜牧行政主管部门负责，组织强有力的调查队伍，对全州畜禽遗传资源进行了深入、全面、系统的调查。通过三年的艰苦努力，基本摸清了甘孜藏族自治州畜禽遗传资源的家底，掌握了基础数据和资料，在此基础上，编纂了《甘孜藏族自治州畜禽遗传资源志》。

　　该资源志系统论述了本地区畜禽遗传资源的形成和发展，记载了甘孜藏族自治州畜禽遗传资源的最新状况，是一部体现甘孜藏族自治州畜禽遗传资源时代特点的资料，将为全州制定畜牧业发展规划、合理开发利用资源、培育畜禽新品种提供科学依据，并为科研教学等单位和畜牧企业提供参考。

　　《甘孜藏族自治州畜禽遗传资源志》凝聚了国家、省、州畜牧业技术专家、管理人员大量心血和汗水。值此出版之际，谨向参与甘孜藏族自治州畜禽遗传资源调查和志书编纂工作的全体同志表示衷心的感谢！同时，诚挚希望社会各界继续关心和支持甘孜藏族自治州畜禽遗传资源保护与利用事业。希望甘孜藏族自治州畜牧科技工作者再接再厉，开拓进取，为推动甘孜藏族自治州畜牧产业脱贫奔康和可持续发展做出新的更大的贡献。

2019年8月

前言

（一）

甘孜藏族自治州系我国藏区康巴主体，俗称康区，地处川、滇、藏、青四省六地交界处，是我国第二大藏区的重要组成部分。辖区面积约为15.3万平方千米，辖18个县（市）。2015年总人口109.23万人，其中藏族人口占81.89%，汉族人口占14.15%，彝族人口占2.98%，是以藏民族人口为主体的多民族自治州。地处我国地理上第一级阶梯青藏高原向第二级阶梯云贵高原和四川盆地过渡地带，属横断山脉北段川西高山高原区，青藏高原的一部分，介于北纬27°58′～34°20′，东经97°22′～102°29′之间。境内金沙江、雅砻江、大渡河以北向南流经甘孜藏族自治州东部和西部，形成山谷高耸，河谷幽深。大雪山和沙鲁里山纵贯全境，地势由西北向东南倾斜，北高南低，中部突起，东南缘深切。地面平均海拔3 500m，5 000m以上山岭终年积雪，地貌分为高原、山原、高山峡谷三大类型。气候属高原季风型气候，复杂多样，地域差异显著。南北跨六个纬度，随着纬度自南向北增加，气温逐渐降低，在六个纬距范围内，年平均气温相差达17℃以上。在高山峡谷地区，山脚和山顶高低悬殊，气候也随着高度变化，相差20℃～30℃。各县城所在地年均气温15.4℃～1.6℃之间，从海拔1 321m的泸定县城到海拔4200m的石渠县城，海拔高度差2 879m，纬距相隔约3°，年均气温相差17℃，最高气温（丘状高原地区和中部高山地区）在30℃以上，最低气温（大部分地区）在-14℃以下。其中北部大部分地区及南部理塘、稻城等高海拔地区低于20℃，常年降水量在325～920mm，常年日照数1 900～2 600h，年总辐射量一般120～160kcal/cm²。历年平均霜日为18～228d。

甘孜藏族自治州是全国五大牧区之一的川西北牧区的重要组成部分，拥有1.4亿亩天然草地，有5大牧区县，其余13个县（市）属半农半牧区。特殊的地形地貌、自然气候及牧区牧民的游牧文化和半农半牧区农牧民的绒文化对本地畜禽的长期选择，形成同一畜种不同特性的畜禽遗传资源类群。丰富了甘孜藏族自治州畜禽遗传资源，形成了畜牧业发展潜力巨大的宝贵财富。

（二）

畜禽遗传资源是生物多样性的重要组成部分，保护生物多样性是当今世界最为关注的课题之一。生物多样性包括遗传多样性、物种多样性和生态系统多样性。畜禽遗传多样性是生物多样性中与人类关系最为密切的部分，保护畜禽遗传资源对于促进畜牧业可持续发展，满足人类多元化的畜产品需求具有重要的现实意义。

在人类生活中，畜禽以肉、奶、蛋、毛、皮、蜜、畜力和有机肥等形式提供了人类的生活生产需求，它是人类社会现在和未来不可缺少的重要物质来源。尽管畜禽只限于为数不多的物种，但在长期人工选择和自然选择的共同作用下，形成了体型外貌各异，经济性状各具特色的畜禽遗传资源。不同畜种间和同一畜种内丰富的遗传变异，构成了畜禽遗传多样性的主要内容。

甘孜藏族自治州畜禽饲养历史悠久，不仅是高原牧区家畜驯化的地区之一，也是青藏高原家养动物资源极其丰富的地区之一。畜禽遗传资源不仅数量丰富，而且具有优良的特性，诸如耐粗饲、抗逆性强、抗病力强、适应性强等特点。

近半个世纪以来，随着现代畜牧业理论和方法的应用，效益型畜牧业快速发展，畜禽生产性能得到高度重视和提升。在加快推进转型提升的同时，畜禽遗传多样性也受到严重挑战。5 000 年来，人类虽然对动物驯化，饲养和培育，演变了丰富的畜种、类群等资源，但也不同程度地破坏了资源。州内的马口羊已经灭绝消失、丹巴黑绵羊面临濒危，其他地方畜种品质退化，数量减少。

（三）

为了弄清楚畜禽遗传资源状况，甘孜藏族自治州委、州人民政府高度重视，部署开展了三次调查工作，第一次从 1979 年开始，在全州 18 个县开展了畜种资源调查。广大农牧科技前辈们出没于森林、草地，行程数万里，调查测定畜禽上万头（只），当时规模之大，工作之艰苦，为全州空前的工作重点。通过调查初步摸清了州内畜种资源，挖掘了九龙牦牛遗传资源，首次编写了《四川省甘孜藏族自治州畜种资源》资料，介绍了甘孜藏族自治州的牦牛、黄牛、藏绵羊、藏山羊、藏马、甘孜驴、藏猪、藏鸡等畜禽品种的数量、分布、外貌特征，以及生长发育、生产性能和杂交改良情况，是当时反应甘孜藏族自治州畜禽品种资源唯一的资料。

畜禽遗传资源一直处于动态变化过程，改革开放 40 年来，甘孜藏族自治州国民经济和社会发展发生了翻天覆地的变化，畜牧业发展方式和生产水平经历了质的飞跃。随着人们生活水平的提高和对美好生活的向往，畜产品市场需求不断变化，畜禽遗传资源状况也发生了变化，此外，科学技术的不断发展，对畜禽遗传资源的认识不断深化，资源研究领域不断出现新发现和成果，因此，亟须对本州畜禽遗传资源进行收集、整理、归纳和总结。

2006 年按照农业部和省畜牧食品局的安排，甘孜藏族自治州开展了第二次畜种资源补充调查。调查了九龙牦牛、甘孜黄牛、藏马、甘孜驴、藏绵羊、藏山羊、藏猪、藏鸡、白玉黑山羊、斜卡黄牛、藏獒等十一个品种资源。九龙牦牛、藏猪、藏鸡列入国家级畜禽遗传资源保护名录；在九龙县建立了国家级九龙牦牛保种场；在乡城县建立了国家级藏猪保种区和藏鸡保种场；甘孜黄牛、白玉黑山羊、藏马列入国家级畜禽遗传资源名录；藏绵羊、藏山羊列入省级畜禽遗传资源保护名录；在雅江县建立了藏山羊保种区；黄牛、甘孜驴、九龙牦牛、藏猪、甘孜藏黄牛、藏马、藏鸡写进了《四川畜禽遗传资源志》。2010 年以来，发现和调查的昌台牦牛经国家畜禽遗传资源委员会审定通过，列入国家畜禽遗传资源。

2016 年国家畜禽遗传资源委员要求在我国藏区开展一次系统的畜禽遗传资源调查，全面深入查清我国藏区范围内牦牛、藏羊及中蜂等主要畜禽遗传资源的分类、特性等，解决我国藏区畜禽遗传资源存在的"政策不全面、评价不系统、分析不透彻"，"同种异名"的问题。

甘孜藏族自治州高度重视，组建调查机构和队伍，安排专项资金，开展第三次畜禽遗传资源调查。此次调查投入了大量的人力、物力和财力，参加资源调查人员在人烟稀少的高寒牧区，克服了高寒缺氧、气候恶劣、交通不便、任务繁重等工作和生活极为艰辛困难的环境因素，先后出动了大批人员和车辆、马匹，观测了牛、羊、猪、中蜂等500个群体和1万头（只）个体，调查分析5万多个技术指标数据，对拉日马牦牛、亚丁牦牛、色达牦牛、勒通牦牛、扎溪卡绵羊、勒通绵羊、玛格绵羊、贡嘎绵羊、丹巴黑绵羊、朵洛山羊、德格山羊、谷地型山羊、巴塘黑猪、贡嘎中蜂、得荣中蜂、雅江中蜂、鲜水源中蜂等十七个类群进行深入、全面、系统调查测定。查清了甘孜藏族自治州畜禽等遗传资源现状，摸清了家底，掌握了大量第一手资料，为编撰《甘孜藏族自治州畜禽遗传资源志》奠定了坚实基础。

（四）

《甘孜藏族自治州畜禽遗传资源志》是在第一、二、三次甘孜藏族自治州畜禽遗传资源调查的基础上完成的。志书结构分自然条件和资源分布特点、总论和各论三部分。自然条件和资源分布特点主要介绍了甘孜藏族自治州的地形地貌、气候特点、植被及土壤、社会经济和文化简介，畜种资源与发展及分布特点。总论主要介绍了牦牛、黄牛、绵羊、山羊、藏猪来源与特性、分类与分布、利用与评价。各论主要介绍了资源的一般情况、来源及数量、体型外貌、生产性能及肉品质、饲养管理、保护与利用、评价及建议。

资源志的自然条件和社会经济、畜种资源及分布特点和总论部分是在收集整理第一次调查编制的《四川省甘孜藏族自治州畜种资源》资料、2002年甘孜藏族自治州畜牧局主编的《甘孜藏族自治州畜牧志》、2000年以来每年引种、改良、选育数量及项目实施情况的基础上，结合当前甘孜藏族自治州社会经济概况和畜种资源及分布特点编写而成。

各论部分介绍了29个畜、禽遗传资源，其中牦牛6个，黄牛2个，绵羊5个，山羊5个，猪2个，藏马1个，甘孜驴1个，藏鸡1个，中蜂4个，水牛1个，藏獒1个。九龙牦牛、甘孜黄牛、斜卡黄牛、藏马、甘孜驴、藏猪、藏鸡、白玉黑山羊是在2006年补充调查资料的基础上，结合2016年调查的数量、分布，增加了肉品质常规营养成分和图片资料编写而成。昌台牦牛、拉日马牦牛、亚丁牦牛、勒通牦牛、色达牦牛、扎溪卡绵羊、勒通绵羊、玛格绵羊、贡嘎绵羊、朵洛山羊、德格山羊、谷地型山羊、丹巴黑绵羊、巴塘黑猪、贡嘎中蜂、得荣中蜂、雅江中蜂、鲜水源中蜂是在2016～2018年调查的基础上编写形成。

本书是在甘孜藏族自治州农牧农村局的领导下，由甘孜藏族自治州畜牧站组织编写，编写过程中得到王大成、谢镉平、杨平贵、张显泽、赵永华等领导、专家的支持以及西南民族大学徐亚欧、文勇立两位教授修改提炼。在此，谨向汇编工作提供支持与帮助的各级领导、单位、个人表示衷心感谢。

本书中关于土地面积仍统一采用亩为单位（1亩≈0.0667公顷），特此说明。

由于水平有限，缺点和不妥之处在所难免，衷心希望广大读者、同仁批评指正。

本书编写参考资料和参与调查单位、人员附后。

编　者

2018 年 12 月 1 日

目 录 CONTENTS

目录 CONTENTS

第一篇
自然条件和资源分布特点

第一章 自然条件与社会经济概况

　　甘孜藏族自治州（以下简称甘孜州）位于四川省西部，处于北纬 27°58′ ～ 34°20′，东经 97°22′ ～ 102°29′。东与阿坝藏族羌族自治州和雅安市接壤，西隔金沙江与西藏自治区相望，南接凉山彝族自治州和云南省，北连青海省。总面积约为 15.3 万 km²。

　　甘孜州地处青藏高原东南缘，为较低一级的四川西部山地向我国地势最高的青藏高原过渡地带，地表平均海拔在 3 500m 以上，地势由东南向西北抬升。境内海拔高低悬殊，地形地貌类型复杂，气候、植被、土壤等自然要素具有显著的垂直地带性变化，而且也呈现出一定的纬度性变化。处于生物圈中的畜种，既受自然因素的制约，也受社会因素的影响，因此甘孜州畜种资源的分布，不同地区畜种的构成及其生产性能等，也显示出深刻的变化。在研究畜种资源的时候，了解和研究自然条件就显得迫切而重要。

第一节 地形地貌

　　甘孜藏族自治州地形地貌极为复杂。北部巴颜喀拉山、罗科马山、牟尼芒起山、雀儿山逶迤连绵数百里，婀娜多姿。而大雪山、沙鲁里山、九拐山等呈南北向，拔地而起，巍然挺立于中南部，显得雄伟壮观。大渡河、金沙江从北到南流经甘孜州东、西部，雅砻江汇集了发源于巴颜喀拉山的纵多支流，蜿蜒流经中部。由于甘孜州特殊的地理位置，在大地貌上既有和四川西部相似的高山峡谷区，又有和青藏高原相同地貌的丘状高原区，在中部也有向二者过渡的山原区。丘状高原草原风光春意盎然。山原区农、林、牧兼备，林海茫茫，林间草地丰富，高山峡谷流水相映，奇峰峥嵘，千变万化，气象万千。

一、丘状高原区

　　丘状高原区主要分布在马尼干戈至甘孜、炉霍、道孚以北辽阔的地区，它包括了石渠、色达、甘孜的大塘坝，以及炉霍、道孚两县的纯牧业地区，约三万平方千米。分布在甘孜—理塘断裂带，稻城河——桑堆以北，硕曲河上游以东地区，是仅次于石渠、色达的又一丘状高原区，包括了理塘的毛垭坝、新龙县的下占、稻城的桑堆等牧区。

　　丘状高原高的一级海拔 4 400 ～ 4 800m，多数为 4 500m，大部分丘顶位于这个高度。低的一级海拔为 3 700 ～ 4 200m，多数为 3 900m，宽谷、河曲多分布于这一高度。丘状高原地表广袤坦荡，丘顶浑圆，呈馒头状，海拔相对高差几十米至五百米；山不太高，坡不太陡。河谷宽平，有的宽达数千米，阶地平坝广布。金沙江、雅砻江、大渡河上游支流呈羽状分布于草地，迂回散流其上。在新龙 —— 理塘丘状高原区，"海子"星罗棋布，平均每 4km² 就有一个海子，大者面积达 5km²，小者仅有 10m²，犹如明珠点缀在茫茫草原上。

　　丘状高原是本州主要牧业基地。石渠、色达、理塘、德格、白玉等主要牧业县均分布于该区域。

二、山原区

石渠、色达丘原的南面，大雪山脉的中段折多山以西，康定与九龙交界的瓦灰山以北，沙鲁里山以东的广大地区，为山原区。它包括康定、道孚、炉霍、甘孜、雅江大部分地区。山原区既保持了丘原地貌（海拔 4 000 ～ 4 500m 分水岭地带），又保存有完整且宽坦的平面地貌，并残存部分山丘，有高寒沼泽分布。由于雅砻江、鲜水河及其支流由北向南流经该区，切割较强烈，使高原又逐步解体，向山地转化，因而坡度陡峻，海拔高差在500 ～ 1 000m，但河谷仍然较为宽坦。山原区农、林、牧兼备，发展畜牧业具有很大潜力。

三、高山峡谷区

折多山以东，瓦灰山以南，雀儿山、沙鲁里山以西，河谷狭窄，两岸险峰兀立，山体巍峨，谷壁峻削，是甘孜州著名的高山峡谷区。大渡河、雅砻江、金沙江向南奔腾于万山丛中，高山峡谷相间。这里海拔高差大，相对高度为 1 500 ～ 3 000m，最高的达 6 000 余米，为世所罕见。尤以贡嘎山山势雄伟壮丽，海拔为 7 556m，为四川第一峰，山顶终年积雪不化，现代冰川发育，山间云雾缭绕，草原、森林葱绿，景色壮观。该区面积大，范围广，约 6万 km²，包括康定、丹巴大渡河流域地带以及泸定、九龙、乡城、得荣、巴塘全境，稻城、德格部分区域。

第二节 气候条件

甘孜州属于青藏高原型气候。受地理位置、大气环流，特别是地形等各方面因素的影响和相互作用，其类型复杂多样。

一、影响甘孜州气候的主要因素

按甘孜州地理纬度，应属于亚热带气候。但是随着地表的强烈隆起，海拔高度的升高，加之山地和高原又是主要地形地貌，地形和海拔高度对本地区气候起着主导性、决定性的影响，纬度地带性气候为垂直性、地带性气候所代替。随着地形由东南向西北逐步抬升，热量分配则从东南向西北逐步递减。在同一地区，随着海拔高度的变化，气温也随之发生变化，从低到高依次出现山地亚热带、山地暖温带、山地温带、山地寒温带、山地亚寒带、寒带和永久冰雪带气候，形成了气候垂直分带最明显，带谱最多的地区之一。

大气环流也是影响气候的一个重要因素。大雪山东南主要受太平洋东南季风影响，其西南主要受印度洋西南季风影响，海拔 4 000m 以上的地区则主要受西风环流影响。冬春季节，降水低，日照丰富，晴朗干燥的天气。夏秋季节，受西南季风影响，气温高，雨量集中，多雷雨、冰雹。

地理位置对气候也有一定影响。在地势低的东南部泸定、九龙、得荣等县河谷地区，亚热带气候明显，四季分明，物产丰富。但西北部的石渠、色达等县气候极为高寒。

此外，植被、冰川雪山、湖泊沼泽，以及人类的经济活动，对气候也有影响。

二、气候特点

气温低，热量不足是丘状高原区、山原区气候最大特点。分别以石渠丘状高原和道孚山原区为例，一月平均温度分别为 –12.8℃、–1.9℃，七月均温为 8.9℃ ～ 16.4℃。石渠极

端最低气温为 −35℃，为四川省最寒冷的地方。在石渠、色达以及海拔 4 000m 以上的地区，年平均温度在 0℃ 以下，时间长达 8 个月。理塘、色达甚至长达 10 ～ 11 个月，基本上为长冬无夏。

太阳辐射强烈，光照丰富，是本州气候的又一特点。太阳辐射总量一般为 120 ～ 150kcal/cm²，在一定程度上弥补了本区热量不足，以康定、理塘、甘孜为例，日照时数分别为 1 712h、2 541h、2 606h；其百分率又分别为 39%、57%、59%，尤其甘孜为日照最丰富的地区。

降雨量少，分布不均是特点之三。全州大部分地区降水量为 600 ～ 800mm，得荣县年降雨量仅为 320mm，且降雨集中在 5 月 ～ 10 月，占全年降雨量 80% 左右；11 月 ～ 4 月，降雨量只占全年 20% 左右。气候干燥，冬干春旱十分突出，干湿季节分明。

三、气候分带及特征

（一）山地亚热带、山地暖温带：甘孜州东部、南部及东南部气候分带属于山地亚热带、山地暖温带，包括丹巴、康定折多山以东部分地区，泸定、雅江、九龙、巴塘、得荣、乡城、稻城等县，海拔在 2 600m 以下的河谷地带，海拔低，气温高，是甘孜州热量资源最丰富的地区，年均温 12℃ ～ 16℃，一月均温 3℃ ～ 6℃，七月均温 18℃ ～ 25℃，无霜期 190d 左右，但是本区降雨量低，常年冬干春旱。以饲养猪、黄牛、山羊为主。

（二）山地凉温带、山地寒温带：该气候带海拔高度一般在 2 600 ～ 3 800m，主要包括是金沙江和雅砻江流域的德格、白玉、甘孜、新龙、炉霍、道孚等县。从地貌上看主要为山原区。热量、降水较为集中，海拔 2 600 ～ 3 400m 的山地凉温带。年均温度可达 6℃ ～ 8℃，一月均温 −2℃ ～ 5℃，七月均温 15℃ ～ 16℃，≥ 10℃ 积温为 1 600 ～ 3 400℃。而山地寒温带积温在 1 000 ～ 1 600℃ 之间。年降水量 700mm 左右。无霜期为 120d 左右。本区太阳辐射特别强烈。日照均在 2 000h 以上。该区是甘孜州主要半农半牧区。以饲养牦牛、绵羊、黄牛为主。

（三）山地亚寒带、寒带：包括石渠全部，色达大部分，以及甘孜县北部、理塘县部分地区，海拔在 3 900m 以上，海拔 4 600m 以上地区又主要属于寒带气候。主要为丘状高原地貌，是甘孜州气温最低的地方，年平均温度在 0℃ 以下，一月平均温度低于 −10℃，七月平均温度不足 10℃，年降雨 600mm 左右，无绝对无霜期，严寒低温，热量条件差。以牦牛、绵羊为主。

甘孜州由于受气候的垂直地带性变化，立体农业的特殊情况，由低而高，形成了半农半牧区到牧区的"立体农业"，不同畜种的构成和分布随之发生相应的变化。

第三节 植被及土壤

甘孜州植物种类繁多，组成的植物群落千变万化，丰富多彩。既有高山峡谷区繁茂的森林、灌丛，又有适应于高原生态的灌丛、草甸，而且随着水热条件有规律的变化，植被类型、群落的组成，结构及外貌也呈现出规律性的变化，这种变化表现在水平地带性上，也表现在垂直变化方面。

一、干热河谷灌丛

在大渡河、金沙江、雅砻江三大流域的河谷地带，热量丰富，降雨较少，加之焚风效应，气候干热，形成了与此相适应的干热河谷灌丛植被，其分布上限可达海拔 3 000 余米。土壤为山地褐土、山地棕褐土和山地棕壤等。灌丛以耐旱、多刺、多毛、肉质为特征，有狼牙刺、黄荆、羊蹄甲、白花刺、仙人掌、霸王鞭等。草本植物有芸香草、荩草、狗尾草、白茅、旱茅等，并形成一定盖度，是山羊、黄牛、绵羊放牧的地方。

二、针叶林及针、阔混交林

高山峡谷区及山原区，植被以中生性、旱生性为主，森林组成有松、杉、桦等。林下植被及灌丛有高山栎、矮高山栎、陇蜀杜鹃、理塘杜鹃、双色杜鹃、沙棘。草本植物有四川蒿草、珠芽蓼、圆穗蓼、糙叶青茅、多种蒿类及蕨类植物。林间是半农半牧区牲畜冬春良好的放牧地和防寒保暖栖歇地。

三、亚高山草甸与亚高山灌丛草甸

亚高山草甸、亚高山灌丛草甸分布于石渠、色达以南的山原区及高山峡谷区中山、高山部分，垂直分布海拔高度为 2 500～4 000m，跨越了几个气候带，与相同海拔的森林、灌林呈镶嵌分布，犬牙交错。

亚高山草甸多位于河谷、阶地、宽谷及农耕地间隙，与林间草地、亚高山灌丛草地交错，地势开阔，坡缓平坦，排水良好，有一定灌丛。土壤多为亚高山草甸土，pH 值 5.29～8.47。

亚高山草甸组成群落的植物较为丰富，禾本科属的垂穗披碱草、鹅冠草、老芒麦、草地早熟禾、羊茅、无芒雀麦等。莎草科牧草有四川蒿草、高山蒿草、甘肃蒿草、多种苔草等。杂类草繁多，有菊科、毛茛科、蔷薇科等的珠芽蓼、圆穗蓼、委陵菜、金莲花、银莲花、高原毛茛、唐松草、香青、紫苑、狼毒、马先蒿，并有一定的豆科植物。草甸层性明显，疏丛型禾草植株高大，有的可达 50～60cm，繁多的杂类草位于中层，密丛型莎草处于群落下层。草甸季相变化显著。产草量较高，亩产鲜草 250～300kg。

亚高山灌丛草地是一个不稳定的植被类型。灌丛主要有高山栎、高山柳、沙棘、陇蜀杜鹃、理塘杜鹃、紫丁杜鹃、双色杜鹃、金花小檗、峨眉蔷薇、川滇榛子、茶藨子、绣线菊、麦秧子、窄叶鲜卑花等，其盖度可达 40%～60%。丛高 1～3m。草本植物成分丰富，构成群落与亚高山草甸大体一致，但盖度一般较亚高山草甸低。

亚高山灌丛草甸草地、亚高山草甸草地是半农半牧区重要的放牧地。海拔低，气候较温和。因此，它又是高寒牲畜的冬春放牧地。

四、高山草甸与高山灌丛草甸

高山灌丛草甸、高山草甸、高寒沼泽草甸呈镶嵌分布，位于森林上限，与亚高山灌丛或针叶林相接，上连高山流石滩植被，海拔在 3 800～4 700m，广泛分布于丘状高原的石渠、色达、理塘等地。其他各县山原面上，也有零星分布。为亚寒带、寒带气候。土壤主要为高山草甸土，pH 值 4.75～8.42。

高山灌丛，阴坡主要有理塘杜鹃、淡黄杜鹃、折多山杜鹃、紫丁杜鹃、陇蜀杜鹃等。香泊灌丛又常生长于阳坡上面。落叶阔叶灌丛有高山柳、窄叶鲜卑花等。高山灌丛盖度一般可达 50%～60%。草本植物有疏花早熟禾、藏异燕麦、羊茅、四川蒿草、高山蒿草、甘肃蒿草，以及杂类草如珠芽蓼、圆穗蓼淡黄香清、多种风毛菊、糙裂银莲花、多种马先蒿等。

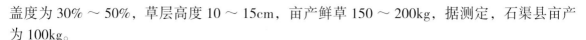

盖度为 30%～50%，草层高度 10～15cm，亩产鲜草 150～200kg，据测定，石渠县亩产为 100kg。

高山草甸群落较单一，牧草成层性不明显，草本植物种类与高山灌丛草甸大体相同，但草本植物盖度较高山灌丛草甸为高，可达 80% 以上，亩产鲜草可达 150kg。

五、高寒沼泽草甸

高寒草丘沼泽草甸或沼泽草甸，呈非地带性零星分布于全州各县，土壤为沼泽土，pH 值 6.5～8.3。沼泽植被植物种类贫乏，群落外貌单调，季相变化不明显，以湿生莎草科为主，主要有四川蒿草、高山蒿草、木里苔草、走茎灯芯草等，其次为禾本科的早熟禾、长花野青茅、剪股颖等，及杂类草如花葶驴蹄草、矮金莲花、垂头菊、高原毛茛、多种马先蒿，盖度可达 60%～80%，亩产青草 150～200kg。

六、高山流石滩植被

在海拔 4 800m 以上的地区为永久寒冻带，植被极为稀疏，仅有红景天、水母雪莲花、点地梅等生长。

综上所述，①石渠、色达，以及理塘、新龙丘状高原区，海拔高，属亚寒带、寒带气候，植被以高山灌丛草甸、高山草甸为主，并有部分高寒沼泽草甸，是甘孜州牧业基地，以饲养牦牛、绵羊、马为主。②丘状高原区以南，高山峡谷区以北的甘孜、炉霍、道孚，以及康定折多山以西、雅江部分地区属山原区，寒温带、温带气候，以亚高山灌丛草甸、亚高山草甸为主，并有一定的高山灌丛草甸、高山草甸，是甘孜州半农半牧区。以饲养牦牛、黄牛、绵羊、山羊为主。从地形地貌、气候、植被以及畜种构成上它具都有过渡的性质。③丹巴、泸定、乡城、稻城、得荣、巴塘及康定、德格部分地区，为高山峡谷区，亚热带、暖温带、温带气候，植被以针叶林、针阔混交林为主，并有部分草山草坡、亚高山灌丛草地、亚高山草甸。以饲养黄牛、山羊、猪为主，也有牦牛、绵羊。

第四节 社会经济情况

甘孜藏族自治州总面积为 15.3 万 km²，约为 22 950 万亩。其中草原面积 1.4 亿亩，占总面积的 61.0%；林地面积 6 755.13 万亩，占 29.43%；农耕地面积仅为 160.20 万亩，占 0.70%；其他 2 034.76 万亩，占 8.87%。草地、森林、水力和矿产资源十分丰富。

全州辖 18 个县，325 个乡镇，2 789 个村民委员会、社区和居委会。牧业县为石渠、色达、理塘、德格、白玉，其余 13 个县（市）均为半农半牧县。全州有牧业乡镇 97 个，牧业村 862 个。2015 年末，全州总户数 29.39 万户，109.23 万人。农牧业总人口 92.87 万人，占总人口数的 85.02%；非农牧业人口 16.36 万人，占总人口的 14.98%。全州人口中藏族人口 89.45 万人，占总人口的 81.89%；汉族 15.78 万人，占 14.15%；彝族 3.26 万人，占 2.98%；回族 0.17 万人，占 0.16%；羌族 0.3 万人，占 0.27%；其他民族 0.60 万人，占 0.55%。

党的十届三中全会以来，在党的民族政策的关怀下，全州各族人民与党中央保持高度一致，前进在中国特色社会主义的大道上，农牧产业经济迅猛发展。

一、粮食产量增加

2018 年末粮食产量 225 577t，比 1980 年粮食产量 181 530t，增加 44 047t，平均每年增加 1 159.13t。

二、农业总产值增加

2018 年末农业总产值（种植业、畜牧业、渔业）为 885 390 万元，比 1980 年的农业总产值 18 203 万元，增加 48.64 倍，平均每年递增 128.00%。其中种植业产值 362 518 万元，占农业总产值 40.94%。

三、牧业产值逐年增加

2018 年末畜牧业产值 469 023 万元，比 1980 年的 10 909 万元，增加 458 114 万元，平均每年增加 12 055.63 万元。畜牧业产值占农业总产值 52.97%，占据农业总产值一半以上。

四、畜产品增加

肉牛商品率逐年提高。2018 年末，出栏肉牛 54.13 万头，较 1980 年 11.41 万头增加 42.72 万头，平均每年增加 1.12 万头；肉产量达 68 197.95t，较 1980 年 9 400t 增加 68 197.01t，平均每年增加 1 794.66t。

肉羊商品率逐年提高。2018 年末，肉羊出栏 41.37 万只，较 1980 年的 14.30 万只增加 27.07 万只，平均每年增加 0.71 万只；肉产量 7 005.73t，较 1980 年的 2 200t 增加 4 805.73t，平均每年增加 126.46t。

肉猪商品率逐年提高。2018 年末，肉猪出栏 24.29 万头，较 1980 年的 8.22 万头增加 16.07 万头，平均每年增加 0.42 万头；肉产量 16 642t，较 1980 年 3 669.1t 增加 12 972.9t，平均每年增加 341.39t。

2018 年奶产量 103 600t，禽蛋产量 385t 都较 1980 年有所增加。中蜂蜜产量 17.9t。

五、牲畜数量减少

2018 年末各类牲畜为 344.64 万头（只、匹），较 1980 年 468.52 万头（只、匹）减少 123.88 万头（只、匹）。牲畜数量减少而畜产品产量增加，商品率逐年提高，充分说明甘孜州的畜牧业由数量型向质量型发展。

第五节 文化简介

甘孜州地处横断山脉东南沿线，是东低西高的草原森林峡谷地带，形成了多气候的独特地貌，造就了独特的高山草原游牧文化及峡谷地带的半牧半耕定居式绒文化，是康巴地区的中心区域，同时是远古木雅文化的发祥地。

一、游牧文化

人类在生活发展进化中。开始住在高山草原以狩猎为主演变成游牧，用动物的兽皮披在身上保暖，做成简单衣服保护身体，逐渐一部分人类的发展进化从事牧业，就有了驯化野牦牛、野马、野羊。游牧民族形成了为了便于牧草生长及家畜吃好草，沿袭了一年四季草场轮转搬迁的放牧习惯。用马作为代步的工具，用公牦牛作为驮运的交通工具。绵羊奶作为补充热量的饮料，绵羊肉作为食用及皮毛制作生活用品（羊羔皮衣、羊毛毯子、羊毛

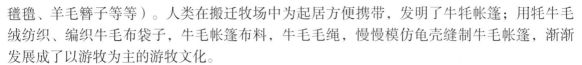

毪氇、羊毛簪子等等）。人类在搬迁牧场中为起居方便携带，发明了牛牦帐篷；用牦牛毛绒纺织、编织牛毛布袋子，牛毛帐篷布料，牛毛毛绳，慢慢模仿龟壳缝制牛毛帐篷，渐渐发展成了以游牧为主的游牧文化。

二、绒文化

人类在生活发展中逐渐分化，一部分开始从高山草原迁移到峡谷地带，以驯化养殖岩羊（山羊）、藏黄牛、野猪（藏猪）、野鸡（藏鸡）、野马（马）驴，骡子等半牧方式。同时在峡谷地带建房开垦，种植些青稞、麦子、大豆、豌豆、玉米、土豆、荞麦等农作物，高山峡谷地带只有一季庄稼，只能以半牧半耕种的方式生活，从而形成了有别于纯农耕地带的文化现象。

三、农耕文化

甘孜州低海拔（1 000m 以下）平原地带及丘陵地带适合四季耕种农作物，以农作物耕田固定居所，从而形成了四季有耕种的独特农耕文化区域，通过种植水稻，养蚕纺丝，种植棉花织布，种植亚麻及大麻织布，形成了千年的农耕文明。

甘孜州主要是绒文化和游牧文化区域，历史书上所记载的戎狄、加绒，不是民族概念而是生活在峡谷区域概念，绒文化独特的生活区域有别于纯游牧文化及纯农耕文化生活区域。

第二章 畜种资源及其分布特点

畜牧业是甘孜州的优势产业之一。畜种资源丰富，畜牧业生产与各族人民生产、生活紧紧相连，息息相关。弄清畜种资源及分布特点，目的在于发掘资源，合理保护和利用资源。

第一节 畜种资源及其发展

一、畜种资源

甘孜州畜种资源丰富，表现在种类上，也表现在数量方面。

甘孜州蕴藏着丰富的动物遗传资源。畜禽种类有牦牛、黄牛、水牛、马、驴、绵羊、山羊、猪、禽、中蜂。其中牦牛是其他牲畜不可替代的高寒牧区主要畜种。尤以体格高大、产肉性能良好的九龙牦牛而闻名中外。马属有藏马、巴塘驴。同时有适应性强，耐高寒的绵羊、山羊。也有长期生活在严酷的环境下，适宜放牧、善奔跑的藏猪、藏鸡、兔以及蜂。

畜禽数量：2018 年全州各类牲畜为 344.64 万头（只、匹），其中：牛 219.63 万头；绵羊 45.88 万只，山羊 26.96 万头，猪 17.87 万头，马（驴）31.37 万匹。按全州乡村人口平均计算，2017 年末乡村人口为 94.55 万人（全国第三次农业普查），人平 3.65 头，其中：牛 2.32 头，羊 0.77 只，猪 0.19 头。

各类牲畜中：①以牛为主，绵羊、山羊次之，马为第三，猪排第四。②以大牲畜为主。牛、马为 251.01 万头（匹），占各类牲畜总数的 72.83%。③草食牲畜占绝对优势，牛、马、羊达 323.86 万头（只、匹），占 93.97%。上述特点的形成，是千百年来自然选择和人工选择的结果，是充分适应高寒草原畜牧业的生态环境的结果。因此，合理的畜种组成，对于充分利用草地资源，发挥草原畜牧业的优势具有重要的作用。

二、畜牧业的发展

甘孜州畜牧业发展具有悠久的历史。在驯化、饲养绵羊之后，又在漫长的岁月和艰苦的条件下，使用古老原始的方法，驯养了牦牛。而且早在殷周时期，在长期的生产过程中，开展了牦牛与黄牛杂交工作，育出生产性能较好地犏牛。藏马、藏猪、藏鸡的饲养也具有长久的历史。但是，牲畜实行联产承包责任制以后，经营管理方式落后，牲畜选育改良缓慢，生产性能下降，品质退化，畜牧业生产数量发展快，质量效益低。到 2010 年各类牲畜 434.42 万头（只、匹）。其中：牛 258.20 万头，马（驴）52.05 万匹，羊 109.25 万只，猪 14.92 万头（全国第三次农业普查）。2011 年开始实施长江上游生态屏障建设，开展草原生态保护补助金奖励政策，每年投资 5 个多亿资金开展禁牧补助和草畜平衡奖励，过度放牧逐步减少。到了 2018 年各类牲畜总数减少 89.78 万头（只、匹）。其中：牛减少 38.56 万头，马（驴）减少 17.77 万匹，羊减少 36.4 万只，猪增加 2.95 万头。畜牧业数量效益向质量效益转型发展。

（一）三十年牲畜发展情况

1980 年各类牲畜为 468.52 万头。其中，牛 222.36 万头，马 15.36 万匹，山羊 84.69 万只，绵羊 121.04 万只，猪 24.82 万头。2010 年（第三次全国农业普查）各类牲畜为 434.42 万头，比 1980 年减少 34.1 万头（只、匹），平均每年减少 1.14 万头（只、匹）。其中：牛增加了 35.84 万头，平均每年增加 1.19 万头；羊减少了 96.48 万只，平均每年减少 3.22 万只；猪减少了 9.9 万头，平均每年减少 0.33 万头。牲畜发展呈现增长和减少两种情况：牛增长；羊减少最多，次为猪。

（二）不同时期甘孜州畜牧业发展情况

1. 1950～1955 年系恢复时期。由于社会制度的巨大变革，实现了由奴隶制度向社会主义制度的根本转变，畜牧业生产得到了恢复和发展，每年递增为 2.49%。

2. 1956～1960 年，由于反革命分子武装叛乱，大肆掠杀牲畜，连续五年大减产。到 1960 年，各类牲畜下降到 173.99 万头（只），平均每年下降 27.31 万头（只），递减 11.47%。比 1950 年存栏 269.83 万头（只），减少 35.52%。

3. 1961～1974 年，这一段时期经历了合作化运动，人民公社化，在党的正确方针政策指导下，牲畜获得了大发展，每年净增头数达到 19.24 万头（只），平均每年递增 7.08%。虽然牲畜数量增加，但由于草场具有一定载畜潜力，生态基本保持平衡，畜牧业发展速度较快。

4. 1975～1980 年，牲畜头数从 1975 年的 410.70 万头（只）发展到 468.52 万头（只），发展速度减缓。每年净增 11.56 万头（只），递增为 2.67%，死亡率高，损失严重，死亡率甚至高于出栏率，常年在 10% 左右。说明随着牲畜头数的增加，已逐步接近草场的载畜潜力，特别是部分牧区已经出现草场超载过牧的情况。打破了草畜之间的平衡，再增加牲畜数量，畜牧业生产就难于发展。

5. 1981～1990 年各类牲畜头数从 410.70 万头（只、匹）发展为 481.80 万头（只、匹），增加 71.10 万头（只、匹），平均每年增加 7.11 万头（只、匹）。

6. 1991～2000 年各类牲畜头数从 481.80 万头（只、匹）发展到 493.97 万头（只、匹），增加 15.20 万头（只、匹），平均每年增加 1.52 万头（只、匹）。

7. 2001～2010 年各类牲畜头数从 493.97 万头（只、匹）减少到 434.42 万头（只、匹）（全国第三次农业普查），减少 59.55 万头（只、匹），平均每年减少 5.95 万头（只、匹）。

8. 2011～2015 年各类牲畜头数从 434.42 万头（只、匹）减少到 346.24 万头（只、匹）（全国第三次农业普查），减少 88.18 万头（只、匹），平均每年减少 17.64 万头（只、匹）。

9. 2016～2018 年各类牲畜头数从 346.24 万头（只、匹）减少到 344.64 万头（只、匹），减少 1.6 万头（只、匹），平均每年减少 0.53 万（只、匹）。

第二节 畜种资源分布特点

畜种资源分布受多方面因素的影响与制约。在气候、地貌、草地等自然条件和社会经济条件的各种生态因素共同影响和作用下，甘孜州畜种资源分布错综复杂，但又具有一定的特点和分布规律。

一、自然条件对畜种资源的制约及影响

（一）自然地理区域不同，特征畜种分布各异

牦牛、藏绵羊，具有耐高寒、耐粗饲、生命力强的特点，在极其严酷的自然条件下，成为青藏高原牧区特征畜种。它们生活在海拔 3 000m 以上的石渠、色达等丘状高原区，以及山原地区的高寒区。

猪、山羊、中蜂，主要分布于泸定、康定折多山以东地区和丹巴、巴塘、得荣、雅江等。该地区海拔较低，气候温和，农业生产发达。

山原区，为高山峡谷地区向丘状高原区的过渡地带，畜种资源为黄牛、猪、羊、高原区牦牛、绵羊。

（二）同一畜种具有不同类型

在长期的自然环境条件和不同民族文化的作用下，形成了同一畜种不同类型的体型外貌和生产性能特征。同一类型畜种的体型外貌、体尺、体重、生产性能各具显著特征。根据这些特征，全州牦牛分为高山型和高原型，绵羊、山羊分为谷地型和草地型。高山型牦牛具有性情粗野，体形高大，体尺、体重较大的特点；高原型牦牛却显得细小清秀，体尺、体重较小。高山型的九龙牦牛和稻城的亚丁牦牛生产性能有明显的不同。这与不同文化的牧民长期的选育有关，更与地域自然环境条件的作用相连，特别是人为的选择作用小于自然选择作用的情况下更是如此。

草地型绵羊较高大，活体重较大；而谷地型绵羊个体小而清秀，活体重较小，而且差异显著。石渠扎溪卡绵羊和理塘勒通绵羊同属草地型绵羊，但外貌特征各有显著特点；同样，泸定的贡嘎绵羊和得荣的玛格绵羊同属谷地型绵羊，其生产性能和外貌特征截然不同。谷地型山羊之间更加明显，谷地型山羊是在引入外来品种后改良的，其体格比草地型山羊大、体重重、外貌特征有明显的不同。

（三）经济性状的差异

同一畜种，不同的类型，其屠宰率、净肉率、产奶量等经济性状，以及繁殖性能上都有较大差异。高山型牦牛一般二至三岁初配，一年一胎的母牛占适龄母牛数的30%，繁殖率为68.4%，犊牛成活率为92.30%，虽然它是一个晚熟品种，但其繁殖力较强。高原型牦牛，一般三至四岁初配，一年一胎的极少，多数为二年一胎，繁殖率21.57%～39.79%，繁殖力低下。高山型牦牛的胴体重、净肉重，以及屠宰率、净肉率都比高原型高。

草地型绵羊的生产性能又较谷地型绵羊为优，产肉性能以草地型绵羊为高，而屠宰率、净肉率又以谷地型为高。

（四）生理指标的生态地理差异

在自然条件的长期作用下，畜种获得了在当地自然条件下生存的适应性，如呼吸、脉搏、体温，以及红、白细胞指标。高原型昌台牦牛体温37.5℃～39℃，呼吸 12 ～ 30 次 / 分，脉搏48 ～ 72 次 / 分，血液红细胞 735 万～ 915 万个 /mm³，血液白细胞 7.4 ～ 10.3 千个 /mm³；高山型九龙牦牛体温38℃～38.6℃，呼吸 22.4 ～ 24.2 次 / 分，脉搏45.4 ～ 55 次 / 分，血液红细胞 651 ～ 839 万个 /mm³，血液白细胞 6.95 ～ 18.55 千个 /mm³。

二、甘孜州畜种分布特点

（一）畜种分布随海拔高度而变化

海拔高差不同，生态环境、气候条件也不相同，与之相适应的畜种生态类群的分布也

有明显的差异，畜种的垂直分布规律极为强烈。因此，不仅构成了立体大农业，也构成了立体畜牧业，高原牦牛、绵羊成群，河谷猪、黄牛满圈。不同的海拔高度，畜种分布不同。

1. 海拔 2 600m 以下，气候较温和，以养猪为主，并有一定草食牲畜，畜种生态类群复杂。优势畜种为猪、山羊、黄牛。

2. 海拔 3 800m 以上地区，畜种生态类群以牦牛、绵羊为优势畜种。

3. 海拔 2 600 ~ 3 800m，高山畜种构成与 2 600m 以下地区相似，在丘原部分又与 3800m 以上牧区相同，畜种生态类群上具有一定的过渡性，种类复杂。牦牛、黄牛、绵羊、山羊为优势畜种。

（二）畜种分布的地区性差异

甘孜州地域辽阔，畜种分布的地区性差异较为显著。从东部的泸定到中部的理塘，北部的德格、白玉等县，从南部九龙、乡城、稻城、得荣到西北部的石渠、色达等县，家畜的分布呈现出地区性差异。

从东到西，以丹巴、白玉两县为例，虽然两县同处北纬30°~32°之间，纬度大体一致，畜种生态类群则大不一样。东部的丹巴县牲畜以亚热带的畜种为主，2018 年该县猪、山羊、黄牛分别占总牲畜的 23.87%、16.34% 和 30.38%，在高山地区也饲有一定量的耐高寒的牦牛、绵羊；处于相同纬度的白玉县以饲养高寒的牦牛、绵羊、山羊为主，分别占 38.74%、21.21% 和 11.67%，其他有黄牛、马、猪。从东到西，牲畜以亚热带畜种为主，逐步向耐高寒的畜种过渡，家畜生态类群从山羊—猪—黄牛—牦牛—山羊—绵羊发展。

从南向北，以最南端的得荣县和最北端的石渠为例，两县所处地理位置为东经97°~100°之间，但家畜分布也完全不同。得荣县以猪为主，占 34.51%，次为牦牛、黄牛，分别占 24.05%、16.56%，还有绵羊和山羊。而石渠则是牦牛、绵羊占了绝对优势，分别为 80.13% 和 13.30%。

（三）不同地形类区畜种分布

1. 甘孜州丘状高原为牦牛、绵羊产区。该区海拔一般在 3 800m 以上，其中石渠平均海拔 4 000m 以上，为纯牧业区。该地区海拔高，气候寒冷，主要为高寒草甸，以莎草科牧草的四川蒿草、高山蒿草为主，适口性好，适宜牦牛、绵羊放牧。生态序列为牦牛—绵羊—马—山羊—黄牛—猪，是甘孜州牦牛、绵羊集中分布区。

2. 甘孜州中部山原为牦牛、黄牛、山羊、绵羊产区。该区位于甘孜州中部广阔的山原地区，海拔一般为 2 600 ~ 3 800m，为半农半牧区。山地温带、山地寒温带气候，降雨较丰富，高山草甸与亚高山草甸并存，牧草生长期较长，草质优良，耐牧性较强。牲畜饲养以高寒生态类群家畜为主。生态序列为牦牛—黄牛—山羊—马—绵羊—猪，黄牛、山羊、牦牛、绵羊为该区主要畜种，养猪业也占一定比重。

3. 高山峡谷为猪、山羊、黄牛、牦牛产区。该区主要为泸定、丹巴、得荣、乡城等半农半牧区，该地区气候温和，属山地亚热带、暖温带，降雨量低，是甘孜州热量最丰富的地方。该区有大量的草山草坡，为亚高山灌丛草甸、干热河谷灌丛，以禾本科牧草为主，并有部分杂类草，产草量较高，但草料对牲畜来说适口性差。农业生产提供了大量的精料，农作物秸秆及农副产品，因此以养猪为主，主要畜种为猪、山羊、黄羊，其生态序列为猪—黄牛—山羊—绵羊—牦牛。在极高山有零星分散高山草场，饲养牦牛。畜种资源的分布与畜种构成，也受到人们生活需要的影响，同时也与畜种的经济效益密切相关。

第二篇
总论

第一章 牦牛

牦牛（Yak）同普通黄牛一样都是牛亚科的牛属。在动物分类学上属脊索动物门（Chordata）、脊椎动物亚门（Vertebrata）、哺乳动物纲（Mammalia）、偶蹄目（Artiodactia）、反刍亚目（Ruminantia）、牛科（Bovidae）、牛亚科（Bovinae）的牦牛属（*Bos grunniens*）。

牦牛主要分布在我国青藏高原及部分中亚高原海拔 2 000 ～ 5 000m 高山草地。全世界有牦牛 1 759.5 万头，大都繁衍生息在我国青藏高原及周围 3 000m 以上的高寒地区。我国是世界上拥有牦牛头数最多的国家（1 730.2 万头），约占全世界的 98.31%。甘孜州牦牛 2018 年末存栏 189.58 万头，占全世界牦牛的 10.77%，占全国牦牛总数的 10.96%，占四川省牦牛总数（400.00 万头）的 47.40%，甘孜州牦牛占全州牛总数（约为 219.64 万头）的 86.31%。甘孜州牦牛不仅数量多，九龙牦牛更是驰名中外生产性能优良的品种。

牦牛是甘孜州的优势畜种。它能为人类提供奶、肉、脂肪、皮、毛、绒、骨等畜产品，还可供乘骑使役，其粪便是农牧民生活燃料的主要来源。广大藏族人民的衣、食、住、行都离不开牦牛。因此，它既是牦牛养殖牧民不可缺少的生产资料，又是重要的生活资料，在国民经济中占有极其重要的地位。

第一节 形成历史与特性

一、来源与形成史

牦牛是藏族人民世世代代辛勤劳动中，经漫长的岁月，由野牦牛逐步驯养驯化而成。早在秦、汉以前牦牛饲养业就具有相当规模，公元前 100 多年，甘孜州现今的道孚、雅江、康定、九龙一带在汉武帝时就被称誉为"牦牛国"，冬季人们赶着牦牛群经邛崃山脉，翻大相邻入蜀经商，以此巴蜀殷富。而且早在殷商时期，就已经开始采用牦牛与黄牛的自然杂交，繁育犏牛。因此，甘孜州不但饲养牦牛的历史悠久，而且牦牛杂交利用，也有两千多年的历史。但由于千百年来农奴制度演绎，社会、文化科学技术都十分落后，加之高寒地区严酷的生态环境，以牦牛为主的养牛业发展极为缓慢，人类对牦牛的选育作用较小，因而牦牛仍是一个原始品种。

二、特性

牦牛有特异的解剖生理特点。它比黄牛多 1 ～ 2 个胸椎，多 1 个荐椎，多 1 ～ 2 对肋骨，胸椎和荐椎也比黄牛大 1 ～ 2 倍，但少 1 个腰椎。牦牛的气管粗短，气管软骨间距离大，因此牦牛能像狗那样频速呼吸。牦牛肺的重量为体重的 1.15%，而黄牛为 0.71%；据测定，牦牛每毫升血液中含红细胞高达 900 万，比黄牛多 200 万 ～ 450 万，红细胞直径大 0.5μm，每 100ml 血液含血红蛋白 13g，比黄牛多 5g。因此，牦牛极能适应高山缺氧的环境和具有耐劳累的特性。

　　牦牛有独特的毛被，全身覆盖细密而特长的粗毛和绒毛，汗腺分泌机能发育差，散热力低，减少了热量消耗，因此，牦牛极其适应其他牛种难以生存的高寒牧区气候，在 –30℃～ –40℃气温中可以照常生活。牦牛耐寒，但特别怕热，慎畏蚊虻，夏季中午常在阴坡、凉爽的高处卧息，或站在溪水中避暑避蚊。当气温上升到13℃时，牦牛的呼吸频率上升，当气温达到16℃时它的脉搏次数和体温也增高。故牦牛在海拔低、气温高的地区，适应性差，较难生存。

　　牦牛还能像马匹一样卧地打滚，是其他牛种所没有的习性。它的叫声特殊，与猪叫近似，因此又有"猪声牛"之称。

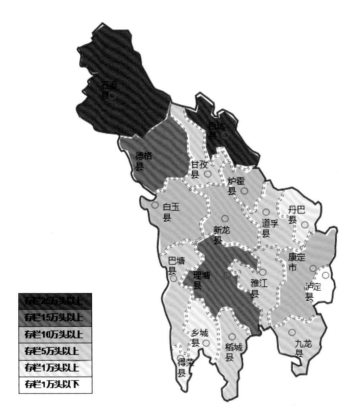

存栏25万头以上
存栏15万头以上
存栏10万头以上
存栏5万头以上
存栏1万头以上
存栏1万头以下

甘孜州牦牛分布示意图

第二节 分类与分布

一、分类

　　甘孜州地域辽阔，地形地貌复杂多样，海拔高度差异极大，各地自然环境各异，社会经济发展不平衡，受各种因素的影响，牦牛体形外貌、生产性能亦不相同。根据牦牛的体形特征及生产性能的差异，全州牦牛大体分为高原型和高山型两大类型。

　　（一）高原型牦牛

　　高原型牦牛主要分布于甘孜州西北部和中部的丘状高原区及山原区。地势高寒，草原辽阔，主要为高山草甸草地和高山灌丛草甸草地，主要牧草为沙草科草，次为禾本科草和杂类草组成，牧草植株矮小，生长期短，产草量低，草地超载过牧严重，冬春季节饲草饲料缺乏。高原型牦牛2018年有111.78万头，占全州牦牛总数的58.96%。其中石渠县30.39万头，占全州牦牛总数16.03%；色达县25.94万头，占全州牦牛总数13.68%；德格县18.63万头，占9.83%；甘孜县7.57万头，占3.99%；理塘县17.98万头，占9.48%；白玉县11.27万头，占5.94%；新龙、炉霍、道孚等县亦有分布。高原型牦牛性情较为温顺而清秀。

（二）高山型牦牛

高山型牦牛主要分布在甘孜州东南部的高山峡谷区。该区气候、植被呈垂直分布，多森林和灌丛，草场零星、分散，小块分布在山腰及坡肩稍平缓的地带。草场多属亚高山灌丛草地和亚高山草甸草地类，并有一定的林间草地，牧草植株高大，产草量高，以杂类草、禾本科草为主，该型牦牛数量少，草场载畜潜力大，加之气候温和，雨量适中，冬春季节有少量干草或农作物副产品补饲。高山型牦牛分布于九龙、康定、丹巴、雅江、稻城、乡城等县，约有15万头。谷地形牦牛以九龙牦牛为主，其体型粗壮、性情狂野。

二、分布

甘孜州牦牛分布广，从广阔的草原到高山峡谷山顶，从低海拔的泸定到高海拔的石渠、色达。全州18个县均有牦牛分布，但分布密度差异大，全州平均每平方千米分布牦牛12.39头，石渠、色达、德格、甘孜、理塘五县牦牛数量多，密度大，为牦牛主产区，有100.51万头，占全州牦牛总数的53.02%。其余十三县为牦牛一般产区，有牦牛89.07万头，为总数的46.98%，泸定县牦牛分布极少。

第三节 利用与评价

一、利用

三千多年前甘孜州就有黄牛和牦牛种间杂交，生产犏牛的历史。犏牛在产奶、产肉性能方面，远高于牦牛；公犏牛是农区主要的耕牛，也是牧区主要的役畜，历来为群众所喜爱，但由于公犏牛没有繁殖能力，仅母犏牛与牦牛或黄牛公牛配种，能生产杂交牛，但其生产性能低。因此，犏牛的繁殖受到一定的限制。牧民在繁殖犏牛和控制犏、牦牛比例方面具有丰富的经验。

新中国成立后，州内先后引进少量的滨州牛、短角牛、黑白花等良种牛与牦牛进行远缘杂交改良，但因这些牛不适应高原的恶劣自然环境，进州1～3年即全部死亡，仅留下少数后代。杂交一代牛生长快、体格大、显示了明显的杂交优势。

随着科学技术的发展，从1977年开始，先后引进荷斯坦、海福特、夏洛来、安格斯等良种牛的冷冻精液，在石渠、德格、白玉、色达、甘孜、雅江等县开展冻精远缘杂交改良牦牛，到1983年止，共获得杂交后代600余头，并筛选出以黑白花奶牛改良牦牛效果最好的杂交组合方案，其后代产奶、产肉、役力均大大提高。但由于难产，死亡率高，这一技术未能进一步推广。

牦牛选育开始于九龙牦牛调查完成以后，1983年5月，甘孜州畜牧兽医站和九龙县农牧局合作开展九龙牦牛的本品种选育工作，特别注重选择种用公牛。在各地引进九龙牦牛种公牛情况下，先后为州内的甘孜、白玉、炉霍、道孚、石渠、理塘等县提供了近百头牦牛种公牛，为省内木里、冕宁及省外西藏、青海、甘肃等省区供种 50 余头。九龙牦牛引种的适应性调查表明，效果明显，不仅完全能适应当地生态条件，而且能发挥体格大，体重增加的杂交改良效果。在甘肃夏河县繁殖的九龙牦牛的后代比当地牦牛体格大，3 岁公牛的体高和体重比本地同龄牛分别增加 10.89cm 和 33.88kg，母牛分别增加 7.43cm 和 30.47kg。九龙牦牛后代公、母牛的剪毛量比本地牦牛分别增加 3.08kg 和 1.1kg。据甘孜州炉霍县、甘肃夏河县和阿坝州松潘县调查统计测定，繁殖的九龙牦牛后代体重可增加 30～46kg，初生牦牛重增加 1.88～2.15kg，在提高产肉性能上取得了显著的效益。1984 年州畜牧局在昌台种畜场开展"牦牛冷冻精液的研制与应用"研究，并在国内外首次获得成功，受胎率 84%，填补了牦牛这一领域的空白。为了利用九龙牦牛的优良种用价值，1985 年对九龙牦牛冷冻精液进行了研制并获得成功，并拟用于牦牛的本品种选育工作。全州的牦牛本品种选育从 1986 年开始至 2000 年，共选育 499 563 头，牦牛种间杂交，生产犏牛 197 520 头。由于甘孜州气候寒冷，管理粗放，难产率高，近 20 年没有引进黑白花、西门塔尔等优良品种进行改良。2001～2018 年牦牛选育 621 612 头，牦牛种间改良 384 508 头。

1. 1988 年 8 月，由四川省民委和省畜牧局共同下达了"九龙牦牛选育"研究项目，由西南民院、甘孜州家畜改良站和九龙县畜牧局共同主持，从 1988 年至 1993 年底连续六年，课题组团结协作，克服了高寒山地许多难以想象的困难，应用多学科的理论和研究方法，开展九龙牦牛种质特性和选育的系统测试与研究，对九龙牦牛的生长发育和产肉、产乳、产毛等性能进行了野外测定和实验室分析；对九龙牦牛的繁殖特性，细胞遗传学特性及生化遗传特性等进行了广泛深入研究；建立了九龙牦牛选育核心群 531 头，制定了九龙牦牛品种标准。六年的选育研究，共完成 17 个子课题的测试研究，撰写论文和报告 22 篇，形成了"九龙牦牛选育研究"专著，研究成果获得四川省人民政府 1994 年度科技进步二等奖和国家民委一等奖。

2. 为保证九龙牦牛选育工作持续稳定开展和合理开发利用这一地方优良品种，达到保种和提高生产性能及推广应用的目的，在"九龙牦牛选育研究"成果的基础上，为加强九龙牦牛的选育提高和推广应用，1999 年初四川省畜牧食品局下达了"四川省优质牦牛生产繁育体系建设"项目，由四川省畜禽繁育改良总站主持，四川省冻精总站、甘孜州家改站、九龙县农牧局等具体承担，建设时间五年（1999～2003 年），在九龙牦牛主产区洪坝、斜卡、汤古乡组建选育核心群 501 头，扩繁群 2 124 头，开展了基础设施建设，主推了选种选配、血缘更新、犊牛培育、冻精制作与应用技术，测定分析了生产性能。

3. 2000～2015 年，牦牛利用力度逐步加大，在继续开展"四川省优质牦牛生产繁育体系建设"项目的同时，"开展了甘孜州牦牛产业化""国家牦牛种公牛活畜良种补贴"等项目。甘孜州人民政府出台了《关于加强牲畜出栏出售促进农牧民增收的意见》[甘府发（2004）41 号]，甘孜州畜牧局和各县委、县人民政府高度重视，几乎每年都要出台牲畜出栏出售相关政策，促进牦牛产业发展，取得了以下主要成绩。

（1）2000～2015 年间从九龙牦牛繁育场和昌台种畜场引进推广的九龙牦牛、昌台牦牛达 2091 头。其中，九龙牦牛 1 880 头，昌台牦牛 211 头。

（2）2000～2010 年开展了"九龙牦牛利用关键技术研究与集成示范"课题研究，课题研究期间，九龙牦牛繁育场推广种牛 1 301 头，其中，甘孜州内道孚、炉霍、新龙、德格、丹巴、雅江等县引进 552 头，为甘孜州外阿坝藏族羌族自治州、凉山彝族自治州、雅安地区和西藏自治区昌都地区、云南省香格里拉等地区提供 749 头种公牛；雅江和道孚县引进九龙牦改良本地牦牛，后代 4.5 岁体重比本地同龄牦牛体重提高 30%，屠宰率、净肉率都比本地牛高，繁殖成活率为 56.83%。该课题获得四川省人民政府科技进步三等奖，中华人民共和国农牧渔业丰收奖三等奖。九龙牦牛列入国家《肉牛品种志》，国家畜禽遗传资源保护名录，在九龙县建立了国家级九龙牦牛保种场。

（3）开展了昌台牦牛资源调查和推广利用。昌台牦牛遗传资源经国家畜禽遗传资源委员会审定、鉴定通过，列入了国家级畜禽遗传资源（中华人民共和国农业部公告第 2637 号已公告），从而使甘孜州牦牛列入国家级的牦牛品种由 1 个 (九龙牦牛) 增加到 2 个 (昌台牦牛)。2010 年～2015 年甘孜、炉霍、新龙、德格、理塘等县引进推广昌台牦牛 211 头。

（4）继续开展牦牛种间杂交利用。利用本地黄牛公牛与本地牦母牛杂交，生产犏牛，每年牦牛种间改良数量不少于 1 万头。在雅江、炉霍、色达县开展娟姗牛冻精改良本地牦牛，2005～2007 年色达县利用娟姗牛冻精，采用人工授精配种技术，生产 249 头犏牛，杂交母牛初配年龄比本地同龄母牦牛缩短 2 年，第 1 胎产奶量比牦牛产奶量提高 2 倍。该成果获得甘孜州人民政府科技进步三等奖。

（5）牦牛选育进度加快。实施"牦牛公牛畜牧良种补贴"项目，开展就地选母，异地选公的选育技术路线，全州选育牦牛每年达万头以上。

二、评价

甘孜州牦牛数量多，分布广，是牧民的生产和生活资料，在国民经济中占有极为重要的地位。牦牛极能适应高寒、缺氧的生态环境，这是其他牛种不能替代的具有独特的优良性状。

由于牦牛产区自然气候恶劣，工作条件艰苦，对牦牛的选育作用相对较小，牦牛是一个原始品种，生产周期长，畜产品还一时满足不了人们对生活的需求；同时不同类型的牦牛之间、同一类型中不同类群之间，以及同一类群的不同个体之间，生产性能都有较大的差异。要提高牦牛的生产性能，首先要优化牦牛群体结构，开展选育与改良。一是优化能繁育母牛。二是加强选育，积极开展异地选公牛，防治牦牛体质退化，提高生产性能。三是分区域加强牦牛种间杂交改良，积极开展黄牛与牦牛的种间杂交，生产犏牛。农牧交错地区，牦牛种间杂交配种比例应占能繁育母牛 10% 左右；牧区占能繁育母牛 5% 左右。

第二章 黄牛

黄牛（Cattle）是普通牛的一种，属牛亚科。在动物分类学上属脊索动物门（Chordata）、脊椎动物亚门（Vertebrata）、哺乳动物纲（Mammalia）、偶蹄目（Artiodactia）、反刍亚目（Ruminantia）、牛科（Bovidae）、牛亚科（Bovinae）的普通牛属（*Bos taurus*）。

普通牛涵盖了世界上各种奶牛、肉牛、兼用牛品种和我国大多数的黄牛品种。甘孜州黄牛属黄牛地方品种。

第一节 形成历史及类型与分布

一、来源与形成历史

甘孜州的地域东有邛崃山脉和大渡河与四川盆地相阻，北有千里高寒牧区，并有巴颜喀拉山为屏障与北方黄牛主产区相隔，西有金沙江，南有横断山脉逶迤连绵，交通不便，黄牛基本上处于封闭式自群繁衍状态。

早在殷商时代，就有了黄牛和牦牛杂交记载的历史。饲养黄牛历史悠久，源远流长。

二、类型与分布

黄牛饲养业和种植业的关系十分密切，黄牛的分布和利用类型也随之产生变化，全州黄牛根据其利用类型可划分为肉役兼用型、奶用型。

（一）肉役兼用型

肉役兼用型黄牛主要分布于海拔 2 000 m 左右的泸定、康定（折东）、九龙、丹巴、得荣、巴塘县的河谷地带。该地区主产水稻、小麦、玉米、豌豆、胡豆、土豆等，为一年两熟区。农作物秸秆丰富，为黄牛提供了丰富的饲草，在农耕季节和越冬度春期间能为黄牛补饲一定量的精料。黄牛以放牧和工人饲养为主，饲养管理条件较好。在长期饲牧条件和人工选择，黄牛体型较为高大，偏向肉用。

（二）奶用型

奶用型黄牛分布康定、丹巴、九龙、雅江、稻城、乡城、得荣、巴塘、道孚、理塘、炉霍、甘孜、新龙、白玉、德格、色达、石渠县的全部或部分地区；该区域海拔 2 000 ～ 3 800m，主产玉米、土豆、豌豆、胡豆、青稞、荞麦。黄牛以放牧和工人饲养二种方式喂养，黄牛体型中等，母牛主要用于挤奶，加工酥油。

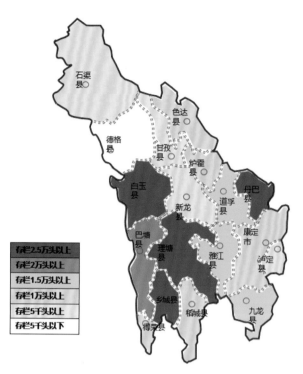

甘孜州黄牛分布示意图

第二节 体型外貌

黄牛体型矮小，但发育匀称，骨骼结实，肌肉紧密，多数属细致紧凑型，少数属结实紧凑型。

一、外貌特征

（一）外貌

肉役兼用型黄牛头较宽、略短而粗壮，母牛头长而清秀。公牛颈粗短，垂皮较发达。母牛颈脖约长，垂皮发育欠佳。肩颈结合良好，肩长而斜，胸深。公牛鬐甲较高，阉牛和母牛鬐甲低平，几乎与背腰线平直。公阉牛前后高差小，身躯长短适中，胸、腹围较大，一般不下垂。公阉牛后躯发育较差，多为尖尻。母牛后躯发育好，尻部显得高、宽、平。四肢长短适中，前肢直立，间距较大，后肢曲弯，关节筋腱明显。体形多为结实紧凑型。

乳用型黄牛的体型外貌个体矮小，体躯窄短。腹围略大，个别下垂。头和臀部略显尖削。母牛乳房匀称，大小中等，乳头短小整齐。多数个体属细致紧凑型，少数属结实紧凑型。

（二）角色

黄牛的角多为褐色，少数为略带奶油白色。角质细致，角型多种。角短而粗大，称为芋头角，角向前、向外伸张，角长、而角尖锐的，称为羊叉角，角型向前、向上伸，角尖向下弯曲的称为照阳角。

（三）皮肤和毛色

各地黄牛的皮肤较薄，富有弹性，被毛短而细密，毛色较杂。肉役兼用型黄牛毛色比较单调，有黄色、黑色和杂色三种肤色。乳用型黄牛毛色多种，有黄色、黑色、荷斯坦色、黄白花色、杂色。

（四）蹄色与蹄形

黄牛蹄色亦有多种，多数为黑色，蹄质坚硬，耐水泡，耐砂石摩擦，称为铁壳蹄。黄蜡色蹄亦不少，蹄质软。黑色蹄较多，黄蜡色蹄少。黄牛蹄形分剪刀形蹄、坛墩形蹄和其他蹄形三种。蹄形小、圆、壳厚、蹄裂紧，称为坛墩形蹄的黄牛；蹄大、略长、蹄裂较松，称为剪刀形蹄。剪刀形蹄的黄牛爬坡行动敏捷，耕地稳沉。

第三节 利用与评价

一、利用

新中国成立后，国家重视畜种改良，早在1960年就曾引进黑白花奶牛、肉用短角牛、滨州牛为父本与本地黄牛杂交。但由于引入的公牛不适应州内自然生态气候，繁育技术和饲养管理技术缺乏，死亡率高，改良技术中断。1983年和1987年，分别引进西门塔尔、黑白花和草原红牛。西门塔尔、黑白花投放到泸定、九龙、乡城、得荣等县；草原红牛投放到道孚、丹巴、巴塘等县，改良本地黄牛，生产杂种后代牛400余头。1987年后，先后引进黑白花、西门塔尔、夏洛来、海福特等良种公牛冷冻精液，采用人工授精技术，在泸定、康定、丹巴、道孚、九龙、炉霍、甘孜、石渠等县改良黄牛生产杂交牛达5 270头。杂交牛初产日挤奶量达7kg，经产母牛日挤奶量达10kg以上，比本地牛高3～4倍，显著提高了生产性能，具有较高的利用价值。

受自然生态气候和地理条件等因素的制约，种牛引进耗资大，饲养成本高，1993年黄牛改良范围缩小到康定、泸定和丹巴县，采用人工授精技术和引进公牛配种相结合的改良技术路线，设置配点，组织参配牛1 400余头。液氮冻精运输耗资巨大，人工授精改良点压缩到泸定的田坝、兴隆、加郡、烹坝、德威乡，同时，引进荥经黄牛公牛配种，其改良效果好，深受群众喜爱。

采用人工授精技术配种，受胎率较低（40%），且成本高，效益低，杂交效果不理想。针对这一现状，1998年以后，引进细管冻精冷配新技术，使配怀率达70%以上，显著提高了黄牛改良经济和社会效益。1998～2000年采用颗粒冻精、细管冻精和引进荥经黄牛配种达10 229头。

2000～2015年，黄牛改良主要引进高代西杂牛、蜀宣花牛、荷斯坦牛等836头，对泸定、康定、道孚、雅江、炉霍、甘孜县本地黄牛改良，其中，甘孜县斯俄乡斯俄村、炉霍县充古乡充古村、康定市雅拉乡中谷村杂交牛1.5岁体重相当于本地4岁黄牛体重，产奶性能和产肉性能提高30%以上，效果明显，得到当地牧民的肯定，对牦牛种间改良提供优质父本。泸定县燕子沟镇建立了蜀宣花牛养殖基地，2016年该基地存栏258头，每年可提供优质公牛50头。雅江县和康定市引进娟姗牛纯繁和改良本地黄牛试验示范，引入的娟姗牛母牛初产产奶量每天可达15kg以上，康定市犇腾养殖场用娟姗牛公牛与蜀宣花牛母牛配种。九龙县烟袋镇白岩子村西门塔尔牛养殖场、泸定县冷碛镇和平村良种牛养殖场已成为甘孜州标准化肉牛规模养殖的示范点。泸定县田坝乡清平肉牛养殖场、甘孜县斯俄乡养殖场也开展了黄牛异地育肥。2000～2010年黄牛改良31 153头，选育20 841头。2011～2018年全州黄牛改良达54 117头，泸定县黄牛改良比例占全县黄牛数量60%以上。

甘孜黄牛已列入国家《畜禽遗传资源名录》，斜卡黄牛列入《四川畜禽遗传资源志》。

二、评价

甘孜州适宜黄牛放牧的草山、草坡，以及灌丛草地的面积大，约5 000万亩，黄牛分布区的种植业是以粗、杂粮为主，秸秆量多，适口性较好，黄牛的饲草饲料来源广，种类多，有良好的物质基础。同时黄牛具有适应性强，耐寒、耐饥饿、抗灾力强的特点。在现有黄牛中，适龄母牛的比重大，数量多，为发展黄牛产业奠定了基础。

甘孜州发展黄牛潜力很大。应积极开展杂种优势的利用，提高其乳、肉产量。针对饲草、饲料条件好的地方，应积极开展乳用型黄牛的选种，选配和开展娟姗牛改良，发展以乳用为主的黄牛。对于肉役兼用型黄牛，应采用肉乳兼用的蜀宣花牛进行杂交改良，提高草山、草坡及农作物秸秆及副产物的利用率，发挥草食家畜饲料转化的优势，提高畜产品产量和质量。

第三章 绵羊

绵羊（Sheep）在动物分类学上属于哺乳动物纲（Mammalia）、偶蹄目（Cetartiodactyla）、反刍亚目（Ruminantia）、洞角科（Bovidae）、羊亚科（Caprovinae）的绵羊属（*Ovis*）。在自然界中有许多野生型绵羊，目前较为公认的分类规范将所属的 303～40 个种群分为两大类群，即摩弗伦羊（Mouflon,Ovis musimon 和 Ovis orientalis）、羱羊或盘羊（Agarli,Ovis ammon）、阿尔卡尔羊（Urial,Ovis vignei）组成的欧亚类群，以及雪羊（Snow sheep, Ovis nivicola）、加拿大盘羊（Bighorn, Ovis Canadensis）、大白羊（Thinhorn, Ovis dalli）组成的美洲类群。根据比较解剖学、生理学、育种学、考古学等多方面的研究，绵羊起源的多源论得到确立，家养绵羊起源于地球的不同地区 – 南欧、前亚细亚、北非、小亚细亚、中亚、中央亚细亚。野生绵羊的 3 个物种：阿尔卡尔羊（Ovis vignei）、羱羊（Ovis ammon）、和欧亚摩弗伦羊（Ovis musimon/ orientalis）与家绵羊（Ovis aries）血缘关系最近。

第一节 形成历史与分布

一、来源与形成历史

绵羊是一个古老的原始品种，从动物学上分类属于短瘦尾羊，从生产性能上分类为粗毛羊。

据《西康概况》关于康属民族及分布介绍，羌族是康区最古民族（从我国象形文字，羌族头字为羊，说明主要以养羊为主），康区牧民经过长期的自然选择和引进驯化，形成了适应当地高寒自然生态气候的绵羊。养羊有上千年的历史。

西康经济季刊第八期"西康之羊毛事业"介绍，西康绵羊多产于海拔 3 000 m 以上的高原，公、母羊具有波形之角，长达八寸、毛色、头尾、四肢成黑色或褐色，其余为白色，间有黑色夹杂，亦有全黑色者，尾椎形，四肢、下腹、飞节均系毛发，脚细长、善走。因地域不同，可分为草地型羊、谷地型羊。

二、分布

绵羊原产于青藏高原，主要分布在西藏、青海、甘肃南部，四川西北部以及云南、贵州等省也有一定分布。甘孜州现有绵羊 45.88 万只，18 个县均有分布。牧区有 36.08 万只，占 78.64%，分布于石渠、德格、白玉、色达、理塘、甘孜、炉霍、道孚、稻城县；半农牧区 9.80 万只，占 21.36%，分布于康定、九龙、雅江、新龙、巴塘、泸定、丹巴、乡城、得荣。

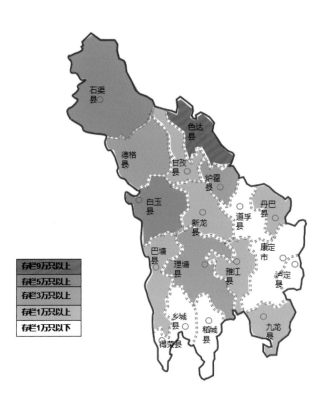

甘孜州绵羊分布示意图

第二节 类型与体型外貌

绵羊具有不同的类型,其体型外貌及特征都具有显著的差异。分为草地型和谷地型绵羊。

一、草地型绵羊

草地型绵羊体格大,头呈三角形,鼻梁隆起较高,耳大开张,向上伸展。公羊角长而扁平,并向外上方作捻曲状弯曲,无角羊极少,母羊多数有角,角不如公羊发达,角呈卷曲波状向上弯曲。

草地型羊行走时头颈平直,体躯长,呈长方形,腰背微凹陷,胸宽深,呈圆桶状,四肢细长,强健有力,蹄质坚实,善于爬山刨雪,尾短小呈锥形,有短瘦尾羊之称。全身被毛粗而长,毛辫长 15 ～ 30cm。被毛纯白色少,头颈、四肢杂色较多,体躯多为白色。全白色毛的羊数量占 15.4%;体躯白色毛的羊占 37.6%;杂色毛的羊多,占 45.2%,全黑和全竭色及少,占 1.8%。

二、谷地型绵羊

谷地型绵羊体格稍小,头呈三角形,鼻梁隆起,耳郭较大,长而下垂。额部无绒毛,公羊一般有一对圆形的小弯角,有角羊占 68.6%;无角羊占 31.4%。母羊多数无角,体躯稍短呈正方形，腰背平直，尾短小、呈锥状。四肢短细，强健有力，蹄坚实，适宜于爬山穿林采食。被毛粗短，油汗较多，毛杂。纯白色毛的羊占11%，体躯白色毛的羊占71.1%；杂色、黑色、褐色毛的羊占17.9%。

第三节 利用与评价

绵羊选育和杂交改良技术在甘孜州内有悠久的历史。1937年4月原西康省在乾宁地区，建立了西康省农牧试验场，1939年该场更名为泰宁牧场（今乾宁种畜场），其主要任务就是致力于绵羊改良，引进美利奴种羊30只，改良本地绵羊。之后，国立中央大学畜牧系主任陈之长教授，以及美国俄勒冈大学畜牧系主任蒋森（Ray G Johnson）教授等在西康考察时，均对泰宁牧场进行了考察，提出了绵羊改良方面的许多建议，蒋森教授还特别提出引入英国洛姆纳品种以改良本地绵羊较适合当地环境，认为西康羊向以毛用方向改良的可能性大。

1952年起，先后引进苏联美利奴、茨盖、高加索、考力代、沙力斯，以及新疆、中国美利奴、边区莱斯特、罗姆尼等良种羊进行杂交改良，并在昌台和乾宁办了种羊场，后来引进了青海细毛羊。20世纪50年代州内确定了绵羊改良向细毛羊方向发展，但因为引进的个别细毛羊不适应高寒气候和粗放饲养管理条件，死亡严重，改良工作进入死胡同，无法坚持下去。20世纪60年代以后，在西南半细毛羊选育委员会的指导下，州内绵羊改良又向半细毛羊方向发展，20世纪60年代末州内绵羊改良工作达到高峰，全州改良羊达16万只，每年向国家交售改良羊毛7.5万kg以上。当时全州21个县就有18个县采用绵羊人工授精方法，开展大规模的绵羊改良。20世纪70年代末到80年代初，绵羊改良工作更面临危机，一场"是养羊好还是养牛好"的争论，也在部分领导和技术人员中悄然兴起。20世纪80年代中后期，随着全国毛纺工业的萎缩，州内毛纺工业也日落西山。这期间牦牛的价值迅速提高，牛肉、牛皮价格大幅上涨，牦牛数量迅速上升，绵羊饲养量呈下降趋势。1981年到2000年，全州牦牛由牲畜总数的42.7%上升到54.98%；绵羊数量25.5%下降到19.3%。

截至1990年，全州先后引进细毛及半细毛羊4 000只以上，以新疆毛、肉兼用细毛羊和半细毛茨盖羊为主，并有少量投入到乾宁及昌台两个种畜场进行纯种繁育，两个种场共繁育推广细毛及半细毛种羊7 900余只（乾宁场5 700只，昌台场2 200只）。繁育的羊，主要分配给色达、石渠、白玉、德格、邓柯、甘孜、新龙、道孚、乾宁、雅江、九龙、理塘等21个县（邓柯、义敦、乾宁三县现已撤并）。1976年中央四部一社（全国供销合作总社）会议决定，甘孜州高寒牧区绵羊以搞本品种选育为主，半农半牧区可开展半细毛羊改良。

绵羊改良由初期的二元杂交，发展到后来的三元杂交，优选出茨新藏为甘孜州绵羊改良的最佳组合方式。绵羊本品种选育在技术上实行"异地选公，就地选母"的原则，重点对种用公羊进行严格选择。即选择体大、体躯纯白、体质结实、产毛量高、产肉性能好的公羊做父本，其余公羊阉割育肥，选育的目标是生产优质地毯毛。1993年以来，仍以乾宁、昌台种畜场为供种基地，辐射全州除石渠、色达、泸定以外的地区，1993～2000年，两个种畜场累计提供种羊1 639只，茨盖羊改良本地藏绵羊207 616只，绵羊本选409 841只。

2001～2010年，绵羊改良141 665只，选育215 033只。2010年以后，实施种公羊良种补贴项目，进一步加强开展绵羊异地选公、就地选母的选育技术路线。石渠、理塘、得荣县组建选育群，有力推进了绵羊选育进度。但是，绵羊数量呈下降趋势。2000 年全州绵羊存栏数 909 654 只，2010 年存栏数 710 417 只，2015 年存栏数 586 498 只，2018 年存栏数 458 824 只。

第四章 山羊

山羊（Goat）在动物分类学上属于哺乳动物纲（Mammalia）、偶蹄目（Cetartiodactyla）、反刍亚目（Ruminantia）、洞角科（Bovidae）、羊亚科（Caprovinae）、山羊属（*Capra*）。

第一节 形成历史与分布

一、来源与形成历史

甘孜州山羊饲养业的历史悠久，古氏羌族便活动于四川大渡河、安可河、甘孜"大巴山等地，开始驯养野畜，殷墟出土的甲骨文中的羌字写着象用绳牵羊的形状，《说文解字》记载：羌，西戎牧羊人也"表明羌人驯服了野羊。

据 1939 年编写的《西康概况》一书记载，从元、明时代起，甘孜州各地和西藏商人用土产品、羊毛、羊皮等到康定交换粗茶、布匹。清雍正年间果亲王描述甘孜州风土人情："无面羊裘，四季常穿"。"牛腿和羊肘，吃尽方丢手"。这些点滴记载说明山羊生产与各族人民的生活息息相关。由于受落后的农奴制度及恶劣的自然条件的制约。甘孜州的山羊仍属于原始品种，其适应性强，生产性能低。

二、分布

山羊在甘孜州各地都有分布。2018 年统计山羊存栏 26.97 万只，主要分布于气候较干燥、天然植物较稀疏、地形复杂、坡度大、灌木丛生的河谷地区。其中德格、白玉、雅江、九龙、丹巴五县为山羊的主产区。2018 年统计存栏山羊 16.92 万只，占全州山羊总数的 62.76%。其他县为山羊一般分布区。

第二节 类型与外貌特征

一、类型

山羊在生产利用和经济价值上无专一方向。根据放牧生态，甘孜州山羊大致分为草地型和谷地型两类。草地型比谷地型山羊个体大。

二、外貌特征

山羊被毛颜色杂，黑色、白色、杂色各占三分之一。

草地型山羊体躯长，四肢相对较短，体形呈长方形；谷地型山羊体躯短，四肢相对较长，体形呈正方形。公、母羊头小，面部清秀，鼻梁平直，眼大有神，耳大小适中，嘴唇薄而灵活，额顶有绺毛，下颌有较长的胡须，背腰平直，腹不大。四肢粗壮，蹄质坚实。

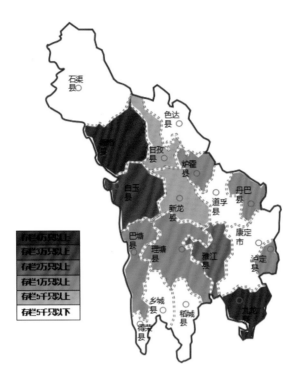

甘孜州山羊分布示意图

第三节 利用与评价

一、利用

20世纪90年代初，在省、州的重视下，德格县建立了绒山羊选育基地，确定异地选公、就地选母的技术路线，推广本品种选育技术，德格绒山羊的产绒量和绒质量有所提高。

为提高山羊的经济价值，从1975年到1978年，甘孜州先后引进宁夏中卫山羊1 100余只，分配给石渠、德格、色达、白玉、甘孜、炉霍、道孚、康定、丹巴、巴塘等县，对本地山羊进行杂交改良。1980年统计，全州已有改良山羊6 000余只，其中色达县色尔坝和道孚县玉科较多。但中卫山羊不适应州内恶劣自然环境，2～3年后几乎全部死亡，改良工作停止。

1980年引进成都麻羊200只，分配给泸定、丹巴、康定、九龙，改良本地山羊，也有一定的效果，据泸定调查，杂交山羊体格明显增大，产肉性能提高。1984年新龙引进萨能奶山羊50余只，但1～2年后全部死亡；1990年得荣引进安哥拉山羊10只，一年左右全部死亡；同年，稻城引进南江黄羊50只，由于饲养管理和气候因素，死亡率较高。

"南江黄羊引种与改良本地山羊试验示范"是甘孜州家畜改良站（现甘孜州畜牧站）自拟项目，该项目从1994年开始在康定、泸定、丹巴和九龙四县实施，采取以点带面，逐步辐射的推进方法。主要技术路线为南江黄羊♂ × 本地山羊♀；主要技术措施为加强选种选配，加强引进种羊和杂交羊饲养管理。项目实施期间，引进种羊451只，建立纯种繁育户9户，纯种繁育种羊1 192只，出栏改良羊2.51万只，改良羊公、母活重比本地羊分别高出70.10%和39.20%，胴体重高出67.40%和59.50%，净肉重高出69.10%和26.60%，改良羊屠宰率提高5.64%。新增产值605.7万元。该项目获得1999年度四川省畜牧食品局牧业科技进步三等奖。

2001～2010年，从南江县引进南江黄羊860只，改良泸定、康定、丹巴、九龙县（市）本地山羊。在丹巴县开展F_2代杂交公、母横交固定，培育丹巴黄羊。全州山羊改良213 485只，山羊选育161 954只。2011～2018年，实施畜牧良种补贴项目，泸定、康定、丹巴等县（市）引进和推广南江黄羊和丹巴黄羊3 103只，改良本地山羊178 690只。德格、白玉、巴塘、雅江、丹巴等县山羊选育64 449只。

二、评价

山羊是甘孜州古老品种，数量多，分布广。在不同海拔高度和自然条件下，山羊都能保持较高的生活力，能利用其他牲畜难以利用的饲草和灌丛枝叶，为人们提供肉、奶、皮、毛、绒等畜产品，其中绒毛畅销国内外。

山羊无专一利用方向，其性能均较低。但地区间和个体间、各种性能有较大的差异，为开展本品种选育和培育专一生产性能提供了有利条件。草地型山羊向绒毛和产肉方向选育改良；谷地型山羊向产肉方向改良提高。继续培育丹巴黄羊，加大力度，推广到大渡河流域改良本地山羊，提高生产性能。

第五章 猪

在动物学上,猪(Pig)属于哺乳动物纲(Mon-rumjinantia Eutheric)、偶蹄目(Artiodactyla)、非反刍亚目（Non-ruminantia ）、猪科（Suidae ）、猪亚科（Suinae ）、猪属（ *Sus* ），猪属包括家猪和野猪。

第一节 藏猪形成历史

关于藏猪形成的历史记载较少,明朝何宇度《盖部谈资》（卷上）曾描述藏猪"小而肥,肉颇香"，极似今日藏猪之特点。

藏猪往往在一定范围内自繁自养，形成比较稳定的闭锁群体。但有的群体在毛色，耳型等性状上存在一些小的差异。新中国成立后，公路沿线的县、区、乡曾先后引入了较多的内江猪、荣昌猪、约克夏猪，长白猪等优良种猪，进行经济杂交利用，其品种较为混杂，纯种藏猪数量少，且分散，多集中在交通闭塞的边远山区。

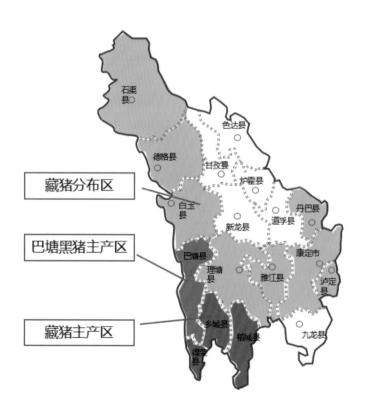

甘孜州藏猪中心产区及分布示意图

第二节 藏猪生产性能及改良利用

藏猪生长缓慢，在放牧条件下，六月龄母猪仅 15.34kg，周岁的成年母猪也仅 33.04kg。甘孜州畜科所在舍饲条件下饲养雅江藏猪，300 日龄藏公猪体重仅 27.89kg；母猪为 32.92kg，育肥期长，一般 18～30 月龄体重只有 50～60kg。但藏猪皮薄，为目前中国猪种中皮最薄的猪种之一。藏猪胴体瘦肉率高，肉质细嫩，肌肉纤维细，风味非常独特；藏猪的骨骼细小，净肉率高，是一个不可忽视的重要品种质源。

在放牧条件下，藏母猪 4～5 月龄发情，发情周期 20～30d。因公、母同群放牧。年产 1～2 窝，初产母猪每胎产仔平均 4.07 头；第二胎为 5.4 头；三胎以上平均为 5.56 头。仔猪初生重约 0.5kg；40～50d 龄断奶重 3.5～5kg。藏母猪产仔 1～2 窝后，多数阉割育肥，藏公猪 2.5～3 月龄即随群放牧，自然交配。

民主改革后，甘孜州各地都有引进内江、荣昌、成华、雅南、巴克夏、约克夏、汉普夏、长白、杜洛克等猪种与藏母猪杂交，其杂交后代各项生产性能均比藏猪大大提高。

第六章 甘孜州中蜂

第一节 甘孜州中蜂的起源与形成

　　甘孜州中蜂属于中华蜜蜂的一个类群，中华蜜蜂（Apis cerana cerana）是一种社会性昆虫，在分类学上属节肢动物门（Arthropoda）昆虫纲（Insecta）膜翅目（Hymenoptera）细腰亚目（Apocrita）蜜蜂科（Apoidae）蜜蜂属（Apis）。中华蜜蜂简称中蜂，是中国境内东方蜜蜂的总称，广泛分布于除新疆以外的全国各地，特别是南方的丘陵、山区。中蜂在被人类饲养以前，一直处于野生状态，现在各地山区仍分布着数量众多的野生群落。它们在树洞、石缝、地穴中筑巢；在天然洞穴较少的地方，中蜂还会在墓穴、墙洞、筐篓、箱柜内筑巢。古代人类在狩猎活动中发现了野生蜂巢，尝食了蜂蜜，于是便将蜂巢作为采捕对象。起初，人们只是随机发现蜂巢并采蜜，或寻找蜂巢采蜜，后来把找到的蜂巢做上标记，并进行看护，视为己有，定期前来取蜜；进而，人们把野外洞穴中的蜂群或飞进院落内的蜂群，放在空心树段、木桶、树条筐等容器中饲养，这样，便出现了家养蜜蜂。野生蜜蜂可以家养，家养蜜蜂也可以变成野生蜜蜂。这就是古人在生产活动中对蜜蜂的认识。

　　在长期的自然选择过程中，各地中蜂不但对当地的生态条件产生了极强的适应性，形成了特有的生物学特性，而且其形态特征也随着地理环境的改变而发生变异。例如，中锋的个体大小由南向北、由低海拔向高海拔逐渐增大；体色由南向北、由低海拔向高海拔逐渐变深，形成许多适应当地特殊环境的类型。在西方蜜蜂引进中国以前，各地饲养的蜜蜂（从木桶饲养到活框饲养）均为中蜂，多数中蜂一直处于野生、半野生状态，保持着多个地方品种和类型。（摘自《中国畜禽遗传资源志·蜜蜂志》）

第二节 甘孜州中蜂遗传资源状况

一、数量与分布

　　2018 年甘孜州中蜂饲养总量约 40 943 群，中蜂养蜂户 4 138 户，蜂蜜产量 178 714kg，产值 3 574.28 万元。其中，泸定、得荣、巴塘、九龙、丹巴、康定市（市）蜜源植物较为丰富（表 1）。

表 1 甘孜州各县市中蜂蜂群数量及生产情况　　　　　　单位：户、群、kg、万元

县市名称	养蜂户数（户）	中蜂饲养群数（群）	蜂蜜产量（kg）	产值（万元）
泸定县	389	9 490	27 283	545.66
得荣县	1 358	7 928	33 830	676.60
巴塘县	406	2 030	8 120	162.40
九龙县	514	5 085	8 726	174.54

续表 1 甘孜州各县市中蜂蜂群数量及生产情况　　　　单位：户、群、kg、万元

县市名称	养蜂户数（户）	中蜂饲养群数（群）	蜂蜜产量（kg）	产值（万元）
丹巴县	187	5 445	41 316	826.32
康定	153	2 298	25 486	509.72
炉霍	23	182	457	9.14
稻城县	547	3 102	17 670	353.40
雅江县	119	291	1 017	20.34
海螺沟管理局	178	2 840	8 300	166.00
新龙	420	（2016 年数据，蜂群由林场职工饲养 2018 年未作统计）		
乡城	252	1 340	5 360	107.20
道孚	12	492	1 148	22.96
合计	4 138	40 943	178 714	3 574.28

二、甘孜州中蜂形态特征

（一）体型大小相关的形态特征

①蜂王　　　　　②雄蜂　　　　　③工蜂

图 1 甘孜州中蜂三型蜂

注：①蜂王又称蜂后，个体大，发育完善，专门生育产卵，一个蜂群中只有一只蜂王。② 雄蜂唯一的职能是与蜂王交配，繁殖后代，交配后立即死去，一个蜂群中只有繁殖季节有数百只。③工蜂是生殖器官发育不完全的雌性蜜蜂，没有生殖能力，在蜂群中数量占群体的绝大多数。个体较小，它们的职能是负责采集花粉、花蜜、酿蜜、饲喂幼虫和蜂王，并承担筑巢、清洁蜂房、调节巢内温度、湿度以及抵御敌害等工作。

工蜂背板、腹板长度和腹板宽度是反映蜜蜂腹部大小的重要指标，主要是第 3 背板长、第 4 背板长及第 5 背板长和第 7 腹板长及宽等。巴塘、得荣、乡城中蜂生态类型（简称得荣中蜂）中蜂个体最大，雅江中蜂生态类型个体其次（简称雅江中蜂），道孚、炉霍、新龙中蜂生态类型（简称鲜水源中蜂）中蜂个体第三，康定、泸定、丹巴、稻城、海螺沟中蜂生态类型（简称贡嘎中蜂）中蜂个体最小。

得荣、鲜水源、雅江中蜂第 3 背板比贡嘎中蜂长 0.07 ～ 0.12mm。得荣中蜂、雅江中蜂第 4 背板分别比贡嘎中蜂、鲜水源中蜂长 0.07 ～ 0.12mm，0.04 ～ 0.09mm。得荣中蜂、鲜水源中蜂、雅江中蜂第 4 腹板比贡嘎中蜂长 0.07 ～ 0.16mm。

根据以上形态标记特征，得荣中蜂、雅江中蜂的 3+4+5 背板最长，鲜水源中蜂和贡嘎中蜂其次。得荣中蜂第 4+7 腹板最长，鲜水源中蜂、雅江中蜂其次，贡嘎中蜂最小。得荣中蜂、

鲜水源中蜂第 7 腹板宽度较大，雅江中蜂、贡嘎中蜂其次。工蜂背腹板的长度决定了腹部的长度，宽度决定了腹部围度的大小。因此，得荣中蜂腹部表现为长且粗大，鲜水源中蜂的腹部表现为较长较粗大，雅江中蜂腹部表现为较细长，贡嘎中蜂腹部较短且细小（表 2）。

表 2 甘孜州中蜂背腹板大小相关指标

单位：mm

采集点	第 3 背板长	第 4 背板长	第 5 背板长	第 4 腹板长	第 7 腹板长	第 7 腹板宽
得荣中蜂	2.36±0.11dC	2.08±0.08dC	2.03±0.09bB	2.53±0.12cC	2.64±0.10bB	2.93±0.10bB
鲜水源中蜂	2.31±0.11cC	2.04±0.09cB	1.98±0.10aA	2.44±0.09bB	2.64±0.11bB	2.91±0.10bB
雅江中蜂	2.34±0.12cdC	2.13±0.10eD	2.06±0.09bB	2.46±0.11bB	2.60±0.08aA	2.85 ±0.11aA
贡嘎中蜂	2.24±0.19bB	2.01±0.09bB	1.96±0.09aA	2.37±0.14aA	2.58±0.10aA	2.85±0.11aA

注：同列大写字母不同表示差异极显著（$P<0.01$），小写字母不同表示差异显著（$P<0.05$），下同。

表 3 甘孜州中蜂背腹板总长与宽度比较

单位：mm

采集点	第 3+4+5 背板长	第 4+7 腹板长	第 7 腹板宽
得荣中蜂	6.47	5.17	2.93
鲜水源中蜂	6.33	5.08	2.91
雅江中蜂	6.53	5.06	2.85
贡嘎中蜂	6.21	4.95	2.85

（二）吻相关的形态特征

得荣中蜂吻最长，鲜水源中蜂、贡嘎中蜂其次，雅江中蜂最短。吻作为蜜蜂吮吸花蜜的重要器官，吻的长短决定了能利用不同深浅花管的蜜源植物，吻越长能采集到花管更深的花朵分泌的花蜜，反之亦然。植物花管的深度与采蜜传粉昆虫吻的长度，存在协同进化的关系。因此，得荣中蜂吻部最长，表明其生活区域内可能存在丰富的花冠较深的蜜源植物，而雅江中蜂地区植物花朵的花冠可能较浅。

（三）翅相关的形态特征

得荣中蜂右前翅长度最长，雅江中蜂其次，鲜水源中蜂第三，贡嘎中蜂最短。得荣中蜂、雅江中蜂右前翅宽大，鲜水源中蜂其次，贡嘎中蜂最小。翅长、宽决定了翅的面积，面积越大飞行的力量可能相对越大，因此，翅长、宽都较大的得荣中蜂、雅江中蜂其飞行能力也相对较强。以上各生态类型的中蜂的后翅钩数变异不大，最多的是贡嘎中蜂，最少的为雅江中蜂（表 4）。中蜂后翅钩作为连接前翅与后翅的重要结构，其数量越多，前后翅连接越紧密，飞行更有力。

表 4 甘孜州中蜂背腹板总长与宽度比较

单位：mm

采集点	吻长（mm）	右前翅长（mm）	右前翅宽（mm）	后翅钩（个）
得荣中蜂	5.42±0.19cC	9.11±0.28dCD	3.57±0.14cC	17.91±1.42aA
鲜水源中蜂	5.30±0.16bB	8.94±0.20bB	3.49±0.11bB	17.90±1.40aA
雅江中蜂	5.20±0.59aA	9.04±0.19cC	3.55±0.10cC	17.80±1.12aA
贡嘎中蜂	5.29±0.18bB	8.80±0.22aA	3.41±0.11aA	18.11±1.48aA

（四）蜡镜相关的形态特征

得荣中蜂蜡镜长度最长，鲜水源中蜂、雅江中蜂、贡嘎中蜂其次。得荣中蜂、鲜水源中蜂、雅江中蜂蜡镜斜长最长，贡嘎最短。得荣中蜂蜡镜间距最大，鲜水源中蜂、贡嘎中蜂蜡镜长度其次，雅江中蜂最小（表 5）。

蜡镜是工蜂泌蜡的重要器官，蜡镜面积的大小决定了工蜂泌蜡能力，面积越大泌蜡能力越强。得荣中蜂、雅江中蜂蜡镜面积都较大，其泌蜡能力较强。

表 5 甘孜州中蜂蜡镜相关指标

単位：mm

采集点	蜡镜长	蜡镜斜长	蜡镜间距
得荣中蜂	1.47±0.14cC	2.18±0.13abAB	0.47±0.08dD
鲜水源中蜂	1.38±0.11bB	2.20±0.11abAB	0.35±0.06cC
雅江中蜂	1.39±0.09bB	2.22±0.12bB	0.26±0.05aA
贡嘎中蜂	1.35±0.15bAB	2.16±0.15aA	0.32±0.07bB

（五）后足相关的形态特征

得荣中蜂股节长度最长，鲜水源中蜂、雅江中蜂、贡嘎中蜂其次。得荣中蜂、雅江中蜂胫节长度最长，鲜水源中蜂、贡嘎中蜂其次。雅江中蜂基跗节长度最长，得荣中蜂其次，鲜水源中蜂、贡嘎中蜂最短。4 个中蜂基跗节宽度（表 6）。

工蜂后足基跗节的长和宽决定了花粉篮的大小，花粉篮是蜜蜂携带花粉的重要器官，花粉篮越大每次采集的花粉量就越多。因此，基跗节长、宽都较大的得荣中蜂采集花粉能力最强。

表 6 甘孜州中蜂后足相关指标

単位：mm

采集点	股节长	胫节长	基跗节长	基跗节宽
得荣中蜂	2.72±0.16bB	3.11±0.20cC	2.15±0.15cB	1.23±0.09aA
鲜水源中蜂	2.65±0.12aA	2.92±0.16bB	2.09±0.10abA	1.17±0.07aA
雅江中蜂	2.64±0.18aA	3.13±0.15cC	2.20±0.15dC	1.18±0.08aA
贡嘎中蜂	2.61±0.15aA	2.92±0.17bB	2.07±0.14aA	1.22±0.47aA

（六）工蜂肘脉指数相关的形态特征

4 个中蜂生态类型的肘脉 a 长度差异未达到极显著水平，得荣中蜂、雅江中蜂肘脉 b 长度最长，鲜水源中蜂、贡嘎中蜂其次。肘脉指数是肘脉 a 肘脉和 b 的比值，是昆虫分类学的重要指标。得荣中蜂、雅江中蜂肘脉指数相近，鲜水源中蜂、贡嘎中蜂相近（表 7）。

表 7 甘孜州中蜂肘脉长和肘脉指数相关指标

単位：mm

采集点	肘脉 a	肘脉 b	肘脉指数
得荣中蜂	0.57±0.05abA	0.19±0.04cB	3.08±0.70aA
鲜水源中蜂	0.58±0.05abA	0.17±0.03bA	3.51±0.67bB
雅江中蜂	0.56±0.04aA	0.19±0.04cB	3.12±0.71aA
贡嘎中蜂	0.58±0.05bA	0.17±0.03abA	3.62±0.71bcB

（七）工蜂绒毛带及绒毛长等相关形态特征

蜜蜂体表密生的绒毛除了能够黏附大量花粉粒，作为体色有关的形态遗传标记之外，还具有护体和保温的作用。得荣中蜂、雅江中蜂第 5 背板绒毛带长度最长，鲜水源中蜂、贡嘎中蜂其次。鲜水源中蜂第 5 背板光滑带长最长，得荣中蜂、贡嘎中蜂其次，雅江中蜂最短（表 8）。

表 8 甘孜州中蜂中蜂绒毛带长和绒毛长   单位：mm

采集点	第 5 背板绒毛带长	第 5 背板光滑带长
得荣中蜂	1.42±0.12bB	0.54±0.11bcBC
鲜水源中蜂	1.34±0.15aA	0.62±0.18dD
雅江中蜂	1.43±0.10bB	0.51±0.08bAB
贡嘎中蜂	1.32±0.10aA	0.57±0.10cC

三、甘孜州中蜂生态类型

根据 4 个中蜂生态类型的 20 个形态特征看，内部各生态类型间形态特征差异明显，其遗传关系较远。

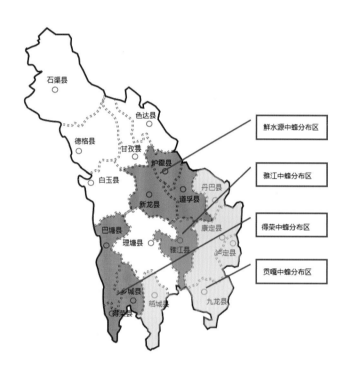

甘孜州中蜂遗传资源分布示意图

根据中蜂的形态特征，将泸定、海螺沟管理局、康定、丹巴、道孚、炉霍、新龙、乡城、雅江的中蜂，以及巴塘、得荣、稻城、九龙等 12 个县（局）甘孜州中蜂分为 4 个中蜂生态类型。4 个中蜂生态类型的工蜂个体大小、形态标记等具有明显差异。得荣中蜂生态类型（分布于得荣、巴塘和乡城）称为得荣中蜂；雅江中蜂生态类型（分布雅江县境内）称为雅江中蜂；鲜水源中蜂生态类型（分布于炉霍、道孚和新龙）称为鲜水源中蜂；贡嘎中蜂生态类型（分布于泸定、康定、丹巴、九龙、稻城和海螺沟管理局）称为贡嘎中蜂。

第三节 利用

甘孜州中蜂的工蜂个体都较大，能维持强群，产蜜能力强，是非常优秀的中华蜜蜂遗传资源，亟待加强保护和适当开发利用。甘孜州有中蜂分布的区域虽然蜜粉源条件丰富，但目前仍以传统饲养为主，饲养管理水平整体较低，养蜂收益不高，农牧民基本上将养蜂作为副业，重视程度不够。蜂群自然分蜂、飞逃不可控，蜂群越冬死亡率高，活框饲养技术推广难等，成为制约甘孜州蜂业生产发展的主要因素。

第三篇
各论

第一章

牛

九龙牦牛

九龙牦牛，属肉用型，是甘孜州高山型牦牛，属于地方品种。九龙牦牛已列入《中国畜禽遗传资源名录》和《中国国家级畜禽遗传资源保护名录》。

一、一般情况

（一）中心产区及分布

九龙牦牛是 1978 ～ 1983 年全国第一次畜禽品种资源调查时被发掘和命名的地方牦牛品种，已录入《中国牛品种志》和《四川家畜家禽品种志》，并于 2000 年列入国家畜禽品种资源保护名录，2007 年列入四川省畜禽遗传资源保护名录。2009 年中华人民共和国农业部第 1058 号公告，将九龙牦牛列入第一批国家级保种场。2014 年获国家地理标志。九龙牦牛属肉用型地方品种，主产于甘孜藏族自治州九龙县海拔 3 000m 以上的高寒山区、灌丛草地和高山草甸的洪坝、湾坝、斜卡、汤古、嘎尔等乡镇，分布于康定、道孚、泸定、丹巴等县。

图 1 放牧生态

（二）产区自然生态条件

九龙县地处横断山以东，大雪山西南面，雅砻江东北部。境内最高海拔 6 010m，最低海拔 1 440m，平均海拔 2 354m。境内呈明显的立体气候，属大陆性季风高原型气候，年均气温 8.9℃，最高气温 31.7℃，最低气温 –15.6℃，无霜期 165 ～ 221d。年降水量 902.6mm，5 ～ 9

月为雨季，11 月至翌年 4 月为雪季。冬春干旱，全年日照 1 920h。年平均风力 2 级，无绝对无霜期。在海拔 3 500m 以上的高寒山区，全年无夏，年均温度 2℃ 左右，年降水量 900mm，年均湿度 80%。林带以上多为灌丛草原，海拔 4 500m 以上多为高山草甸草原。全县总面积 1 015.54 万亩，其中草地面积 501.56 万亩，占全县总面积的 49.4%，可利用草地面积 437.53 万亩，占草地面积的 87.2%；耕地面积 7.45 万亩，占全县总面积的 0.7%；林地面积 376.32 万亩，占全县总面积的 37%。全县 18 个乡（镇）均属半农半牧区，河谷地带农作物以玉米、水稻、小麦、土豆、豆类为主，一年两熟；高山地区农作物以青稞、土豆、小麦为主，一年一熟。

二、品种来源与数量结构

（一）品种来源

九龙牦牛在《史记》《汉书》等史书早有记载。公元一世纪至二世纪的"牦牛国"包括今天的九龙牦牛饲牧区。《史记》卷一二九货殖列传说："巴蜀亦沃野……西近邛筰，筰马、旄牛。"《汉书》卷二八地理志亦有记述。目前，洪坝、湾坝等地的高山草场上所残留的许多"牛棚"遗迹，亦足以证明九龙牦牛饲养的历史规模。到 19 世纪 60～70 年代至 20 世纪初，由于疫病流行、盗匪猖獗等原因，使九龙牦牛饲牧业濒于灭绝。据有关资料记载，九龙地区 150 多年前（1850 年左右清道光年间），曾发生牛瘟大流行，所有牦牛几乎死绝。其尸体堆积如山，日后腐烂，臭气熏人，湾坝乡的"臭牛棚"地名就是在那次牛瘟后留传下来的。据县档案馆历史资料记载，1937 年全县仅有牦牛 3 000 余头，现今的九龙牦牛，均在此基础上繁育而来。

（二）群体数量和群体结构

九龙牦牛的发展数量较稳定，2005 年存栏 3.9 万头，比 1985 年增长 48.4%。群体结构为：公牛 1.2 万头，占 31%，母牛 2.7 万头，占 69%，全群公、母比例为 1:2.2。种用公牛 861 头，占全群 2.2%，能繁育的母牛 1.5 万头，占全群 38%，种用公、母比例为 1:17.7。2016 年藏区畜禽遗传资源补充调查，九龙牦牛存栏 9.5 万头，能繁育的母牛 4.5 万头，配种公牛 0.7 万头。目前无濒危危险。

三、体型外貌

九龙牦牛公牛头大额宽，母牛头小狭长。九龙牦牛耳平伸，耳壳薄，耳端尖。角形主要为大圆环和龙门角两种。公牛肩峰较大，母牛肩峰小，颈垂及胸垂小。九龙牦牛前胸发达开阔，胸很深。背腰平直，腹大不下垂，后躯较短，尻欠宽略斜，臀部丰满。四肢结实，前肢直立，后肢弯曲有力。尻部短而斜，尾长至飞节，尾扫大，尾梢颜色为黑色或白色。鼻镜为黑褐色，眼睑、乳房颜色为粉红色。蹄角黑褐色。基础毛色为黑色，白斑图案类别有白带、白头、白背、白腹和白花。胁部、大腿内侧及腹下有淡化，有"白胸月"和"白袜子"。被毛为长覆毛有底绒，额部有长毛，前额有卷毛。全身黑的个体约占总数的 2/3，黑带白斑的个体约为 1/3。

图2 九龙牦牛（公）

图3 九龙牦牛（母）

四、体重及体尺

（一）生长发育

九龙牦牛母牛在初产前3～4岁生长发育快，初产以后则逐渐缓慢。阉牦牛、公牦牛在5岁前生长发育迅速，5岁以后缓慢。

因冬春枯草季节长达近半年，牦牛无草料补饲，又无棚圈遮挡风雪，饲草饲料缺乏现象严重，牦牛在11月～次年5月其体重下降约10%～15%，到第二年5月～6月底，才能恢复其体重。7月～10月是牦牛增重的季节。牦牛的体况随季节呈现"夏饱、秋肥、冬瘦、春乏"的消长规律，因而生长发育也呈现出季节性变化。

（二）体重及体尺

1. 2006年7月，测定66头成年公、母九龙牦牛体重及体尺，结果见表1。

表1 九龙牦牛体重及体尺指数表 单位：头、cm、kg

性别	头数	体高（cm）	体斜长（cm）	胸围（cm）	管围（cm）	体重（kg）
♂	22	139.8±6.5	152.4±6.5	206.7±13.1	21.4±0.6	459.3±73.2
♀	44	118.8±3.0	132.7±4.0	171.8±6.3	18.3±1.0	174.8±24.7

2. 九龙牦牛体态结构指标见表2。

表2 九龙牦牛体尺指数表 单位：头、cm、kg

性别	体长指数	胸围指数	管围指数
♂	109.0	147.8	15.3
♀	111.7	144.6	15.4

五、生产性能

（一）产肉性能

2006年10月，屠宰测定19头九龙牦牛，结果见表3。

表3 九龙牦牛屠宰性能

单位：岁、kg、cm、cm²、%

性别	年龄	屠宰重（kg）	胴体重（kg）	屠宰率（%）	净肉重（kg）	净肉率（%）	皮厚（cm）	腰肌厚度（cm）	骨肉比	眼肌面积（cm²）
♂	3.5	242.77 ±21.72	125.42 ±21.40	51.35 ±4.61	97.32 ±15.56	39.88 ±3.13	0.42 ±0.11	5.05 ±1.04	1:3.69	29.49 ±5.66
♂	4.5	286.43 ±46.57	147.38 ±19.27	51.67 ±2.32	115.38 ±13.31	40.51 ±2.21	0.56 ±0.11	5.75 ±0.96	1:3.65	37.95 ±10.25
♀	成年	375.53 ±30.44	201.30 ±20.53	53.58 ±3.12	157.92 ±18.12	42.02 ±3.13	0.58 ±0.06	7.00 ±0.71	1:3.76	42.49 ±5.37

对屠宰的19头九龙牦牛取肋间肌肉样进行分析测定，结果见表4、表5（表5数据来自邱翔等的"四川牦牛、黄牛主要品种肉的营养成分分析"）。

表4 九龙牦牛肌肉营养成分

单位：岁、头、%

性别	年龄	头数	水分	脂肪	粗蛋白	粗灰分
♂	3.5	6	74.61	2.25	20.53	1.17
♂	4.5	4	74.84	3.60	19.21	1.27
♂	成年	5	68.48	2.12	19.78	1.44
♀	成年	4	69.94	3.97	18.84	1.25

表5 九龙牦牛肌肉中氨基酸及矿物质含量

单位：g/100g、%、mg/kg

项目	含量（g/100g）
天冬氨酸	2.02±0.03
谷氨酸	3.48±0.04
丝氨酸	0.86±0.02
甘氨酸	1.20±0.04
组氨酸	0.83±0.01
精氨酸	1.73±0.02
苏氨酸	1.20±0.07
丙氨酸	1.41±0.02
脯氨酸	0.93±0.02
酪氨酸	0.63±0.01
缬氨酸	0.96±0.01
甲硫氨酸	0.60±0.01
胱氨酸	0.38±0.01
异亮氨酸	0.87±0.01
亮氨酸	1.86±0.02
苯丙氨酸	0.98±0.01
赖氨酸	1.95±0.04
钙（mg/kg）	100.00±0.00
磷（%）	0.15±0.01
铜（mg/kg）	1.14±0.13
铁（mg/kg）	22.54±1.55
锌（mg/kg）	48.91±2.10
锰（mg/kg）	0.16±0.01

（二）产奶性能

九龙牦牛有挤奶习惯，泌乳期 153d 可产乳 350kg，日均产奶 2.29kg。牛奶的酥油率平均 7.25±0.52%，其中以 10 月份的酥油率含量最高，达到 8.3%，1992 年对斜卡 2 胎次母牛 10 头，4 胎次母牛 11 头，洪坝 2 胎次母牛 10 头，4 胎次母牛 9 头的牛奶成分进行测定，其 2 胎次和 4 胎次平均牛奶成分详见表 6。

表 6 九龙牦牛奶成分　　　　　　　　单位：%、g/cm³

胎次	干物质（%）	脂肪（%）	蛋白质（%）	乳糖（%）	灰粉（%）	比重（g/cm³）
2 胎	17.76±1.72	6.96±1.16	4.80±0.62	4.87±0.51	0.8±20.05	1.037
4 胎	17.28±0.77	6.96±1.49	4.99±0.66	4.57±0.60	0.81±0.08	1.035

（三）产毛性能

九龙牦牛每年 5 月～6 月剪毛一次，剪毛量平均 1.69±0.51kg。产毛量因个体、年龄、性别、产地的不同而异，公牦牛产毛量随年龄的增长而增高；母牦牛 1 岁～2 岁产毛量最高，3 岁以上随年龄的增长而降低；阉牦牛的年龄变化对产毛量的影响较小，详见表 7。

表 7 九龙牦牛剪毛量　　　　　　　　单位：头、kg

性别	头数	1 岁	2 岁	3 岁	4 岁	5 岁	6 岁
♂	35	1.53±0.81	1.47±0.54	1.76±0.64	2.43±1.10	3.07±1.78	4.31±1.19
♀	36	1.44±0.72	1.51±0.74	1.25±0.60	1.15±0.48	1.05±0.45	1.16±0.76
阉	30	—	—	—	—	1.82±0.37	1.69±0.51

九龙牦牛 1 岁～2 岁含绒量一般在 70% 以上，3 岁～6 岁含绒量 30% 左右，6 岁以上含绒量随年龄的增长而减少。成年公、母牛的肩部、背部、腹部和股部的绒毛伸度详见表 8。

表 8　九龙牦牛毛、绒伸直长度　　　　　　　　单位：头、cm

性别	头数	纤维类型	肩部	背部	腹部	股部
♂	3	毛	11.93±2.93	14.83±3.03	18.73±3.58	9.27±3.35
♂	3	绒	4.88±1.38	–	7.08±2.88	5.30±1.83
♀	3	毛	8.82±0.26	7.49±0.42	13.44±4.44	8.56±2.68
♀	3	绒	3.66±1.22	–	4.21±0.86	3.51±0.03

采用 Y161 型水压式单纤维强力机在标准恒温、恒湿条件下测定幼年、成年九龙牦牛的毛、绒纤维强度和伸度，结果详见表 9。

表 9 九龙牦牛毛、绒纤维强度与伸度　　　　　　　　单位：%

年龄	类型	肩部强度	肩部伸度	背部强度	背部伸度	腹部强度	腹部伸度	股部强度	股部伸度
幼年	毛	31.99±1.21	57.54±0.33	32.41±4.77	55.28±3.98	30.24±8.39	54.96±13.56	31.15±8.19	56.44±11.93
幼年	绒	13.05±1.04	53.40±3.58	13.04±0.95	53.60±9.80	11.54±3.84	54.54±7.48	12.94±0.98	54.93±2.41
成年	毛	38.63±5.60	60.37±3.21	40.19±3.23	59.62±5.52	38.80±3.52	59.08±2.65	40.29±2.40	59.45±2.90
成年	绒	12.42±1.44	53.54±2.53	12.62±0.98	52.00±7.80	12.44±0.93	54.84±2.41	12.31±1.14	54.73±2.89

注：表 1、2、3、7、8、9、10 数据来自《四川畜禽遗传资源志》

（四）役用性能

九龙牦牛在农区一般用阉牛耕地，一对阉牛（当地称二牛抬杠）一日可耕地 5 亩，可连续耕作 5 小时。在高山牧区，白天行走、早晚和夜间游牧采食，在不补饲草料条件下，阉牦牛可驮重 60 ～ 75kg，日行 20 ～ 25km，能连续驮运 15 ～ 20d。在停役 10 ～ 15d 后，又能上路长途驮运，短途可驮 100 ～ 120kg。

（五）繁殖性能

九龙牦牛性成熟年龄为 2 ～ 3 岁，初配年龄为公牛 4 岁、母牛 3 岁。繁殖季节为 6 月～ 10 月，发情周期平均 20.5d，妊娠期 270 ～ 285d。犊牛初生重为：公犊 15.20kg、母犊 14.57kg；断奶重为：公犊 117.33kg、母犊 102.22kg；哺乳期日增重为：公犊 0.38kg、母犊 0.34kg，犊牛断奶成活率 80% 以上。

五、饲养管理

九龙牦牛饲养方式为全年放牧，逐水草而牧。每年 6 月中旬收回集中剪毛，同时补饲食盐，夏、秋季节再各补饲一次食盐，有"三季盐巴四季草"的说法。公牛和不生产的母牛一直在海拔 4 000m 以上的夏秋草场放牧，晚上不收牧。配种季节种公牛自行到母牛群配

图 4 放牧管理

种。母牛从 5 月初至 10 月中旬,白天放牧,晚上收牧与犊牛隔离,早晨挤奶后与公牛混群放牧于海拔 3 500m 左右的草场,放牧员不定期上山察看。12 月至翌年 3 月的枯草季节,对怀孕母牛、犊牛和体质差的牦牛,补饲农副秸秆、青干草和精料等。

九龙牦牛有很强的适应性,特别适应于高山峡谷、气候湿润、以杂类草为主的高山灌丛草场。有耐高寒、耐缺氧、耐粗放、抗病力强等特点,喜食珠芽蓼、人参果、马先蒿、香清、锡金岩黄蓍等杂类草。近几年推广到阿坝藏族羌族自治州、凉山彝族自治州及省外的青海、甘肃、云南、西藏等省区的高寒草场的九龙牦牛,生长发育良好,繁殖正常。公牛终年敞放,禀性狂野,性情凶猛,管理难度大;母牛经常收牧挤乳,性情较温顺,易于管理。

六、品种保护和研究

甘孜州 1988 年～1992 年完成了"九龙牦牛生理生化指标的测定"、"九龙牦牛高分辨 G 带带型的研究"、"九龙牦牛 C 带和银染核仁组织区的研究"、"九龙牦牛线粒体 DNA(mtDNA) 的提取与鉴定"。

1985 年开展了九龙牦牛种质特性研究,制定了九龙牦牛品种地方标准。1989 年开始建立九龙牦牛纯繁基地,制定九龙牦牛保种选育方案,开展保种选育和纯繁扩群。1999 年成立了由省、州、县技术推广部门组成的选育协作组,并组建九龙牦牛选育核心群 230 头,2006 年选育核心群达到 500 多头。2006 年县政府将洪坝、汤古、斜卡、呷尔、乃渠、三岩龙、湾坝 7 个乡划定为"九龙牦牛保种选育区",存栏牦牛 4.3 万头,占九龙县牦牛总数的 80% 以上。2009 年中华人民共和国农业部第 1058 号公告,九龙牦牛列入第一批国家级保种场。

四川省质量技术监督局于 1995 年首次发布了《九龙牦牛品种标准》DB51/250-95,2007 年修订后发布了《九龙牦牛》地方标准 DB51/T'656-2007。

七、品种评价与利用

九龙牦牛是在特定的自然经济、地形地貌,以及高山草场丰盛的水草条件下,经过长期的人工选择和自然选择形成的一个具有共同来源,体形外貌较为一致,遗传性能稳定、适应性强的"高山型"牦牛。九龙牦牛以高大的体形,丰厚的绒毛,良好的肉质和产肉性能而驰名中外。先后推广到甘孜州的稻城、道孚、乡城、巴塘、雅江、炉霍等县和省内的阿坝藏族羌族自治州、凉山彝族自治州,以及省外的青海、甘肃、云南、西藏等地,均表现出良好的适应性,对当地牦牛进行改良,其后代生长发育快,杂交改良效果好。

今后,应坚持本品种选育,加大选育力度,加强种用公牛的选择和培育,提高早熟性和日增重。在资源保护开发利用方面以肉用为主,在牦牛产区大力推广优良公牛及其冻精配种,并进行优良性状基因的活体保存和研究开发。

昌台牦牛

昌台牦牛，以肉用为主，是肉、乳兼用的高原型牦牛资源。该牦牛已通过国家畜禽遗传资源委员会审定，列入国家资源。

一、一般情况

（一）产区和分布

昌台牦牛产区位于青藏高原东南缘，横断山系的沙鲁里山脉一带，东部与雅砻江、西部与金沙江相隔，北部有雀儿山绒麦峨扎峰（海拔6 168m）阻挡，南部延伸到理塘海子山和巴塘的之麻贡嘎山峰。山峰河流形成了西南为高山峡谷，东北为丘状高原、山原、极高山和高山峡谷。中心产区为四川省甘孜藏族自治州白玉县的纳塔乡、阿察乡、安孜乡、辽西乡、麻邛乡及昌台种畜场。主产区分布在德格县，白玉县的其余乡镇，甘孜县的南多乡、生康乡、卡攻乡、来马乡、仁果乡，新龙县的银多乡和理塘县、巴塘县的部分乡镇。

图1 放牧生态

（二）中心产区自然生态条件

白玉县位于青藏高原东南缘，四川省西北部，甘孜藏族自治州西部，北纬30°22′～31°40′，东经98°36′～99°56′。境内向西横跨128.8km，南北143.4km，东与新龙县相邻，南与理塘、巴塘县接壤，北与甘孜、德格县交界。西隔金沙江与西藏江达、贡觉两县相望。山河多为北南走向。

中心产区平均海拔3 800m以上，属大陆性高原寒带季风气候，四季不分明，年平均气温7.7℃，最高气温28℃，最低气温−30℃；无绝对无霜期，全年长冬无夏；年降水量725mm，相对湿度52%；年日照2 133.6h，日照率60%；风力为2.5m/s，无沙尘暴。

全县辖1镇16乡156个行政村，属纯牧区，总人口4.2万余人，其中藏族占95%以上。辖区面积10 591平方千米，其中，天然草原1 020万亩，可利用草原面积875.2万亩，生长的牧草种类繁多，有禾本科、莎草科、豆科等40多种。

二、品种来源及数量

（一）品种来源

《白玉县志》记载：白玉县昌台在唐朝以前，为血缘骨系的草地氏族部落。唐被吐蕃征服。宋属岭国。元为青海蒙古瓦述部落所役属，因其首领名昌·打学甲波，故名昌台，意即"昌台后裔"。明洪武七年（1374），中央王朝所设朵甘仓溏招讨司，即在今昌台。乾隆十一年（1746）十二月，因德格土司协同清军征剿瞻对有功，清廷将昌台划归德格土司管辖。

根据《甘孜州畜种资源调查》记载"昌台牦牛是藏族人民在世世代代的辛勤劳动中，经过漫长岁月，由野牦牛逐步驯养驯化而成"。

《白玉县志》记载："东汉时期纳西族在四川省境内建立白狼国，其属地包括今天的四川雅砻江以西的白玉县等，白玉县是牦牛进贡的一个较大部落集团——白狼国的重要组成部分"。

《康区甘孜州寺庙志》记载，元代时期，汉区皇帝国师萨迦法王八思巴返回藏区，途经昌台时，看到家家户户牦牛满圈，经济繁荣，因此，在昌台任命了昌台万户侯。昌台牦牛远近闻名，周边的新龙、理塘、白玉、德格、甘孜等县的牧民从元朝起就对昌台牦牛赞誉不绝。

《甘孜藏族自治州畜牧志》记载"新中国成立后，1952年西康省人民政府农林厅派人到白玉县昌台进行现场勘查，建成昌台牧场。1963年经四川省人委批准将国营昌台牧场改为昌台种畜场，成立了专门的牦牛生产队，有2 300多头牦牛，牦牛是昌台种畜场主要生产生活资料"。人们称昌台种畜场饲养的牦牛为昌台牦牛。2008年昌台种畜场实施牦牛产业化项目，开展"牦牛出栏、暖棚和贮草基地建设，组建昌台牦牛原种场"。

（二）数量结构

2016年调查昌台牦牛纯种群体329 382头，其中，能繁育母牛135 232头，种公牛53 693头，其余牛140 457头。

三、体型外貌

（一）被毛

昌台牦牛以被毛全黑为主，前胸、体侧及尾部着生长毛。

（二）体型外貌

昌台牦牛头大小适中，90%有角，角较细，颈部结合良好，额宽平，胸宽而深、前驱发达，腰背平直，四肢较短而粗壮、蹄质结实。公牦牛头粗短、鬐甲高而丰满，体躯略前高后低，角向两侧平伸而向上，角尖略向后、向内弯曲；眼大有神。母牦牛面部清秀，角细而尖，角型一致；鬐甲较低而单薄；体躯较长，后驱发育较好，胸深，肋开张，尻部较窄略斜。

图2 昌台牦牛（公）　　　　　　　　图3 昌台牦牛（母）

四、体重及体尺

德格县马尼干戈镇、甘孜县绒巴岔乡、白玉县昌台种畜场随机抽选各年龄段牦牛1 000余头进行了测定，测定结果见表1。

表1昌台牦牛体重及体尺指数表　　　　单位：岁、头、cm、kg

年龄	性别	样本数	体重（kg）	体高（cm）	体斜长（cm）	胸围（cm）	管围（cm）
0.5	♂	85	47.98±15.56	70.3±3.73	77.15±17.70	98.30±4.24	11.35±0.49
0.5	♀	87	42.13±16.46	68.05±2.35	70.95±27.37	92.45±3.56	10.30±0.47
1.5	♂	72	99.90±12.28	93.22±3.44	101.18±4.32	120.50±5.45	12.94±1.33
1.5	♀	89	101.65±14.37	91.78±4.31	100.12±4.56	122.61±7.05	12.20±1.17
2.5	♂	71	153.78±28.40	103.82±4.80	114.74±4.87	142.14±8.63	15.16±1.65
2.5	♀	80	162.34±19.19	101.66±4.13	115.60±5.14	147.48±7.52	15.54±1.27
3.5	♂	67	216.10±15.71	110.53±3.25	128.23±6.10	162.83±10.55	16.40±1.22
3.5	♀	71	194.00±25.89	105.73±5.64	121.23±7.46	158.08±7.27	16.03±1.39
4.5	♂	42	271.64±19.33	110.60±3.0	131.84±4.86	155.96±7.09	17.08±1.26
4.5	♀	50	220.14±11.15	108.57±4.94	125.00±5.79	155.76±6.77	16.52±1.50
5.5	♂	30	349.68±43.50	126.08±7.33	156.68±9.66	185.92±12.27	21.16±1.77
5.5	♀	32	247.36±39.42	111.21±3.07	134.25±9.30	167.68±9.48	16.54±1.40
6.5	♂	30	379.03±51.10	125.63±7.53	156.07±10.93	188.33±14.59	20.73±1.89
6.5	♀	28	260.86±40.30	111.39±3.42	135.14±9.86	168.71±9.84	16.46±1.29

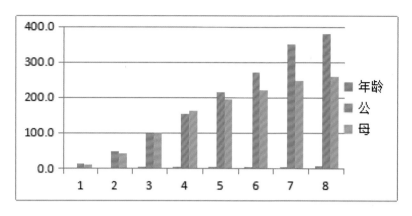

昌台牦牛体重生长曲线图

五、生产性能

（一）产肉性能和肉品质

1. 产肉性能

3.5 岁昌台母牦牛屠宰前重为 135.64kg，胴体重为 65.56kg，净骨重为 12.92kg，净肉重为 45.88kg，屠宰率为 48.41%，净肉率为 33.91%，胴体产肉率为 69.99%，骨肉比为 1:3.55。

4.5 岁昌台公牦牛屠宰前重为 232.04kg，胴体重为 109.60kg，净骨重为 23.68kg，净肉重为 79.08kg，屠宰率为 47.19%，净肉率为 34.10%，胴体产肉率为 72.28%，骨肉比为 1:3.46。

成年昌台公牦牛屠宰前重为 364.32kg，胴体重为 186.60kg，净骨重为 39.74kg，净肉重为 147.84kg，屠宰率为 51.15%，净肉率为 40.54%，胴体产肉率为 79.29%，骨肉比为 1:3.73。

成年昌台母牦牛屠宰前重为 266.83kg，胴体重为 125.67kg，净骨重为 25.00kg，净肉重为 100.83kg，屠宰率为 49.34%，净肉率为 37.66%，胴体产肉率为 80.24%，骨肉比为 1:4.03（详见表 2）

表 2 昌台牦牛产肉性能指数表　　　　　　　　　　　单位：岁、头、cm、kg

年龄	性别	样本数	宰前重（kg）	胴体重（kg）	净骨重（kg）	净肉重（kg）	屠宰率（%）	净肉率（%）	胴体产肉率（%）	骨肉比
3.5	♀	5	135.64 ±8.39	65.56 ±2.69	12.92 ±5.39	45.88 ±2.57	48.41 ±2.00	33.91 ±2.52	69.99 ±2.80	1:3.55
4.5	♂	5	232.04 ±34.92	109.60 ±18.02	23.68 ±5.66	79.08 ±11.85	47.19 ±1.34	34.10 ±1.19	72.28 ±1.51	1:3.46
6.5	♂	5	364.32 ±29.51	186.60 ±20.89	39.74 ±5.23	147.84 ±15.35	51.15 ±2.59	40.54 ±1.83	79.29 ±0.79	1:3.73
6.5	♀	3	266.83 ±3.21	125.67 ±1.76	25.00 ±0.50	100.83 ±1.44	49.34 ±0.37	37.66 ±0.90	80.24 ±0.50	1:4.03

2. 肉品质

选择健康成年公昌台牦牛 8 头，屠宰后取样检验。

2.1 营养成分

昌台牦牛肌肉中蛋白质含量高、脂肪含量低的特点，见表3。

表3 昌台牦牛肌肉中所含营养成分　　　　　　　　　　　　　单位：头、%

年龄	样本数	水分	粗灰分	粗蛋白	粗脂肪
成年	8	74.25±1.73	1.02±0.04	21.43±0.87	2.01±1.14

2.2 矿物质含量

昌台牦牛肉中矿物质含量，见表4。

表4 昌台牦牛肉中所含矿物质　　　　　　　　　　单位：头、mg/kg、%

矿物质	成年	
	样本数	$\overline{X}\pm SD$（mg/kg）
钙	8	54.15±16.65
镁	8	206.73±13.70
铁	8	24.19±7.51
锌	8	32.53±7.06
锰	8	<0.50
铜	8	0.68±0.15
钠（%）	8	0.23±0.03
钾（%）	8	0.23±0.02
磷（%）	8	0.18±0.01

2.3 氨基酸含量

昌台牦牛肉中含 17 种氨基酸，其总量（TAA）为 18.96%，必需氨基酸（EAA）含量为 7.31%，非必需氨基酸（NEAA）含量为 11.65%，见表5。

表5 昌台牦牛肉中所含氨基酸　　　　　　　　　　单位：头、g/100g

项目	样本数	$\overline{X}\pm SD$（g/100g）
天门冬氨酸	8	1.90±0.22
苏氨酸	8	0.87±0.10
丝氨酸	8	0.77±0.11
谷氨酸	8	3.29±0.40
甘氨酸	8	0.87±0.11
丙氨酸	8	1.17±0.14
胱氨酸	8	0.11±0.02
缬氨酸	8	0.94±0.12
蛋氨酸	8	0.54±0.07
异亮氨酸	8	0.85±0.12
亮氨酸	8	1.63±0.16
酪氨酸	8	0.66±0.07

续表5 昌台牦牛肉中所含氨基酸 单位：头、g/100g

项目	样本数	$\overline{X} \pm SD$（g/100g）
苯丙氨酸	8	0.71±0.07
赖氨酸	8	1.77±0.20
组氨酸	8	0.91±0.11
精氨酸	8	1.30±0.14
脯氨酸	8	0.69±0.08
氨基酸总量（TAA）	8	18.96±2.03
必需氨基酸（EAA）	8	7.31±0.77
非必需氨基酸（NEAA）	8	11.65±1.32
EAA/TAA	8	42.82±1.06
EAA/NEAA	8	81.46±3.90

2.4 药物残留

昌台牦牛肉中六六六、滴滴涕、五氯硝基苯、金霉素、土霉素和其他磺胺类的药物残留均未检测到，结果见表6。

表6 昌台牦牛肉中所含药物残留 单位：岁、头

年龄	样本数	六六六	滴滴涕	五氯硝基苯	土霉素	金霉素	磺胺类
6.5	8	未检出	未检出	未检出	未检出	未检出	未检出

2.5 肌肉嫩度

选择冈上肌（LJT）、背最长肌（WJ）及半腱肌（XHGT）三种不同部位的肌肉进行测定，结果见表7。

表7 昌台牦牛肉肌肉剪切力 单位：岁、头、N

部位	年龄	样本数	剪切力
冈上肌（LJT）	6.5	8	7.42±0.80
背最长肌（WJ）	6.5	8	7.66±1.54
半腱肌（XHGT）	6.5	8	7.70±1.97

2.6 肌肉色度

昌台牦牛肉肉色亮度值 L^*、红度值 a^* 及黄度值 b^*，测定结果见表8。

表8 昌台牦牛肌肉色差值 单位：岁、头

部位	年龄	样本数	L^*	a^*	b^*
冈上肌（LJT）	6.5	8	34.56±3.73	12.84±2.01	9.70±1.90
背最长肌（WJ）	6.5	8	37.37±5.29	11.78±1.93	10.36±1.89
半腱肌（XHGT）	6.5	8	39.32±2.00	12.19±1.75	11.66±1.25

2.7 熟肉率

昌台牦牛肉熟肉率测定结果见表9。

表9昌台牦牛熟肉率

单位：岁、头、%

	年龄	样本数	熟肉率
冈上肌（LJT）	6.5	8	68.03±13.96
背最长肌（WJ）	6.5	8	62.79±10.75
半腱肌（XHGT）	6.5	8	63.37±7.76

（二）产奶性能

1. 产奶量

2013 年度，在昌台种畜场选择 20 头经产（2～3 胎次）母牦牛于 6、7、8、9、10 月份进行产奶测定，采用挤奶间隔 10d 的测定方法，即每个月测定 3 次（1 日、11 日、21 日），以实际间隔天数 10 乘以日挤奶量，即是这 10d 的挤奶量，3 次挤奶量相加即为月挤奶量，5 个月 15 次挤奶量累加起来即为 153d 挤奶量。153d 的产奶量 =1.96× 挤奶量，测定结果见表 10。

昌台经产母牦牛（2～3 胎次）6、7、8、9、10 月份挤奶量平均 182.53kg，平均产奶量为 357.76kg。昌台母牦牛在 8 月份产奶量为最高，而在 10 月份为最低，从 6 月～8 月份有不断升高的趋势。

表 10 昌台牦牛产奶量

单位: 头、%

序号	6 月份	7 月份	8 月份	9 月份	10 月份	挤奶量合计	产奶量合计
1	48.1	45.0	42.8	41.5	31.5	208.9	409.44
2	33.0	43.0	44.0	37.5	25.5	183.0	358.68
3	27.5	39.5	44.8	32.5	21.0	165.3	323.99
4	35.8	42.0	43.7	26.3	28.0	175.8	344.57
5	38.8	38.8	41.8	25.0	26.5	170.9	334.96
6	35.8	46.5	50.0	40.5	34.5	207.3	406.31
7	39.5	43.5	50.0	42.5	27.0	202.5	396.90
8	34.5	39.0	43.5	22.5	17.5	157.0	307.72
9	30.0	41.2	53.7	37.1	27.0	189.0	370.44
10	32.5	41.0	48.0	40.2	25.0	188.5	369.46
11	32.0	39.0	44.1	31.0	21.0	167.1	327.52
12	38.0	40.3	48.0	39.0	20.6	191.3	374.95
13	32.0	41.0	51.5	44.6	31.0	200.1	392.20
14	39.0	39.5	44.0	38.6	27.0	188.1	368.68
15	22.5	38.9	37.5	35.6	26.0	160.5	314.58
16	39.5	43.0	45.1	38.6	25.5	191.7	375.73
17	29.0	39.5	44.0	36.5	24.0	173.0	339.08
18	33.0	40.0	47.5	39.3	28.0	187.8	368.09
19	35.0	39.5	39.0	33.2	21.0	167.7	328.68
20	41.5	41.5	28.5	38.6	25.0	175.1	343.20
平均	34.85	41.09	44.58	36.12	25.90	182.53	357.76

2. 奶成分

用 MCC30SEC 超声波牛奶分析仪对奶成分进行测定，经产母牛乳脂率为 8.47%，蛋白质为 3.70%，乳糖平均为 5.54%。测定结果见表 11。

表 11 昌台牦牛奶成分

单位：头、%

测定时间	样本数	脂肪	非脂固体乳	乳糖	蛋白质	pH
7 月	15	7.10±0.51	9.63±0.44	5.29±0.24	3.53±0.16	5.32±0.22
8 月	15	7.88±0.86	9.82±0.37	5.39±0.20	3.60±0.13	5.21±0.06
9 月	15	9.15±0.71	10.45±0.28	5.73±0.15	3.83±0.10	5.23±0.05
10 月	15	9.75±1.41	10.50±0.58	5.75±0.31	3.85±0.21	5.14±0.04

（三）繁殖性能

昌台牦牛公牦牛一般 3.5 岁开始配种，6～9 岁为配种盛期，以自然交配为主。

母牦牛为季节性发情，发情季节为每年的 7 月～9 月，其中 7 月～8 月为发情旺季。发情周期 18.2±4.4d，发情持续时间 12～72h，妊娠期 255±5d，繁殖年限为 10～12 年，一般 3 年 2 胎，繁殖成活率为 45.02%。

六、饲养管理

昌台牦牛主要是定居和游牧相结合的放牧方式，每年 11 月份至翌年的 6 月中旬在冬季草地上定居放牧长达 240 多天，冬季放牧区域海拔高度一般在 3 500～4 500m。每年的 6～10 月份到夏秋草场上放牧，放牧区域海拔在 4 500～6 000m 之间，放牧从低海拔到高海拔后又从高海拔转到低海拔，直到冬季草场，一般一个月搬一次家。早晚有放牧人员出牧和收牧，晚上任其自由睡卧在定居住房附近草地上，平时补给少量食盐或赶入有盐水出露的地方自由舔食。母牛产犊后 15～45d 之内不挤奶，任犊牛全哺乳，之后进行挤奶，一直到干乳期，7～9 月份早晚各挤奶一次，其他月份早上挤奶一次，挤奶长达一年。每年 6 月份进行疫苗注射，并按时驱虫。9～10 月份牦牛膘肥体壮时，为出栏最佳时期。冬季夜间对犊牛及虚弱牛利用暖棚饲养，并用少量青干草进行补饲。

图 4 放牧管理

七、保种与研究

昌台牦牛具有适应性好、抗病力强、役用力佳、耐粗饲、遗传性能稳定，产肉、产奶性能优良的特性。目前已推广到石渠、德格、理塘、炉霍、新龙、甘孜等县改良本地牦牛。

八、评价与利用

（一）评价

1. 昌台牦牛对高海拔低氧、高寒、饲草供给不平衡的恶劣环境具有非常强的适应性，并且遗传性能稳定，耐粗饲，抗病力强，是我国高原牧区宝贵的畜种遗传资源。

2. 昌台牦牛数量多，分布广。遗传分析表明，昌台牦牛线粒体片段内的单倍型多样性具有高度的遗传多样性，核苷酸多样性也最为丰富，通过选育可以获得较高的遗传进展。

3. 昌台牦牛肉脂肪酸种类丰富，高蛋白低脂肪，矿物元素丰富，氨基酸种类齐全，肌肉嫩度小；乳脂率及乳蛋白含量高。昌台牦牛肉质、乳品品质优良，具有生产绿色食品的潜能。

（二）利用

昌台牦牛是在特定的自然生态环境，经过长期的人工选择和自然选择形成的一个体型外貌基本一致、遗传性能稳定、适应性强，产肉、产奶性能良好的地方遗传资源。由于其遗传多样性丰富，选育程度低，具有较高的选育潜能。因此，昌台牦牛的开发利用：第一加强昌台牦牛遗传特性的挖掘和资源保护方面的研究。第二继续开展外貌以全黑为主的本品种选育工作，提高产肉、产奶性能。第三开展昌台牦牛健康、规范化养殖技术的研究与示范，生产更多的优质牦牛产品。第四为高原型牦牛产区提供优质的畜种，促进牧区经济发展和农牧民增收。

拉日马牦牛

拉日马牦牛是在高寒牧区经过长期自然选择和人工选择，自群繁育而形成的肉乳兼用型地方牦牛类群。

一、一般情况

（一）中心产区和分布

拉日马牦牛中心产区位于四川省甘孜藏族自治州新龙县拉日马镇，新龙县的其他乡镇、甘孜县、炉霍县、雅江县相邻乡镇均有分布。

（二）中心产区自然生态条件

新龙县拉日马镇位于四川省甘孜藏族自治州中部，地处青藏高原东南边缘，地跨北纬 $30°23' \sim 31°32'$、东经 $99°37' \sim 100°54'$、属川西北丘状高原山区，最高海拔 4 995m，最低 3 132m。年平均气温 3.6℃，年降水量 650.5mm，无霜期 35d，极低温度 −30℃；该镇有 9 个行政村，人口 0.3 万。该镇是新龙县最大的纯牧业乡镇，草场面积 1 150.1km²，分布着 50 多条沟壑，山水相连，林草相间，属青藏高原典型的林间草地。

图 1 放牧生态

二、品种来源及数量

（一）品种来源

拉日马牦牛由野牦牛逐步驯养而成。据史料记载：新龙县拉日马大草原生活着民族领袖布鲁曼，属相属牛。道光十八年秋，布鲁曼率领农奴，先后战胜了该县小土司头人，引起甘孜白利、孔萨、麻书土司联合炉霍朱倭土司、德格土司企图合歼布鲁曼，布鲁曼采取先发制人，各个击破的战术，在"杀尽土司"的口号下，人人英勇善战，粉碎了土司的联合进攻，形成了该区域闭锁的统治制度，牦牛为此次战役提供了主要的食物来源和重要的运输保障。战后，拉日马草原的牦牛得到发展，个个膘肥体壮，被誉为高原黑珍珠。每年秋天，部落牧民用各种热烈、愉悦的方式庆祝丰收，更加注重牦牛发展。该区域与鲜水河、雅砻江阻隔，形成了独立的原始牦牛类群。由于该牦牛主产区位于拉日马地区，故称之为拉日马牦牛。

（二）群体数量和群体结构

1. 主产区数量和群体结构

2016 年调查，在主产区拉日马牦牛数量为 32 506 头，其中，能繁育的母牛 19 170 头，配种公牛 1 211 头，见表 1。

表 1 拉日马牦牛主产区数量和结构

单位：头

中心产区	群体数量	能繁母畜	配种公畜
拉日马镇	32 506	19 170	1 211

2. 分布区数量和群体结构

2016 年，存栏牦牛 86 777 头，其中，能繁育母牛 39 183 头，种公牛 3 726 头。见表 2。

表 2 拉日马牦牛分布区数量和结构

单位：头

分布区	新龙县	雅江县	道孚县	炉霍县	合计
总数	55678	1412	10087	19600	86777
能繁母牛	27368	725	4371	6719	39183
种公牛	2562	27	359	778	3762

三、体型外貌

（一）被毛

拉日马牦牛基础毛色为纯黑色，被毛长有底绒，群体中黑色个体约占 60%；额、四肢、腹部有白色斑点的占 35%；其他色的占 5% 左右。

（二）体型外貌

拉日马牦牛体躯粗壮呈长方形，前躯略高，体质结实，腹大而不下垂，四肢粗短，蹄大钝圆，尾较短，公、母牛均有角。嘴唇有黑嘴和粉嘴两种，耳平伸而短粗，颈长短适中，背平直稍有凹陷，臀部丰厚，尾长至飞节，有裙毛尾毛，四肢粗而短，蹄质结实。母牛头部清秀，角细长，角尖向上略向后弯曲，颈脖较窄，乳房丰满。公牛额宽无长毛，角基粗，角间距大，角尖细、向上向外开张呈圆弧形，颈短粗，鬐甲高，前躯发达，睾丸发育良好。

图2 拉日马牦牛（公）

图3 拉日马牦牛（母）

四、体重及体尺

2016年～2018年的上半年和下半年在新龙县拉日马国营牧场对拉日马牦牛进行体重及体尺测定，测量结果见表3。

表3 拉日马牦牛不同年龄段体重及体尺测定表　　　单位：岁、头、kg、cm

性别	年龄	样本数	体重（kg）	体高（cm）	体斜长（cm）	胸围（cm）
♂	初生	20	14.70±2.42	—	—	—
	0.5	30	62.92±12.45	79.73±5.32	82.07±5.33	104.83±8.21
♀	初生	32	12.21±1.94	—	—	—
	0.5	30	57.20±8.69	78.57±3.81	83.63±5.07	102.33±5.20
♂	1	98	84.25±4.55	82.10±3.01	88.90±4.82	110.60±2.64
	1.5	31	122.60±12.89	93.71±2.74	102.95±5.47	130.23±4.35
♀	1	123	83.85±5.13	80.50±3.14	88.65±3.83	109.55±3.10
	1.5	31	112.82±18.80	92.29±4.47	101.77±6.01	125.35±8.24
♂	2	87	131.40±12.70	91.20±4.07	109.35±1.81	130.85±5.32
	2.5	31	174.47±12.07	103.52±3.58	115.48±4.01	146.84±4.19
♀	2	132	112.18±11.76	89.45±3.39	104.35±3.80	123.75±5.20
	2.5	31	135.79±17.67	96.58±2.51	106.26±5.54	134.77±6.33
♂	3	78	170.41±15.32	96.55±4.21	117.85±3.51	143.55±4.71
	3.5	31	225.25±39.82	110.42±5.28	125.94±8.99	159.19±9.66
♀	3	116	153.79±10.43	89.30±3.53	114.90±2.90	138.20±4.18
	3.5	31	171.98±23.10	102.97±3.03	111.52±5.33	148.00±7.59
♂	4	90	259.56±33.47	106.25±2.63	134.80±7.84	165.45±6.72
	4.5	31	320.21±27.05	122.48±2.99	136.61±4.98	182.84±6.58
♀	4	134	174.11±13.59	99.15±2.66	120.40±2.87	143.60±4.16
	4.5	31	237.31±20.44	108.29±4.42	125.84±3.81	163.97±5.74
♂	5	75	306.95±34.06	112.63±5.04	141.76±4.84	175.59±7.81
	5	146	199.69±14.24	108.96±3.69	122.71±3.91	152.37±4.22

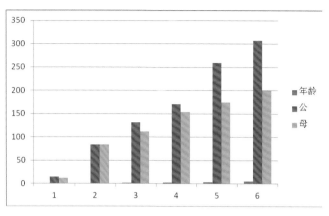

拉日马牦牛体重生长曲线图

五、生产性能

（一）产肉性能和肉品质

2016年10月，在中心产区随机抽选发育良好、健康无疾病的拉日马5.5岁牦牛公、母各6头进行屠宰测定。

1. 产肉性能

1.1 屠宰前体重及体尺

5.5岁公、母拉日马牦牛屠宰前体重分别为337.37kg、245.97kg，见表4。

表4 拉日马牦牛屠宰前体重、体尺

单位：岁、头、kg、cm

性别	年龄	样本数	屠宰前重（kg）	体高（cm）	体斜长（cm）	胸围（cm）
♂	5.5	6	337.37±25.85	121.67±1.53	138.67±29.26	186.67±14.43
♀	5.5	6	245.97±26.66	111.00±6.24	137.67±5.51	165.00±6.56

1.2 产肉性能

5.5岁公、母拉日马牦牛屠宰率分别为52.51%、50.32%，净肉率分别为45.75%、43.96%，骨肉比分别为1:6.78、1:7.03，眼肌面积分别为39.87cm^2、31.51cm^2，见表5。

表5 拉日马牦牛产肉性能

单位：岁、头、kg、%、cm^2

性别	年龄	样本	宰前重（kg）	胴体重（kg）	净骨重（kg）	净肉重（kg）	屠宰率（%）	净肉率（%）	胴体产肉率（%）	骨肉比	眼肌面（cm^2）
♂	5.5	6	337.37±25.85	177.30±16.14	22.77±0.95	154.53±15.20	52.51±0.80	45.75±1.04	87.12±0.67	1:6.78	39.87±10.73
♀	5.5	6	245.97±26.66	123.43±8.64	15.47±1.01	107.97±9.57	50.32±1.90	43.96±0.90	87.40±1.62	1:7.03	31.51±0.72

1.3 胴体性状

5.5岁公、母拉日马牦牛胴体长分别为：125.33cm、143.00cm，胴体深分别为：74.00cm、87.50cm。见表6。

表6 拉日马牦牛胴体标测定结果 单位：岁、头、cm

性别	年龄	样本	胴体长	胴体深	胴体胸深	胴体后腿围	胴体后腿长	胴体后腿宽	腰部肉厚	大腿肌肉厚
♂	5.5	6	125.33 ±1.53	74.00 ±1.00	60.83 ±5.53	74.50 ±5.77	63.33 ±5.77	29.33 ±3.51	2.17 ±0.74	17.33 ±3.06
♀	5.5	6	143.00 ±7.00	87.50 ±6.06	72.67 ±5.51	81.33 ±4.73	66.67 ±0.58	36.00 ±1.73	2.07 ±0.31	18.67 ±3.21

1.4 副产物

拉日马牦牛副产物称重，见表7。

表7 拉日马牦牛副产物 单位：岁、头、kg

性别	年龄	样本数	皮重	头重	蹄重	尾重（去皮）	内脏脂肪重量
♂	5.5	6	17.93 ±1.43	15.90 ±0.96	4.25 ±0.26	0.53 ±0.06	5.42 ±2.10
♀	5.5	6	25.92 ±3.81	11.57 ±1.74	6.07 ±0.33	0.65 ±0.09	4.63 ±0.88

1.5. 脏器官

拉日马牦牛内脏器官测定结果见表8。

表8 拉日马牦牛内脏重 单位：岁、头、kg

性别	年龄	样本数	心	肝	脾	肺	肾
♀	5.5	6	1.04 ±0.13	3.97 ±0.38	0.47 ±0.13	2.53 ±0.46	0.50 ±0.05
♂	5.5	6	1.55 ±0.09	5.22 ±0.20	0.65 ±0.05	3.70 ±0.35	0.70 ±0.10

1.6 胃

拉日马牦牛除去胃内杂物后称重，见表9。

表9 拉日马牦牛胃重 单位：岁、头、kg

性别	年龄	样本数	瘤胃	网胃	皱胃	瓣胃
♀	5.5	6	5.95±0.52	0.73±0.06	1.65±0.25	1.93±0.41
♂	5.5	6	7.80±0.13	1.10±0.00	1.75±0.10	2.85±0.09

1.7 肠

拉日马牦牛除去肠内杂物后称重，见表10。

表10 拉日马牦牛肠净重 单位：岁、头、kg

性别	年龄	样本数	小肠	大肠	盲肠
♂	5.5	6	3.37±0.39	2.15±0.48	0.83±0.06
♀	5.5	6	4.38±0.78	3.17±1.05	0.87±0.38

2. 肉品质

对屠宰测定拉日马牦牛进行采样并检验。

2.1 营养成分

拉日马牦牛肌肉蛋白质含量高、脂肪含量低的特点，见表11。

表11 拉日马牦牛肌肉营养成分　　　　　　　　　单位：岁、头、%

年龄	样本数	水分	蛋白质	脂肪
5.5	6	73.68±0.92	22.98±0.66	2.27±0.44

2.2 矿物质含量

矿物质含量见表12。

表12 拉日马牦牛矿物质含量测定分析结果　　　　单位：头、mg/kg、%

矿物质	成年	
	样本数	$\overline{X} \pm SD$（mg/kg）
钙	6	46.58±4.79
镁	6	233.50±7.82
铁	6	16.53±2.79
锌	6	28.58±4.01
锰	6	＜1.00（未检出）
铜	6	1.30±0.13
钠（%）	6	0.02±0.00
钾（%）	6	0.25±0.02
磷（%）	6	0.19±0.00

2.3 氨基酸含量

拉日马牦牛肉中含17种氨基酸，其总量（TAA）19.55%，必需氨基酸（EAA）含量为7.48%，非必需氨基酸（NEAA）含量为12.08%，见表13。

表13 拉日马牦牛氨基酸含量　　　　　　　　　单位：头、g/100g

项目	样本数	$\overline{X} \pm SD$（g/100g）
天门冬氨酸	6	2.05±0.13
苏氨酸	6	0.91±0.09
丝氨酸	6	0.86±0.06
谷氨酸	6	3.53±0.27
甘氨酸	6	0.87±0.03
丙氨酸	6	1.29±0.07
胱氨酸	6	0.07±0.01
缬氨酸	6	0.93±0.14
蛋氨酸	6	0.58±0.04
异亮氨酸	6	0.85±0.13
亮氨酸	6	1.68±0.15

续表 13 拉日马牦牛氨基酸含量

单位：头、g/100g

项目	样本数	$\overline{X}\pm SD$（g/100g）
酪氨酸	6	0.68±0.06
苯丙氨酸	6	0.70±0.08
赖氨酸	6	1.85±0.19
组氨酸	6	0.86±0.05
精氨酸	6	1.19±0.15
脯氨酸	6	0.70±0.06
氨基酸总量（TAA）	6	19.55±1.57
必需氨基酸（EAA）	6	7.48±0.33
非必需氨基酸（NEAA）	6	12.08±0.82
EAA/TAA	6	38.22±1.34
EAA/NEAA	6	61.88±3.45

2.4 药物残留含量

拉日马牦牛中药物残留均未检测到，见表14。

表 14 拉日马牦牛药物残留

单位：岁、头

年龄	样本数	六六六	滴滴涕	五氯硝基苯	土霉素	金霉素	磺胺类
5.5	6	未检出	未检出	未检出	未检出	未检出	未检出

2.5 pH 值

选择冈上肌（LJT）、背最长肌（WJ）及半腱肌（XHGT）三种不同部位测定拉日马牦牛的 pH 值，见表15。

表 15 拉日马牦牛 pH 值

单位：岁、头

部位	年龄	样本数	pH 值
冈上肌（LJT）	5.5	6	6.05±0.17
背最长肌（WJ）	5.5	6	5.90±0.27
半腱肌（XHGT）	5.5	6	5.89±0.02

2.6 肌肉嫩度

选择冈上肌（LJT）、背最长肌（WJ）及半腱肌（XHGT）三种不同部位测定拉日马牦牛的肌肉嫩度，测定结果见表16。

表 16 拉日马牦牛肌肉剪切力

单位：岁、头、N

部位	年龄	样本数	剪切力
冈上肌（LJT）	5.5	6	8.01±0.64
背最长肌（WJ）	5.5	6	9.34±1.85
半腱肌（XHGT）	5.5	6	9.37±1.43

2.7 熟肉率

拉日马牦牛熟肉率测定结果见表17。

表 17 拉日马牦牛熟肉率

单位：岁、头、%

部位	年龄	样本数	熟肉率
冈上肌（LJT）	5.5	6	59.43±1.70
背最长肌（WJ）	5.5	6	60.73±2.33
半腱肌（XHGT）	5.5	6	60.81±3.12

2.8 肌肉色度

拉日马牦牛肉肉色亮度值 L*、红度值 a* 及黄度值 b*，测定结果见表 18。

表 18 拉日马牦牛肌肉色差值

单位：岁、头

部位	年龄	样本数	L*	a*	b*
冈上肌（LJT）	5.5	6	44.03±0.86	7.22±1.10	5.28±0.61
背最长肌（WJ）	5.5	6	45.55±1.46	6.13±1.96	6.01±1.51
半腱肌（XHGT）	5.5	6	46.27±1.04	6.48±1.19	6.74±1.36

（二）产奶性能

1. 产奶量

2016 年 6 月～ 10 月，对挤奶量进行了跟踪测定。每月 15 日对 5 头经产母牛和 5 头初产母牛早晚挤奶量进行测定，初产母牛平均挤奶量为 1.97kg/d·头，153d 平均挤奶量为 301.96kg/ 头。经产母牛平均挤奶量为 2.11kg/d·头，153d 平均挤奶量为 323.51kg/ 头。

拉日马牦牛产奶量按照 Y=1.96×Yn 公式计算，初产母牛产奶量 596.84kg，经产母牛产奶量 634.08kg。具有产奶量高的特点。见表 19。

表 19 拉日马牦牛产奶量

单位：头、kg

头数	母牛类型	6 月	7 月	8 月	9 月	10 月	挤奶量合计	产奶量合计
5	初产	1.34±0.56	2.10±0.27	2.42±0.23	2.05±0.19	1.94±0.18	301.96	596.84
5	经产	1.67±0.30	2.02±0.08	2.29±0.15	2.18±0.22	2.40±0.15	323.51	634.08

2. 奶成分

用 MCC30SEC 超声波牛奶分析仪对奶成分进行测定。经产母牛乳脂率为 7.59%，初产母牛为 6.23%；经产母牛蛋白质为 3.59%，初产母牛为 3.86%，经产母牛乳糖平均为 5.41%，初产母牛平均为 5.40%。结果见表 20。

表 20 拉日马牦牛奶成分

单位：头、%

母牛类型	测定时间	样本数	脂肪	非脂乳固体	乳糖	蛋白质	pH
经产	6 月	5	6.07	9.77	5.36	3.58	5.63
	7 月	5	8.62	10.56	5.79	3.87	5.18
	8 月	5	8.14	8.35	5.49	3.67	5.57
	9 月	5	6.91	10.40	5.71	3.81	5.53
	10 月	5	8.21	15.81	4.70	3.01	5.36
	平均		7.59	10.98	5.41	3.59	5.45

续表20 拉日马牦牛奶成分　　　　　　　　　　单位：头、%

母牛类型	测定时间	样本数	脂肪	非脂乳固体	乳糖	蛋白质	pH
初产	6 月	5	5.07	9.78	5.37	3.58	5.82
	7 月	5	8.31	9.96	5.46	3.66	5.25
	8 月	5	6.97	7.95	5.46	3.65	5.47
	9 月	5	5.11	9.81	5.33	4.83	5.31
	10 月	5	5.70	9.76	5.36	3.57	5.45
	平均		6.23	9.45	5.40	3.86	5.46
总平均			6.91	10.22	5.40	3.72	5.46

（三）繁殖性能

拉日马公牛初配年龄3岁，4～10岁为适配期，6～8岁为配种旺期；母牛4岁产犊，终产6～8胎，季节性发情，7月～9月为配种旺季，发情周期为18～22d，发情持续期12～24h，妊娠期约250～260d，繁殖成活率41.73%。

对然科、一村、扎宗三个点的19户牧户1364头牦牛，进行繁殖性能调查，结果见表21。

表21 拉日马牦牛繁殖成活率　　　　　　　　　　单位：户、头、%

地点	养殖户	牛饲养数	能繁母牛数	产犊数	年成活	繁殖成活率
然科	7	407	176	121	69	39.20
一村	5	540	232	197	98	42.24
扎宗	7	417	208	166	91	43.75
总数	19	1364	616	484	258	41.73

六、饲养管理

图4 放牧管理

（一）放牧管理

拉日马牦牛终年放牧，每年 6 月下旬由冬春季草场转到夏秋季草场，10 月下旬转至冬春季草场，冬春季草场利用时间 230 天左右，其余时间在夏秋季草场。公母牛混群放牧，自然交配。

（二）挤奶

产犊后母牛前 10 天不挤奶，之后早上挤奶 1 次，挤奶时间 5 个月。

（三）去势

不作种用的公牛 2 ～ 3 岁阉割去势，时间一般在 5 月～ 6 月。

（四）疫病预防

口蹄疫、炭疽和牛出败，春秋两季各注射疫苗一次；肝片吸虫、棘球蚴（包虫病）、牦牛肺丝虫、皮蝇，一般用阿维菌素进行驱虫。

（五）补饲

冬春季对弱畜、幼畜和挤奶母牛补饲青稞面及青干草，适当补盐，自由舔食。

七、保种

拉日马牦牛适应性好，抗病力强，耐粗饲，遗传性能稳定，产肉性能优良。下一步划定保护区，建立保种场，加强本品种选育，进一步提高产肉性能。

八、评价与利用

（一）评价

1. 拉日马牦牛属肉乳兼用型牦牛，是经过长期自然选择和人工选择而形成的适应高寒草地的优良牦牛类群。遗传性稳定，适应性好、抗病力强、耐粗饲。

2. 产肉性能优良。拉日马牦牛公母屠宰率分别为 52.51%、50.32%，净肉率分别为 45.75%、43.96%，较其他牦牛品种高 3% ～ 5%。

（二）利用

拉日马牦牛产肉性能优良，开展种质特性研究，制定选育方案，加强选育，充分挖掘拉日马牦牛资源潜力，进一步提高产肉性能。

亚丁牦牛

亚丁牦牛（Yading Yak），是经过长期自然选择和人工繁育形成的肉、乳兼用的高山型地方牦牛类群。

一、一般情况

（一）中心产区和分布

亚丁牦牛中心产区位于四川省甘孜藏族自治州稻城县各卡乡、吉呷乡、俄牙同乡和香格里拉镇。该县的赤土、木拉、蒙自及乡城县的青麦等乡亦有少量分布。

（二）中心产区自然生态条件

中心产区位于北纬 28°11' ～ 28°34'、东经 99°58' ～ 100°28'，地处青藏高原东南部，横断山脉东侧的高山峡谷地带，境内最高海拔 6 032m，最低海拔 2 000m，属大陆性季风高原气候，气候恶劣，昼夜温差大，气压低，历年平均气温 4.8℃，年平均降水量 654.3mm，相对湿度 56.25%，其中 1 月～9 月平均气温为 6.8℃、10 月为 2℃、11 月为 -1℃、12 月为 -4℃；冬季 11 月至次年 3 月平均气温 -5℃以下，极低气温可达 -27℃。草地面积占全县总面积 67%、灌木林地占 32.12%，另有 0.48% 的耕地，主要种植青稞、玉米、小麦、马铃薯、苦荞等农作物。

图 1 放牧生态

二、品种来源、数量和群体结构

（一）品种来源

据史料记载，亚丁地区饲养牦牛具有悠久的历史。唐高祖武德二年至唐德宗贞元二年（公元 619 年～786 年）间，藏王将吐蕃国牦牛迁徙至东义片区即现在的亚丁地区饲养。该区域受赤土河、东义河和亚丁山脉切割，山高谷深，落差达 3 000m 以上，形成天然屏障，与其他牦牛自然隔离，经过长期封闭，自繁自养，形成适应性强、生产性能优良的牦牛地方类群。因该牦牛主要分布于亚丁地区，故命名为亚丁牦牛。

（二）数量和群体结构

2016 年存栏 22 688 头，其中能繁育母牛 10 044 头，种公牛 668 头。见表 1

表 1 亚丁牦牛数量及群体结构 单位：头

分布县	能繁母牛	种公牛	其他	总数
稻城县	9746	648	11525	21919
乡城县	298	20	451	769

三、体型外貌特征

（一）被毛

亚丁牦牛被毛以全黑为主，部分个体额心、肢端、背部、尻部等有白斑，前胸、体侧及尾部着生长毛。

（二）体型外貌

亚丁牦牛体躯粗壮，前躯略高，体质结实，腹大而不下垂，四肢粗短，蹄大钝圆，尾较短，公、母牛均有角。母牛头部清秀，角细长，角尖略向上向后弯曲呈弧形，颈脖较窄，乳房丰满，呈雨盆型，乳静脉明显，乳头较长，乳周径大。公牛额宽、额毛丛生，角基粗，角间距大，角尖细、向上向外开张呈圆弧形，颈较粗，鬐甲高，前躯发达，睾丸发育良好。

图 2 亚丁牦牛（公）

图 3 亚丁牦牛（母）

四、体重及体尺

2016 年～2018 年的上半年和下半年在提娘牛场、木拉牛场、尼龙牛场对亚丁牦牛进行体重及体尺测定，见表 2。

表 2 亚丁牦牛体重及体尺

单位：岁、头、kg、cm

性别	年龄	样本数	体重（kg）	体高（cm）	体斜长（cm）	胸围（cm）
♂	初生	25	15.39±1.32	——	——	——
	0.5	31	64.42±8.50	78.68±3.71	84.74±4.99	101.77±5.23
♀	初生	32	13.82±1.23	——	——	——
	0.5	31	62.85±7.97	78.13±4.61	81.19±3.84	101.71±4.76
♂	1.0	76	102.45±13.23	92.85±3.83	98.50±4.25	120.45±5.63
	1.5	31	176.72±22.59	103.84±3.22	115.74±6.67	147.32±6.10
♀	1.0	98	100.90±5.64	91.20±3.12	98.16±4.51	120.84±4.56
	1.5	31	173.09±28.26	98.68±6.20	112.32±5.44	147.81±8.92
♂	2.0	43	159.83±9.97	107.40±2.17	111.13±2.86	141.00±3.46
	2.5	30	226.53±24.53	110.60±3.32	124.53±8.00	161.00±5.65
♀	2.0	108	149.49±9.87	103.80±3.14	110.48±3.21	138.96±3.53
	2.5	31	210.93±18.91	106.45±3.61	122.23±7.36	156.90±4.28
♂	3.0	54	207.99±16.78	114.90±3.49	127.20±2.80	152.70±4.73
	3.5	30	282.55±28.30	113.77±3.68	135.50±8.14	172.40±5.18
♀	3.0	126	176.28±12.77	108.60±2.83	120.96±3.63	144.20±4.43
	3.5	31	238.79±29.13	110.40±4.28	126.42±7.94	163.94±5.58
♂	4.0	87	254.10±16.10	116.30±2.08	127.40±1.59	168.70±4.69
	4.5	30	380.79±45.01	122.08±5.63	145.70±7.98	192.90±9.10
♀	4.0	125	208.17±14.85	109.60±3.39	128.92±3.67	151.76±4.00
	4.5	31	255.78±27.35	113.35±3.67	130.39±5.69	167.13±6.62
♂	5.0	62	324.57±20.82	116.48±4.16	140.02±3.95	181.89±4.85
♀	5.0	137	231.97±32.22	109.25±4.79	128.29±6.58	160.33±10.94

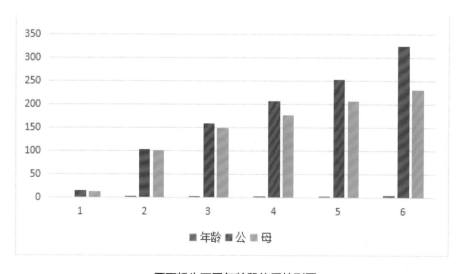

亚丁牦牛不同年龄段体重柱形图

五、生产性能

（一）产肉性能和肉品质

1. 产肉性能

2016 年 10 月在中心产区随机抽选发育良好、健康无疾病的 5.5 岁牦牛公、母各 3 头进行屠宰测定。

1.1 亚丁牦牛屠宰前体重及体尺

5.5 岁公、母亚丁牦牛屠宰前体重分别为 384.3kg、266.14kg，见表 3。

表 3 亚丁牦牛屠宰前体重、体尺 单位：岁、头、kg、cm

性别	年龄	样本数	屠宰前重（kg）	体高（cm）	体斜长（cm）	胸围（cm）
♂	5.5	6	384.30±51.21	126.33±2.08	153.00±15.13	203.33±9.24
♀	5.5	6	266.14±29.19	111.33±2.08	128.67±0.58	180.00±5.29

1.2 亚丁牦牛宰屠性能

5.5 岁公、母亚丁牦牛屠宰率分别为 50.41%、45.31%，净肉率分别为 43.65%、39.39%，骨肉比分别为 1:6.53、1:6.68，眼肌面积分别为 47.59cm^2、32.36cm^2，见表 4。

表 4 亚丁牦牛产肉性能 单位：岁、头、kg、%、cm^2

年龄	性别	样本数	宰前重（kg）	胴体重（kg）	净骨重（kg）	净肉重（kg）	屠宰率（%）	净肉率（%）	胴体产肉率（%）	骨肉比	眼肌面积（cm^2）
5.5	♂	6	384.30±51.21	192.63±12.51	25.63±0.85	167.00±13.14	50.41±3.24	43.65±2.25	86.64±1.18	1:6.53	47.59±2.97
5.5	♀	6	266.14±29.29	120.31±9.84	15.75±1.92	104.57±8.72	45.31±1.73	39.39±1.93	86.91±1.17	1:6.68	32.36±2.44

1.3 胴体性状

5.5 岁公、母亚丁牦牛胴体长分别为：132.00cm、125.33cm，胴体深分别为：88.67cm、79.67cm。见表 5

表 5 亚丁牦牛胴体性状 单位：岁、头、cm

性别	年龄	样本	胴体长	胴体深	胴体胸深	胴后腿围	胴体后腿长	胴体后腿宽	腰部肉厚	大腿肌肉厚
♂	5.5	6	132.00±10.54	88.67±13.58	85.67±9.71	88.67±13.01	66.33±6.66	41.00±7.00	2.50±0.10	20.67±3.06
♀	5.5	6	125.33±11.68	79.67±4.04	66.33±3.21	78.00±4.36	59.33±6.51	31.67±2.08	2.10±0.61	16.33±2.31

1.4 副产物

亚丁牦牛副产物测定结果见表 6。

表6 亚丁牦牛副产物   单位：岁、头、kg

性别	年龄	样本数	头重	蹄重	尾重	血重	皮重	内脏脂肪重
♂	5.5	6	19.53 ±2.70	7.05 ±0.70	0.55 ±0.18	6.83 ±2.42	17.38 ±2.84	3.55 ±1.19
♀	5.5	6	11.27 ±0.93	4.58 ±0.38	0.42 ±0.15	5.55 ±1.20	29.67 ±4.95	3.62 ±1.81

1.5 内脏器官

亚丁牦牛内脏器官测定结果见表7。

表7 亚丁牦牛内脏器官   单位：岁、头、kg

性别	年龄	样本数	心	肝	脾	肺	肾
♂	5.5	6	1.42 ±0.40	4.62 ±1.08	0.62 ±0.08	2.25 ±0.24	0.67 ±0.15
♀	5.5	6	1.17 ±0.16	4.63 ±0.56	0.73 ±0.21	2.82 ±0.05	0.65 ±0.13

1.6 胃

亚丁牦牛除去胃内杂物后称重，结果见表8

表8 亚丁牦牛净胃重   单位：岁、头、kg

性别	年龄	样本数	瘤胃	网胃	皱胃	瓣胃
♂	5.5	6	7.10±0.52	0.92±0.13	2.08±0.48	2.55±0.43
♀	5.5	6	6.22±0.49	0.82±0.12	2.27±0.38	2.32±0.34

1.7 肠

亚丁牦牛除去肠内杂物后称重，结果见表9

表9 亚丁牦牛净肠重   单位：岁、头、kg

性别	年龄	样本数	小肠	大肠	盲肠
♂	5.5	6	4.27±0.25	0.90±0.0.23	2.67±0.06
♀	5.5	6	3.75±0.31	0.88±0.23	2.23±0.55

2.肉品质

对亚丁牦牛屠宰测定牛进行采样并检验。

2.1 营养成分

亚丁牦牛肌肉蛋白质含量高、脂肪含量低的特点。见表10。

表10 亚丁牦牛营养成分分析   单位：岁、头、%

年龄	样本数	水分	蛋白质	脂肪
5.5	6	73.83±1.78	22.48±0.37	1.97±0.48

2.2 矿物质含量

亚丁牦牛矿物质含量见表11。

<table>
<tr><td colspan="3">表 11 亚丁牦牛矿物质含量　　　　单位：头、mg/kg、%</td></tr>
</table>

矿物质	成年	
	样本数	$\overline{X} \pm SD$（mg/kg）
钙	6	51.87±8.80
镁	6	216.67±28.99
铁	6	18.65±2.91
锌	6	28.37±3.76
锰	6	<1.00 未检出
铜	6	1.44±0.15
钠（%）	6	0.02±0.00
钾（%）	6	0.23±0.04
磷（%）	6	0.17±0.02

2.3 氨基酸含量

亚丁牦牛肉中含 17 种氨基酸，其总量（TAA）为 19.37%，必需氨基酸（EAA）含量为 7.48%，非必需氨基酸（NEAA）含量为 11.89%。见表 12。

表 12 亚丁牦牛氨基酸含量　　　　单位：头、g/100g

项目	样本数	$\overline{X} \pm SD$（g/100g）
天门冬氨酸	6	1.96±0.07
苏氨酸	6	0.91±0.04
丝氨酸	6	0.82±0.03
谷氨酸	6	3.41±0.15
甘氨酸	6	0.89±0.05
丙氨酸	6	1.26±0.04
胱氨酸	6	0.08±0.02
缬氨酸	6	0.96±0.05
蛋氨酸	6	0.54±0.02
异亮氨酸	6	0.88±0.05
亮氨酸	6	1.68±0.06
酪氨酸	6	0.67±0.03
苯丙氨酸	6	0.67±0.10
赖氨酸	6	1.84±0.07
组氨酸	6	0.87±0.04
精氨酸	6	1.24±0.06
脯氨酸	6	0.68±0.03
氨基酸总量（TAA）	6	19.37±0.76
必需氨基酸（EAA）	6	7.48±0.33
非必需氨基酸（NEAA）	6	11.89±0.48
EAA/TAA	6	38.62±0.56
EAA/NEAA	6	62.93±1.51

2.4 药物残留含量

亚丁牦牛肉中六六六、滴滴涕、五氯硝基苯、金霉素、土霉素和其他磺胺类的药物残留均未检测到，结果见表 13。

表13 亚丁牦牛药物残留

单位：岁、头

年龄	样本数	六六六	滴滴涕	五氯硝基苯	土霉素	金霉素	磺胺类
5.5	6	未检出	未检出	未检出	未检出	未检出	未检出

2.5 pH 值

亚丁牦牛屠宰 1h 后肌肉 pH 值测定结果见表14。

表14 亚丁牦牛 pH 值

单位：岁、头

部位	年龄	样本数	pH 值
冈上肌（LJT）	5.5	6	6.40±0.42
背最长肌（WJ）	5.5	6	6.62±0.72
半腱肌（XHGT）	5.5	6	6.34±0.79

2.6 肌肉嫩度

选择冈上肌（LJT）、背最长肌（WJ）及半腱肌（XHGT）三种不同部位肌肉测定嫩度，测定结果见表15。

表15 亚丁牦牛肌肉剪切力

单位：岁、头、N

部位	年龄	样本数	剪切力
冈上肌（LJT）	5.5	6	7.47±2.16
背最长肌（WJ）	5.5	6	7.38±1.34
半腱肌（XHGT）	5.5	6	6.32±1.17

2.7 熟肉率

亚丁牦牛肉熟肉率测定结果见表16。

表16 亚丁牦牛熟肉率

单位：岁、头、%

部位	年龄	样本数	熟肉率
冈上肌（LJT）	5.5	6	64.54±2.10
背最长肌（WJ）	5.5	6	66.05±1.87
半腱肌（XHGT）	5.5	6	63.67±3.36

2.8 肌肉色度

亚丁牦牛肉肉色亮度值 L^*、红度值 a^* 及黄度值 b^*，测定结果见表17。

表17 亚丁牦牛肌肉色差值

单位：岁、头

部位	年龄	样本数	L^*	a^*	b^*
冈上肌（LJT）	5.5	6	41.39±0.86	5.24±0.67	3.87±0.31
背最长肌（WJ）	5.5	6	41.94±2.00	3.73±0.87	3.73±0.83
半腱肌（XHGT）	5.5	6	43.68±1.23	5.73±0.93	5.31±0.64

（二）产奶性能

1. 产奶量

2016 年 6 月～10 月，对亚丁牦牛挤奶量进行了跟踪测定。每月 15 日对 5 头经产母牛和 5 头初产母牛早晚挤奶量进行测定。初产母牛平均挤奶量为 2.41kg/ 天·头，153d

平均挤奶量为 369.27kg/ 头。经产母牛平均挤奶量为 2.66kg/ 天·头，153d 平均挤奶量为 406.02kg/ 头。

产奶量按照 Y=1.96×Yn 公式计算，亚丁牦牛初产母牛产奶量 723.77kg，经产母牛产奶量 795.80 kg。具有产奶量高的特点，见表 18。

表 18 亚丁牦牛产奶量 单位：头、kg

头数	母牛类型	6 月	7 月	8 月	9 月	10 月	挤奶量合计	产奶量合计
初产	5	1.09±0.02	2.54±0.65	3.16±0.30	3.02±0.69	2.23±0.28	369.27	723.76
经产	5	1.45±0.09	3.32±0.26	2.49±0.43	3.40±0.28	2.64±0.16	406.02	795.81

2. 奶成分

用 MCC30SEC 超声波牛奶分析仪对亚丁牦牛奶成分进行测定。经产母牛乳脂率为 7.49%，初产母牛为 6.94%；经产母牛蛋白质为 3.76%，初产为 3.71%；经产母牛乳糖平均为 5.63%，初产母牛平均为 5.61%，结果见表 19。

表 19 亚丁牦牛奶成分 单位：头、%

母牛类型	测定时间	样本数	脂肪	非脂乳固体	乳糖	蛋白质	pH
经产	6 月	4	7.20	10.23	5.63	3.75	5.62
	7 月	5	6.61	10.01	5.50	3.67	5.41
	8 月	6	7.47	10.21	5.60	3.74	5.34
	9 月	5	7.14	10.38	5.70	3.81	5.39
	10 月	5	9.01	10.50	5.75	3.85	5.36
	平均		7.49	10.27	5.63	3.76	5.42
初产	6 月	4	5.14	10.15	5.55	3.72	5.58
	7 月	5	4.74	10.23	5.62	3.75	5.51
	8 月	5	7.58	9.91	5.44	3.63	5.47
	9 月	5	6.74	10.74	5.90	3.94	5.29
	10 月	5	7.78	10.11	5.55	3.71	5.46
	平均		6.40	10.23	5.61	3.75	5.46
总平均			6.94	10.25	5.62	3.76	5.44

（三）繁殖性能

亚丁牦牛公牛初配年龄一般为 3 岁，使用年限 8～10 年；母牛初配年龄一般为 2 岁，使用年限为 6～8 年，能繁育母牛一年一胎占 36.31%，两年一胎占 63.69%。亚丁牦牛季节性发情，一年一胎的母牛，配种时间为每年 8 月下旬到 10 月上旬，两年一胎的母牛，配种时间为 7 月～8 月，发情周期为 18～22d，妊娠期为 255d 左右，繁殖成活率 61.78%。结果见表 20。

表 20 亚丁牦牛繁殖成活率调查表 单位：头、%

养殖户	牛饲养数	能繁母牛数			产犊数	年成活	繁殖成活率
		总数	二年一胎	一年一胎			
普呷	51	13	6	7	9	8	61.53
扎西	42	13	9	4	11	10	76.92
龙多和空瑞	58	20	10	10	15	13	65
土登	50	25	17	8	16	15	60

续表 20 亚丁牦牛繁殖成活率调查表　　　　　　　　　　单位：头、%

养殖户	牛饲养数	能繁母牛数			产犊数	年成活	繁殖成活率
		总数	二年一胎	一年一胎			
洛绒作姆、格绒成仁、德已空你	58	19	11	8	12	12	63.15
阿朗格绒、他头桑珍	64	36	26	10	22	20	55.55
阿朗拥金、阿朗青绕	57	31	21	10	20	19	61.29
总数	367	157	100	57	105	97	61.78

六、饲养管理

（一）放牧管理

因稻城县属于高寒草地气候，只有冷、暖季节之别，无明显的四季之分。因而一般将牧场划分为夏秋、冬春两季，即夏秋（暖季）和冬春（冷季）牧场。亚丁牦牛终年放牧，每年 4 月中旬由冬春季草场转场到夏季草场；6 月上旬从夏季草场转场到海拔更高的夏季草场放牧；8 月 25 日左右转场到秋季草场；10 月 25 日左右转场到冬春季牧场。冬春季草场利用时间达 170d，夏季草场利用时间 130d 左右，秋季草场利用 60d 左右。一般情况下，公牛和母牛不混群放牧，配种季节，公牛自然归群配种，妊娠母牛与牛群混合放牧，自然产犊。冬春季主要放牧林间荒坡草地，以自然放牧为主，管理人员每隔 15 天左右到放牧地点集中清点牛群；夏秋季草场以高山草场为主，每天早晚收集牛群，并赶到定居点清点数量、挤奶，之后自由放牧采食，无人跟群管理。

图 4　放牧管理

（二）挤奶

母牦牛产犊后 7 天之内不挤奶，6 月～10 月为挤奶期，其中，7 月～8 月早晚各挤 1 次，其余时间早上挤 1 次。

（三）去势

不作种用的亚丁公牦牛 2 周岁时手术阉割去势。

（四）能繁育母牛常年补饲

冬春季节用当地青稞、玉米面等精饲料对妊娠亚丁母牦牛进行适量补饲。

七、保种

亚丁牦牛具有适应性、抗病力强，耐粗饲、遗传性能稳定，产肉、产奶及繁殖性能优良的特性。下一步，将划定保护区，建立保种场。加强本品种选育，进一步提高产奶产肉性能。

八、评价与利用

（一）评价

（1）亚丁牦牛属肉乳兼用型牦牛，是经过长期自然选择而形成的适应高山峡谷寒冷生态环境的优良牦牛类群。遗传性稳定，适应性好、抗病力强、耐粗饲。

（2）产奶量高：153d 的产奶量为 760.19kg，比九龙牦牛产奶量 400.00kg【九龙牦牛（DB51/T656-2007）】，高 47.38%；比肉乳兼用型麦洼牦牛产奶量 313.60～509.60kg【麦洼牦牛（GB/T24865-2010）】，提高了 49.17%～142.41%。亚丁牦牛产奶量居我国牦牛之首。

（3）亚丁牦牛繁殖性能高：繁殖成活率高达 60% 以上，比其他牦牛品种高 20 个百分点。

（二）利用

加强亚丁牦牛种质特性研究；开展本品种选育，提高产奶、产肉性能；开展健康、规范化养殖技术研究与示范，生产更多的优质牦牛产品；为高山峡谷型牦牛产区提供优良的种畜，促进牧区经济发展和农牧民增收。

勒通牦牛

勒通牦牛是经过长期自然选择和人为影响、自群繁育形成的肉、乳兼用的高原型地方牦牛类群。

一、一般情况

（一）中心产区和分布

勒通牦牛中心产区在理塘县的禾尼乡、村戈乡，其余乡镇和雅江县、巴塘县亦有分布。

（二）中心产区自然生态条件

理塘县位于四川省西部，甘孜藏族自治州西南部，地处北纬28°57′～30°43′，东经99°19′～100°56′，金沙江与雅砻江之间，横断山脉中段，沙鲁里山纵贯南北。东毗雅江，南邻木里、稻城、乡城县，西接巴塘县，北连白玉、新龙县。南北长215km，东西宽155km。理塘处川西北丘状高原山区。主属沙鲁里山中段，沙鲁里山由西向南延伸。全境地貌分为中西部高原山区、南部山原宽谷区、东北部山原峡谷区三部分。西部格聂山海拔6 204m，为州内第二高峰，是全县最高点。海拔5 000m以上高山有20座。县东北角雅砻江边呷柯乡扎拖村，为全县最低，海拔2 800m。属青藏高原亚湿润气候区，日照丰富、降水量、气候垂直变化显著，年平均气温3.1℃，1月平均气温 –6.1℃，7月平均气温10.2℃。年降水量700mm左右，年平均日照2 672h，无霜期50d。

理塘全县总面积为2 050.05万亩，其中草地面积为1 345.65万亩，占全县总面积的65.64%，可利用草地面积为1 063.40万亩，占草地面积的79.02%，发展牦牛业具有很大的潜力；耕地面积为6.4万亩，占全县总面积的0.3%；林地面积为376.32万亩，占全县总

图1 放牧生态

面积的 37.05%。受气候和生物条件的影响农业种植为一年一熟，粮食作物以青稞、小麦、土豆、豌豆、胡豆、玉米为主，有少量的荞子。

二、品种来源及数量

（一）品种来源

理塘饲养勒通牦牛有悠久的历史，早在秦汉以前牦牛饲养业就具有较大规模。牦牛具有耐高寒、耐粗饲，适应性强的特点，而且在县境内分布广，是农牧民饲养的主要畜种。可提供肉、奶、脂肪、皮、骨等畜产品，也是主要的役畜，其粪便还可作燃料和肥料，广大藏族人民在衣、食、住、行及生产等方面都离不开它。理塘，藏语称"勒通"，"勒"意为青铜，"通"意为草坝、地势平坦，全意为平坦如铜镜似的草坝，以境内有广袤无垠的草坝得名。理塘，藏语译写语音，历史上曾汉译为：李唐、里塘等。近年来由于勒通牦牛销量好，肉风味独特，深受消费者的青睐，"勒通牦牛"由此得名。

（二）群体数量和群体结构

2016 年末，中心产区勒通牦牛存栏 47 385 头，其中能繁育母牛 26 385 头，种公牛 4 169 头。主产区和分布区共计存栏 137 924 头，其中，公牛 10 461 头，能繁育母牛 76 710 头。

三、体型外貌

（一）被毛

勒通牦牛被毛以全黑为主，前胸、体侧及尾部着生长毛，尾根着生较低，尾短，尾毛丛生成帚状。

（二）外貌特征

勒通牦牛头大小适中，90% 有角，角较细，颈部结合良好，额宽平，胸宽而深、前躯发达，腰背平直，四肢较短而粗壮、蹄质结实。公牦牛头粗短、鬐甲高而丰满，体躯略前高后低，角向两侧平伸而向上，角尖略向后、向内弯曲，眼大有神，睾丸发育良好。母牦牛面部清秀，角细而尖，角型一致；鬐甲较低而单薄；体躯较长，后躯发育较好，胸深，肋开张，尻部较窄略斜。

图 2 勒通牦牛（公）

图 3 勒通牦牛（母）

四、体重及体尺

2016年～2018年的上半年和下半年在理塘县的禾尼乡阿哥村、阿扎村和七社对勒通牦牛的体重及体尺进行测定，见表1。

表1 不同年龄段勒通牦牛体重及体尺测定表　　　　　　单位：岁、头、kg、cm

性别	年龄	样本数	体重（kg）	体高（cm）	体斜长（cm）	胸围（cm）
♂	初生	20	10.98±1.23	—	—	—
	0.5	30	70.95±7.48	84.87±4.49	87.23±4.43	105.50±6.06
♀	初生	20	10.43±1.08	—	—	—
	0.5	30	62.73±9.93	78.93±3.97	85.30±5.12	101.50±5.12
♂	1.0	20	96.55±6.31	87.15±5.64	94.50±5.35	117.75±3.96
	1.5	31	169.38±26.13	96.00±4.98	111.35±5.36	146.87±8.08
♀	1.0	20	89.30±9.05	86.85±4.07	91.95±5.90	118.70±4.78
	1.5	31	145.02±17.59	95.90±3.84	108.55±4.87	137.90±7.14
♂	2.0	20	121.13±13.84	96.05±5.55	101.45±4.05	135.05±6.21
	2.5	31	189.97±16.82	105.55±5.07	113.23±6.11	154.68±4.13
♀	2.0	20	111.90±9.01	92.45±2.58	100.40±2.62	131.00±4.57
	2.5	31	199.88±18.46	99.39±4.03	116.32±5.43	156.55±6.37
♂	3.0	20	147.55±14.46	101.45±5.27	111.25±2.97	137.45±5.41
	3.5	31	221.72±17.72	105.97±4.05	119.35±5.33	162.84±5.99
♀	3.0	20	129.89±14.11	96.05±5.55	101.45±4.05	135.05±6.21
	3.5	31	199.32±18.44	103.40±3.97	116.47±5.68	156.20±4.76
♂	4.0	20	178.53±17.62	102.10±3.46	114.25±4.00	149.20±5.59
	4.5	30	237.29±13.16	109.13±4.00	123.83±3.15	165.40±4.02
♀	4.0	20	154.29±11.68	97.65±3.54	113.50±3.22	139.25±4.30
	4.5	31	208.57±13.57	102.21±3.39	123.58±4.59	155.23±4.41
♂	5.0	20	229.20±29.20	116.40±5.37	126.65±5.31	160.40±7.27
♀	5.0	20	171.24±16.40	102.95±2.01	115.25±2.53	145.50±5.74
♂	成年（6月测）	20	288.13±36.77	124.80±4.24	134.75±10.49	174.45±6.44
♀	成年（6月测）	50	158.76±16.72	107.60±4.34	113.16±4.15	141.34±6.18
♂	成年（10月测）	20	423.50±69.09	129.45±6.15	147.90±7.73	201.55±14.11
♀	成年（10月测）	50	227.33±30.25	108.04±4.96	123.62±4.99	161.74±8.24

勒通牦牛成年公、母牦牛6月份的体重分别为288.13kg、158.56kg，体高分别为124.80cm、107.60cm，体斜长分别为134.75cm、113.16cm，胸围分别为174.45cm、141.34cm。

勒通牦牛成年公、母牦牛10月份的体重分别为423.5kg、227.33kg，体高分别为129.45cm、108.04cm，体斜长分别为147.90cm、123.62cm，胸围分别为201.55cm、161.74cm。

五、生产性能

（一）产肉性能和肉品质

1.产肉性能

2016年10月，在中心产区随机抽选发育良好、健康无疾病的6.5岁勒通牦牛公、母各6头进行屠宰测定。

1.1 屠宰前体重及体尺

6.5 岁公、母勒通牦牛屠宰前体重分别为 370.98kg、238.12kg，见表 2。

表 2 勒通牦牛屠宰前体重、体尺　　单位：岁、头、kg、cm

性别	年龄	样本数	屠宰前重（kg）	体高（cm）	体斜长（cm）	胸围（cm）
♂	6.5	3	370.98±23.14	121.83±1.44	151.00±8.72	195.33±4.16
♀	6.5	3	238.12±3.04	106.17±1.61	127.33±4.62	165.33±4.16

1.2 产肉性能

6.5 岁公、母勒通牦牛屠宰率分别为 53.31%、49.85%，净肉率分别为 46.99%、43.99%，骨肉比分别为 1:7.36、1:7.02，眼肌面积分别为 40.46cm²、32.20cm²，见表 3。

表 3 勒通牦牛产肉性能测定结果　　单位：岁、头、kg、%、cm²

年龄	性别	样本	宰前重（kg）	胴体重（kg）	净骨重（kg）	净肉重（kg）	屠宰率（%）	净肉率（%）	胴体产肉率（%）	骨肉比	眼肌面积（cm²）
成年	♂	3	396.65±20.84	196.81±14.83	23.71±3.02	173.43±11.34	53.31±4.34	46.99±3.61	88.17±1.02	1:7.36	40.46±4.09
成年	♀	3	238.12±3.04	118.7±4.13	14.90±1.28	103.80±5.36	49.85±1.53	43.99±2.07	87.41±1.50	1:7.02	32.20±2.32

1.3 胴体性状

5.5 岁公、母勒通牦牛胴体长分别为：129.00cm、120.33cm，胴体深分别为：90.33cm、77.67cm。见表 4。

表 4 勒通牦牛胴体性状　　单位：岁、cm

性别	年龄	样本	胴体长	胴体深	胴体胸深	胴体后腿围	胴体后腿长	胴体后腿宽	腰部肉厚	大腿肌肉厚
♂	成年	3	129.00±9.64	90.33±6.11	74.33±1.53	90.67±4.04	72.67±2.52	36.33±1.15	2.10±0.36	21.67±1.53
♀	成年	3	120.33±4.73	77.67±1.15	62.33±1.53	73.67±5.51	61.33±3.06	30.00±1.00	1.90±0.36	15.67±1.15

1.4 副产物

勒通牦牛副产物重，见表 5。

表 5 勒通牦牛副产物　　单位：头、kg

年龄	性别	样本	皮重	头重	蹄重（前后）	尾重（去皮）
成年	♂	3	27.48±2.76	17.68±1.09	6.02±0.12	0.57±0.19
成年	♀	3	19.93±2.72	10.00±0.44	4.02±0.03	0.43±0.10

1.5 内脏器官

勒通牦牛内脏器官重，见表 6

表 6 勒通牦牛内脏重 单位：头、kg

性别	样本	心重	肝重	脾重	肺重	肾脏重（左右）
♂	3	1.22±0.37	4.55±0.65	0.63±0.13	3.87±1.14	0.52±0.12
♀	3	0.98±0.23	3.72±0.77	0.48±0.19	3.12±0.90	0.52±0.21

1.6 胃

勒通牦牛除去胃内杂物后称重，结果见表 7。

表 7 勒通牦牛净胃重 单位：头、kg

性别	样本	年龄	瘤胃 1	网胃 2	皱胃 3	瓣胃 4
♂	3	成年	7.72±0.66	1.15±0.13	1.85±0.13	2.90±1.00
♀	3	成年	5.05±0.13	0.65±0.05	1.57±0.13	3.40±0.78

1.7 肠

勒通牦牛除去肠内杂物后称重，结果见表 8。

表 8 勒通牦牛净肠重 单位：头、kg

性别	样本	年龄	小肠	大肠	盲肠
♂	3	成年	4.12±1.02	3.09±0.43	0.97±0.08
♀	3	成年	3.33±0.13	1.88±0.15	0.68±0.10

2. 肉品质

选择健康成年勒通牦牛 6 头（♂:3 头，♀:3 头），屠宰后取样，进行检验。

2.1 营养成分

勒通牦牛肉中营养成分，见表 9。

表 9 勒通牦牛肉中营养成分 单位：头、%

年龄	样本数	水分	粗灰分	粗蛋白	粗脂肪
成年	3	74.07±1.60	1.04±0.09	19.83±1.16	3.70±1.07

2.2 矿物质含量

勒通牦牛肉中矿物质含量，见表 10。

表 10 勒通牦牛肉中矿物质含量测定结果 单位：头、%

矿物质	成年	
	样本数	$\bar{X}±SD$（mg/kg）
铅	6	0.01±0.00
镉	6	0.00±0.00
铬	6	0.08±0.01
钙	6	48.05±2.51
镁	6	237.17±13.88
铁	6	16.02±1.16
锌	6	27.02±1.85
磷（%）	6	0.19±0.01
钾（%）	6	0.24±0.02
钠（%）	6	0.02±0.00

2.3 氨基酸含量

勒通牦牛肉中氨基酸含量，见表11。

表 11 勒通牦牛肉中氨基酸含量　　　　　　单位：头、g/100g

项目	样本数	$\overline{X}\pm SD$（g/100g）
天门冬氨酸	6	2.06±0.06
苏氨酸	6	0.78±0.13
丝氨酸	6	0.8±0.07
谷氨酸	6	3.39±0.24
甘氨酸	6	0.86±0.05
丙氨酸	6	1.24±0.08
胱氨酸	6	0.08±0.02
缬氨酸	6	0.75±0.17
蛋氨酸	6	0.55±0.04
异亮氨酸	6	0.69±0.16
亮氨酸	6	1.48±0.2
酪氨酸	6	0.61±0.09
苯丙氨酸	6	0.58±0.12
赖氨酸	6	1.62±0.23
组氨酸	6	0.85±0.02
精氨酸	6	1.04±0.21
脯氨酸	6	0.62±0.08
氨基酸总量	6	17.97±1.9

2.4 药物残留含量

勒通牦牛肉中均未检测到六六六、滴滴涕、五氯硝基苯、金霉素、土霉素和其他磺胺类的药物残留，结果见表12。

表 12 勒通牦牛肉中药物残留　　　　　　单位：岁、头

年龄	样本数	六六六	滴滴涕	五氯硝基苯	土霉素	金霉素	磺胺类
5.5	6	未检出	未检出	未检出	未检出	未检出	未检出

2.5 pH 值

选择冈上肌（LJT）、背最长肌（WJ）及半腱肌（XHGT）三种不同部位测定勒通牦牛的 pH 值，见表13。

表 13 勒通牦牛肉中 pH 值　　　　　　单位：岁、头

部位	年龄	样本数	pH 值
冈上肌（LJT）	6.5	6	6.12±0.22
背最长肌（WJ）	6.5	6	5.9±0.18
半腱肌（XHGT）	6.5	6	6.00±0.33

2.6 肌肉嫩度

选择冈上肌（LJT）、背最长肌（WJ）及半腱肌(XHGT)三种不同部位测定勒通牦牛的肌肉嫩度（剪切力），结果见表14。

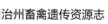

表 14 勒通牦牛肌肉剪切力

单位：岁、头、N

部位	年龄	样本数	剪切力
冈上肌（LJT）	6.5	6	9.82±2.65
背最长肌（WJ）	6.5	6	10.04±1.65
半腱肌（XHGT）	6.5	6	11.05±2.19

2.7 熟肉率

勒通牦牛熟肉率测定结果见表 15。

表 15 勒通牦牛熟肉率

单位：岁、头、%

部位	年龄	样本数	熟肉率
冈上肌（LJT）	6.5	6	61.77±2.86
背最长肌（WJ）	6.5	6	63.45±3.11
半腱肌（XHGT）	6.5	6	66.13±5.01

2.8 肌肉色度

勒通牦牛肉肉色亮度值 L^*、红度值 a^* 及黄度值 b^*，测定结果见表 16。

表 16 勒通牦牛肌肉色差值

单位：岁、头

部位	年龄	样本数	L^*	a^*	b^*
冈上肌（LJT）	6.5	6	44.48±1.20	4.38±0.83	4.44±0.83
背最长肌（WJ）	6.5	6	43.02±0.49	5.05±0.94	3.80±0.64
半腱肌（XHGT）	6.5	6	46.29±2.22	5.54±1.75	6.27±1.89

（二）产奶性能

1. 产奶量

2016 年 6 月份 ~10 月份，对勒通牦牛挤奶量进行了跟踪测定。每月 15 日对 5 头经产母牛和 5 头初产母牛早晚挤奶量进行测定，初产母牛平均挤奶量为 1.19kg/d·头，153 d 挤奶量为 182.07kg/ 头。经产母牛平均挤奶量为 1.21kg/d·头，153 d 挤奶量为 185.13 kg/ 头。

勒通牦牛产奶量按照 Y=1.96×Yn 公式计算，初产母牛产奶量 356.86kg，经产母牛奶量 362.85 kg。测定计算结果见表 17。

表 17 勒通牦牛产奶量测定

单位：头、kg

头数	母牛类型	6 月	7 月	8 月	9 月	10 月	挤奶量合计	产奶量合计
初产	5	不挤奶	1.40±0.69	1.13±0.27	1.39±0.35	0.85±0.17	182.07	356.86
经产	5	不挤奶	1.25±0.51	1.14±0.43	1.31±0.55	1.15±0.16	185.13	362.85

2. 奶成分

用 MCC30SEC 超声波牛奶分析仪对奶成分进行测定。经产母牛乳脂率为 6.01%，初产母牛为 5.55%；经产母牛蛋白质为 3.72%，初产母牛为 3.73%；经产母牛乳糖平均为 5.58%，初产母牛平均为 5.56%。结果见表 18。

表 18 勒通牦牛奶成分测定

单位：头、%、kg/m³

母牛类型	测定时间	样本数	脂肪	非脂乳固体	乳糖	蛋白质	pH
经产	6 月	4	6.92	10.04	5.50	3.68	5.62
	7 月	5	7.61	10.65	5.85	3.91	5.75
	8 月	6	4.58	10.26	5.64	3.76	5.34
	9 月	5	4.37	9.81	5.39	3.59	5.37
	10 月	5	6.59	10.03	5.51	3.68	5.38
	平均		6.01	10.16	5.58	3.72	5.49
初产	6 月						
	7 月	5	5.38	10.18	5.59	3.91	5.71
	8 月	5	5.47	10.21	5.61	3.74	5.43
	9 月	5	4.92	10.18	5.59	3.73	5.20
	10 月	5	6.41	9.79	5.37	3.58	5.45
	平均		5.55	10.09	5.54	3.74	5.45
	总平均		5.78	10.12	5.56	3.73	5.47

（三）繁殖性能

勒通牦牛公牛初配年龄为 3～4 周岁，母牛初配年龄为 3.5 周岁，一般是三年两胎，勒通牦牛公牛的配种使用年限为 8～10 年，母牛的配种使用年限为 12 年。

勒通牦牛为季节性发情，其发情季节主要集中在气候温暖、牧草丰盛的暖季（7 月～10 月），每年 7 月份进入发情期，8 月份是配种旺盛期，10 月底结束发情配种，为自然交配。发情周期为 18～22d。妊娠期为 250～260d。繁殖成活率 43.86±15.88%，狼患是造成犊牛死亡的主要原因。

2016 年 6 月理塘县畜牧站对理塘县卡灰村、阿哥村、阿扎村、禾尼乡七社四个点的 14 户饲养的 2 022 头勒通牦牛开展繁殖性能调查，调查情况见表 19。

表 19 勒通牦牛繁殖成活率调查表

单位：头、%

地点	养殖户	牛饲养数	能繁母牛数	产犊数	半年成活	繁殖成活率
理塘县卡灰村	A	130	50	30	30	60.00
	B	41	12	10	8	66.67
	C	120	30	15	15	50.00
	D	50	24	13	13	54.17
	E	30	21	9	9	42.86
理塘县阿哥村	F	150	60	40	38	63.33
	G	387	120	70	62	51.67
理塘县阿扎村	H	230	80	46	46	57.50
	I	74	45	11	10	22.22
理塘县禾尼乡七社	J	210	110	30	25	22.73
	K	120	60	20	17	28.33
	L	80	30	15	12	40.00
	M	150	70	20	20	28.57
	N	250	108	30	28	25.93
平均数	−	−	−	−	−	43.86
标准差	−	−	−	−	−	15.88
总数		2022	820	359	333	40.61

2 022 头牦牛其中，能繁育母牛 820 头，占牛群 40.55%，繁殖成活率 40.61%。

（四）产毛绒性能

勒通牦牛不同年龄段产毛绒量见表20。

表20 勒通牦牛产毛量测定表

单位：岁、头、kg

年龄	性别	样本	产毛绒量
2～3	♀	30	0.28±0.15
2～3	♂	30	0.9±0.27
成年	♀	30	0.63±0.47
成年	♂	30	0.76±0.23

六、饲养管理

勒通牦牛主要以定居和游牧相结合的方式放牧，每年11月份至翌年的6月中旬在冬季草地上定居放牧长达240多天。冬季放牧区域海拔高度一般在3 500～4 500m。每年的6月～10月到夏秋草场上放牧，放牧区域海拔在4 500～6 000m之间，放牧从低海拔到高海拔后又从高海拔转到低海拔，直到冬季草场，一般1个月搬1次家。早晚有放牧人员出牧和收牧，晚上任其自由睡卧在定居住房附近草地上，平时补给少量食盐或赶入有盐水出露的地方自由舔食。母牛产犊后15～45d之内不挤奶，任犊牛自由哺乳，之后进行挤奶，一直到干乳期，7月～9月早晚各挤奶1次，其他月份早上挤奶1次，挤奶长达1年。每年6月份进行疫苗注射，并按时驱虫。9月～10月牦牛膘肥体壮时，为出栏最佳时期。冬季夜间对犊牛及虚弱牛利用暖棚饲养管理，并用少量青干草进行补饲。

图4 放牧管理

七、保种

勒通牦牛适应性好，抗病力强，耐粗饲，遗传性能稳定，勒通牦牛肉风味独特。下一步将划定勒通牦牛保护区，建立勒通牦牛保种场，加强本品种选育，进一步提高产肉性能。

八、评价与利用

（一）评价

1. 勒通牦牛是在高寒的自然环境中，经过长期人工选择、自群繁育和"竞争性选配"，形成的一个具有共同来源、体型外貌较为一致、内部结构较完整、遗传性较稳定、体型较大，肉用性能良好的地方牦牛类群。

2. 勒通牦牛肉口感风味独特。甘孜州消费者都喜欢吃勒通牦牛肉，销量一直很好。

（二）利用

由于勒通牦牛近亲繁殖严重，体型变中等。其研究、开发和利用的主要方向是保持勒通牦牛现有优良特性，进行有组织、有目标、有方向、有计划的系统选育，进一步提高产肉性能，向肉、乳兼用方向发展。

色达牦牛

色达牦牛属肉、乳兼用的高原型地方类群，2017年成功注册国家地理标志。

一、一般情况

（一）中心产区和分布

色达牦牛中心产区为色达县，毗邻的甘孜县和炉霍县部分乡镇亦有分布。

（二）中心产区自然生态条件

色达县位于甘孜藏族自治州东北部，东与阿坝州的壤塘县，北与青海省的班马、达日两县接壤，西部和南部分别与石渠、甘孜、炉霍三县毗邻。地理坐标为北纬31°38′38.9″～33°20′45″，东经98°38′39″～33°20′45″。地处巴颜喀拉山南麓，大地构造属川西地槽系巴颜喀拉褶皱带，全境海拔多在4 000m以上，整个地势由西北向东南倾斜。全境大部分地区为典型的丘状高原地貌。

色达县气候属大陆性高原季风型，年平均气温 –0.16℃，1月平均气温 –11.1℃，7月平均气温 9.9℃，极端最低气温 –36.3℃，极端最高气温 23.7℃，长冬无夏，四季均可出现霜、雪，大气含氧量不足标准的60%。日均温 ≥ 3℃，年太阳总辐射为 80～200kcal/cm²。色达县年平均日照时数 2 451.1h。年平均降水量 654mm，多集中 6～9月，10月至次年4月都属于干冷季状态，其降水量为 89.3mm，仅全年降水的 23.1%，植物生长期短，又加上冬季积雪覆盖草原，形成了冷季牦牛草食严重缺乏的现象。全境多年平均无霜期为 21d，高海拔区无绝对无霜期。

图1 放牧生态

二、品种来源及数量

（一）品种来源

色达牦牛是由野牦牛驯化而来。早在3 000年前已有人类繁衍生息于此，古藏族六大氏族之一的董氏族过着逐水草而居的游牧生活，当地人称"阿嘎洛麦"即猿人之意。色达县古为羌地。唐、宋属吐蕃。元属吐蕃等路宣慰使司都元帅府。明为乌斯藏据，属朵甘行都指挥使司辖区。明朝以前，色达地区无明显的行政区域界，当地土著游牧部落居东西南北边缘，人烟极为稀少，草原辽阔，部落与部落之间也无固定牧地界线。元明时期，由于中原边陲及青藏高原战争频繁，草原部落因战事所致，四处迁徙，内迁与外迁者层出不穷，居移不定。明末清初，色达地区才形成整体，瓦修骨系一部迁于色达杜柯，游牧于色柯上游。《色达县志》中记载有，在古代"冬季人们赶着牦牛群经邛崃山脉，翻大相邻入蜀经商，以此巴蜀殷富"。千百年来，色达牦牛经自然选择和人为选择形成了典型的高原型乳、肉兼用型牦牛遗传资源。

（二）群体数量结构

2016年调查了中心产区色达县泥朵乡、大章乡、然充乡、霍西乡存栏83 624头，其中，能繁育母牛45 998头，公牛1 581头。分布区126 262头，其中，能繁育母牛66 693头，公牛2 637头。

三、体型外貌

（一）被毛

色达牦牛被毛较长，被毛下着生绒毛。色达牦牛多数是白额头或白肚或白尾或白四蹄。

（二）体型外貌

色达牦牛毛色主要为黑色。据2016年对色达县五七牧场、色柯镇、年龙乡70头牛的调查，牦牛无肩峰、无颈胸垂和脐垂；公牛头部卷毛不明显；整体结构矮窄；头型呈短宽型；鼻镜、眼睑为黑色。鼻面平直；耳小近乎平伸，耳壳薄，耳端尖；公母牛均有角，公牛角较母牛长而粗，角形为八字向上向内弯曲，公牛角近乎成大圆环。尻形短而斜；尾长至飞节下段，尾帚大。大部分牦牛全身黑色，亦有其他毛色。此次调查，黑色占70%、灰

图2 色达牦牛（公）

图3 色达牦牛（母）

色占20%、荷斯坦占10%。黑色牦牛和荷斯坦牛为黑蹄、灰色牦牛为肉色蹄。颈肩结合良好，背腰略凹。母牛乳房发育一般。

四、体重及体尺

2016-2018年上半年和下半年在色达县"五七国营牧场"对色达牦牛进行体重及体尺测定，5岁公、母牦牛的体重分别为289.01±52.57kg、186.10±20.62kg；5.5岁公、母牦牛的体重分别为328.79kg、220.98kg。结果见表1。

表1 色达牦牛体重及体尺

单位：岁、kg、cm、头

性别	年龄	样本数	体重（kg）	体高（cm）	体斜长（cm）	胸围（cm）
♂	初生	20	13.75±1.60	–	–	–
	0.5	30	51.30±6.64	73.67±4.39	76.43±5.23	96.73±5.80
♀	初生	20	10.28±1.69	–	–	–
	0.5	30	47.00±8.27	72.20±5.69	75.03±6.61	95.50±9.85
♂	1	20	76.85±9.84	77.15±1.90	86.00±2.22	104.55±3.91
	1.5	31	126.57±14.87	95.74±3.14	103.48±7.47	132.00±4.44
♀	1	20	80.85±8.51	80.90±5.17	82.95±6.52	112.35±6.54
	1.5	31	119.01±11.06	92.29±3.18	102.16±3.36	128.87±5.54
♂	2	20	106.50±9.34	86.25±2.00	101.90±5.23	119.95±4.93
	2.5	31	162.67±15.24	97.45±3.31	108.77±5.52	146.03±5.52
♀	2	20	103.75±8.13	82.80±2.19	94.00±3.58	117.70±6.11
	2.5	31	139.70±18.77	96.55±3.88	109.77±6.33	134.55±7.15
♂	3	20	131.08±11.69	98.30±2.32	110.60±5.80	130.00±3.36
	3.5	31	256.04±14.65	115.94±2.86	124.06±2.50	171.65±4.65
♀	3	20	128.68±14.29	94.10±3.11	111.85±3.00	128.00±6.38
	3.5	31	168.72±25.63	101.68±5.03	111.00±6.27	146.94±8.86
♂	4	20	173.10±20.95	104.60±4.91	112.90±2.10	147.70±7.83
	4.5	31	333.84±35.07	123.90±5.01	140.84±5.73	183.74±7.47
♀	4	20	143.30±8.08	100.00±2.97	108.30±4.80	137.45±1.28
	4.5	31	227.74±20.47	108.06±2.50	121.52±4.86	163.48±6.32
♂	5	20	289.01±52.57	118.75±3.60	131.35±6.47	176.55±14.07
	5.5	20	328.79±38.70	126.89±5.15	146.33±10.56	178.83±5.42
♀	5	20	186.10±20.62	102.05±2.76	121.00±4.46	147.95±5.72
	5.5	50	220.98±22.66	110.36±4.89	124.00±6.39	159.36±5.80

五、生产性能

（一）产肉性能和肉品质

1.生产性能

1.1 屠宰前体重及体尺

色达牦牛屠宰前的体重及体尺见表2。

表2 色达牦牛屠宰前体重及体尺

单位：岁、头、kg、cm

性别	年龄	样本数	屠宰前重（kg）	体高（cm）	体斜长（cm）	胸围（cm）
♂	5.5	3	324.87±24.60	123±1.00	138±2.65	183.5±3.50
♀	5.5	3	208.80±31.88	104±1.73	120±5.57	161.33±13.65

1.2 产肉性能

色达牦牛 5.5 岁公、母牦牛屠宰率分别为 51.47%、47.13%，净肉率分别为 41.94%、39.23%，骨肉比分别为 1:4.41、1:5.02，眼肌面积分别为 41.96cm^2、30.11cm^2，见表 3。

表 3 色达牦牛产肉性能　　　　单位：岁、头、kg、%、cm^2

年龄	性别	样本	宰前重（kg）	胴体重（kg）	净骨重（kg）	净肉重（kg）	屠宰率（%）	净肉率（%）	胴体产肉率（%）	骨肉比	眼肌面积（cm^2）
5.5	♂	3	324.87 ±24.60	167.33 ±19.52	30.95 ±1.78	136.40 ±17.9	51.47 ±3.96	41.94 ±3.87	86.64 ±1.18	1:4.41	41.96 ±5.12
5.5	♀	3	208.8 ±31.88	98.43 ±15.34	16.35 ±2.38	82.10 ±14.38	47.13 ±0.20	39.23 ±1.31	86.91 ±1.17	1:5.02	30.11 ±6.85

1.3 胴体性状

色达牦牛 5.5 岁公母胴体长分别为：122.83 cm、103.17cm，胴体深分别为：81.33 cm、60.83cm。结果见下表 4。

表 4 色达牦牛胴体性状　　　　单位：岁、头、cm

性别	年龄	样本	胴体长	胴体深	胴体胸深	胴体后腿围	胴体后腿长	胴体后腿宽	腰部肉厚	大腿肌肉厚
♂	5.5	3	122.83 ±3.01	81.33 ±8.61	80.17 ±9.83	88.5 ±8.26	67.67 ±3.51	39.17 ±3.75	2.12 ±0.18	19.67 ±1.26
♀	5.5	3	103.17 ±4.75	60.83 ±11.85	62.33 ±11.41	81.67 ±7.65	60 ±1.80	35.17 ±2.52	1.97 ±0.21	16.97 ±3.53

1.4 内脏器官

内脏器官测定结果见表 5。

表 5 色达牦牛内脏器官　　　　单位：岁、头、cm

性别	年龄	样本	内脏脂肪重量	心重	肝重	脾重	肺重	肾重
♂	5.5	3	3.22 ±0.78	1.55 ±0.09	4.33 ±1.02	0.88 ±0.21	4.37 ±0.67	0.63 ±0.15
♀	5.5	3	3.50 ±1.60	1.03 ±0.08	2.95 ±0.69	0.62 ±0.25	2.55 ±0.98	0.47 ±0.12

1.5. 肠

除掉内容物后称重，结果见下表 6。

表 6 色达牦牛净胃肠重　　　　单位：岁、头、cm

性别	年龄	样本	各胃壁重				肠无内容物		
			瘤胃1	网胃2	皱胃3	瓣胃4	小肠	大肠	盲肠
♂	5.5	3	7.03 ±1.84	1.05 ±0.22	1.37 ±0.03	2.88 ±1.08	3.53 ±0.41	3.57 ±0.83	0.65 ±0.23
♀	5.5	3	5.65 ±1.39	0.75 ±0.22	1.40 ±0.35	2.12 ±0.94	3.20 ±0.33	2.53 ±0.47	0.37 ±0.10

2. 肉品质

对色达牦牛屠宰测定牛进行采样和检验。

2.1 营养成分

色达牦牛肉质中营养成分见表7。

表 7 色达牦牛营养成分测定表

单位：岁、头、g/100g

年龄	样本数	水分	粗灰分	粗蛋白	粗脂肪
成年	3	70.57±1.72	0.99±0.29	21.57±0.26	5.23±2.38

2.2 矿物质含量

色达牦牛肉质中矿物质含量见表8。

表 8 色达牦牛肉质中矿物质含量测定表

单位：头、%

矿物质	成年	
	样本数	$\overline{X} \pm SD$（mg/kg）
铅	6	0.01±0.00
镉	6	0.00±0.00
铬	6	0.08±0.00
钙	6	47.32±3.07
镁	6	235.00±7.38
铁	6	18.72±4.83
锌	6	29.18±5.00
磷（%）	6	0.18±0.01
钾（%）	6	0.22±0.04
钠（%）	6	0.02±0.00

2.3 氨基酸含量

色达牦牛肉质中氨基酸含量见表9。

表 9 色达牦牛肉质中氨基酸含量

单位：头、g/100g

项目	样本数	$\overline{X} \pm SD$（g/100g）
天门冬氨酸	6	1.98±0.04
苏氨酸	6	0.92±0.02
丝氨酸	6	0.83±0.02
谷氨酸	6	3.44±0.09
甘氨酸	6	0.87±0.05
丙氨酸	6	1.27±0.03
胱氨酸	6	0.08±0.02
缬氨酸	6	0.97±0.02
蛋氨酸	6	0.55±0.01
异亮氨酸	6	0.88±0.02
亮氨酸	6	1.69±0.03
酪氨酸	6	0.69±0.01
苯丙氨酸	6	0.73±0.01
赖氨酸	6	1.85±0.05
组氨酸	6	0.86±0.05
精氨酸	6	1.16±0.13
脯氨酸	6	0.7±0.05
氨基酸总量	6	19.48±0.44

2.4 药物残留含量

色达牦牛肉中均未检测到六六六、滴滴涕、五氯硝基苯、金霉素、土霉素和其他磺胺类的药物残留，结果见表10。

表10 色达牦牛肉中药物残留含量　　　　　　　单位：岁、头

年龄	样本数	六六六	滴滴涕	五氯硝基苯	土霉素	金霉素	磺胺类
5.5	6	未检出	未检出	未检出	未检出	未检出	未检出

2.5 pH 值

选择冈上肌（LJT）、背最长肌（WJ）及半腱肌（XHGT）三种不同部位测定色达牦牛的 pH 值，见表11。

表11 色达牦牛肉中 pH 值　　　　　　　单位：岁、头

性别	部位	年龄	样本数	PH 值
	背最长肌（YJ）	5.5	9	6.52±0.07
♂	冈上肌（HGT）	5.5	9	6.39±0.21
	半腱肌（LJT）	5.5	9	6.80±0.29
	背最长肌（YJ）	5.5	9	6.01±0.50
♀	冈上肌（HGT）	5.5	9	5.99±0.59
	半腱肌（LJT）	5.5	9	6.24±0.28

2.6 肌肉嫩度

选择冈上肌（LJT）、背最长肌（WJ）及半腱肌（XHGT）三种不同部位测定色达牦牛的肌肉嫩度（剪切力）结果见表12。

表12 色达牦牛肌肉剪切力　　　　　　　单位：岁、头

性别	部位	年龄	样本数	剪切刀
	背最长肌（YT）	6	9	11.08±3.65
♂	冈上肌（HGT）	6	9	10.54±4.05
	半腱肌（LJT）	6	9	9.35±0.64
	背最长肌（YT）	6	9	11.46±1.91
♀	冈上肌（HGT）	6	9	9.52±0.56
	半腱肌（LJT）	6	9	8.87±0.77

2.7 熟肉率

色达牦牛熟肉率结果见表13。

表13 色达牦牛熟肉率　　　　　　　单位：头、g、%

性别	测定类别	测定数	煮前重	煮后重	熟肉率
	背最长肌（YJ）	3	82.87±13.35	55.03±6.87	67.64±5.03
♂	冈上肌（HGT）	3	81.37±25.55	51.63±15.03	63.85±5.21
	半腱肌（LJT）	3	83.87±9.91	57.57±10.01	68.37±4.28
	背最长肌（YJ）	3	63.70±7.15	41.40±3.42	65.25±5.04
♀	冈上肌（HGT）	3	95.73±5.22	59.67±8.01	62.15±4.93
	半腱肌（LJT）	3	81.3±17.05	52.47±12.41	64.34±2.44

初产

2.8 肌肉色度

色达牦牛肉肉色亮度值 L*、红度值 a* 及黄度值 b*，测定结果见表14。

表14 色达牦牛肉色差值

单位：头

性别	部位	样本数	L*	a*	b*
♂	背最长肌（YJ）	3	40.40±0.80	5.40±0.86	4.06±0.60
	冈上肌（HGT）	3	42.66±1.09	5.25±0.84	4.82±0.75
	半腱肌（LJT）	3	40.52±0.45	6.25±0.55	4.43±0.27
♀	背最长肌（YJ）	3	43.54±2.86	4.96±0.84	5.84±1.35
	冈上肌（HGT）	3	45.24±4.29	5.18±1.68	6.33±2.42
	半腱肌（LJT）	3	41.11±1.28	5.58±1.43	4.62±1.52

（二）产奶性能

1. 产奶量

2016 年 6 月份～10 月份，对色达牦牛挤奶量进行了跟踪测定。每月 15 日对 5 头经产母牛早晚挤奶量进行测定，经产母牛平均挤奶量为 2.01kg/ 天·头，153d 挤奶量为 307.53kg/ 头。

产奶量按照 Y=1.96×Yn 公式计算，经产母牛产奶量 602.76kg。色达牦牛产奶量测定情况见表15。

表15 色达牦牛产奶量

单位：头、kg

母牛类别	测定头数	6月	7月	8月	9月	10月	6-10月总产量	6-10月平均
经产	8	123.90±17.84	138.78±23.78	132.49±19.90	99.54±11.08	56.12±9.22	550.80±73.97	110.17±15.81

2. 奶成分

用 MCC30SEC 超声波牛奶分析仪对色达牦牛奶成分进行测定。经产母牛乳脂率为 6.68%，初产母牛为 6.94%；经产母牛蛋白质为 3.56%，初产母牛为 3.71%。经产母牛乳糖平均为 5.32%，初产母牛 5.57 %。测定结果见表16。

表16 色达牦牛奶成分测定

单位：头、%、kg/m³

母牛类型	测定时间	样本数	脂肪	非脂乳固体	乳糖	蛋白质	pH
经产	6月	4	6.28	9.85	5.40	3.61	5.70
	7月	5	5.41	10.03	5.51	3.68	5.58
	8月	6	6.01	9.92	5.45	3.64	5.53
	9月	5	6.94	8.92	4.90	3.27	5.66
	10月	5	8.75	9.78	5.36	3.59	5.46
	平均		6.68	9.70	5.32	3.56	5.59
初产	6月	5	5.40	9.83	5.40	3.60	5.56
	7月	5	5.72	10.29	5.65	3.77	5.53
	8月	5	6.34	9.89	5.45	3.63	5.47
	9月	5	7.05	10.21	5.60	3.74	5.67
	10月	5	10.18	10.46	5.73	3.82	5.55
	平均		6.94	10.14	5.57	3.71	5.56
总平均			6.81	9.92	5.45	3.64	5.58

（三）繁殖性能

色达牦牛母牦牛一般 3 岁初配，繁殖年限为 10～12 年。一般 2 年 1 胎，繁殖成活率 37.35%；公牦牛一般 3 岁开始配种，6～9 岁为配种盛期。

对五七牧场、霍西乡牧场、大章乡牧场三个点的色达牦牛繁殖性能调查，结果见表 17。

表 17 色达牦牛繁殖成性能调查表

单位：户、头、%

调查地点	调查户数	能繁母牛数	产犊数	死亡数	半岁成活数	半岁成活率	繁活率
五七牧场	20	683	304	42	262	85.90±8.05	38.88±10.11
霍西乡	20	364	185	32	153	81.43±13.35	39.98±9.46
大章乡	20	1339	498	64	434	87.02±3.92	33.18±6.11

（四）产毛绒性能

成年色达牦牛每年 5 月～6 月剪毛（绒）一次，平均产毛（绒）量为 0.5～1.5kg。

六、饲养管理

色达牦牛以放牧员跟群放牧为主，主要分冬春季和夏秋季放牧。夏秋季以逐水草而居的游牧方式放牧。在早出牧晚收牧的情况下，上膘快。冬春季定居放牧时间长，长达 240d 左右，保膘产犊时期，牧民适当给予补充草料和用暖棚养殖犊牛。每年春季防疫，进行疫苗注射、驱虫。

图 4 放牧管理

七、保种

目前色达牦牛群体数量较大，尚未列入国家遗传资源保种之列。也没有建立保种场和保种区。

八、评价与利用

（一）评价

色达牦牛是当地藏族人民经过长时间的自然选择、自群繁育形成的、以灰色个体比例高、体型外貌基本一致、内部结构较完整、遗传性较稳定、体型中等的肉乳兼用型地方类群。

色达牦牛耐粗饲、耐高寒、适应性强。色达牦牛饲养周期较长，一般为五年以上，在良好的饲养管理条件下能顺利地越冬度春，是色达县重要的畜种资源之一。

（二）利用

该品种可供研究、开发和利用的主要方向为：保持色达牦牛现有的优良特性，进行有组织、有目标、有方向、有计划的系统选育，进一步提高产肉性能，向肉乳兼用方向发展。

甘孜藏黄牛

甘孜藏黄牛属乳、役兼用地方品种，已列入《中国国家级畜禽遗传资源保护名录》。

一、一般情况

（一）中心产区及分布

甘孜藏黄牛，于1995年全国畜禽品种补充调查时命名，属乳、役兼用地方品种。主产于甘孜藏族自治州海拔在2 000～3 000m的半农半牧区，遍布全州18个县。

（二）产区自然生态条件

甘孜州位于青藏高原东南边缘。平均海拔3 500m以上。北部巴颜喀拉山、罗科马山、牟尼茫起山、雀儿山逶迤连绵数百里，而大雪山、沙鲁里山、九拐山等呈南北向，巍然挺立于中南部。大渡河、金沙江从北到南流经甘孜州东、西部，雅砻江蜿蜒流经中部。在地貌类型上可分为丘原、山原和高山峡谷三大部分。境内气候的主要特点是气温低，冬季长，无霜期短，降水少，干雨季分明，光照强度大，日照时数多，气温随地势的升高而下降，呈明显的垂直分布。海拔2 600m以下地区，年平均气温12℃～16℃，无霜期190d以上，大部分农作物一年两熟；海拔2 600～3 900m的地区，年平均气温3℃～11℃，无霜期50～160d，大部分农作物一年一熟；海拔3 900m以上地区，年平均气温0℃以下，无绝对无霜期，已超过林木生长上限，一般农作物不易成熟，属纯牧区。全州辖区面积15.3万km^2，其中草场面积1.4亿亩。境内植物种类繁多，植被类型复杂，有森林、灌丛植被、草甸植被等。从低海拔到高海拔，有干热河谷灌丛、针叶林、针阔混交林、亚高山草甸、亚高山灌丛草甸、高山草甸、高山灌丛草甸、高寒沼泽草甸，以及高山流石滩植被等类型。

图1 放牧生态

二、品种形成与数量结构

（一）品种形成

甘孜藏黄牛处于封闭式自群繁衍状态。早在殷商时代就有了黄牛与牦牛杂交生产犏牛的记载，说明了甘孜藏黄牛历史悠久，源远流长。

（二）数量结构

近20年，甘孜藏黄牛数量呈下降趋势，特别是2010年后黄牛数量下降明显。2005年存栏43万头，比1985年增长38.7%，年均增长1.9%。群体结构为：公牛19.5万头，占全群44.2%，母牛24.1万头，占全群55.8%，全群公、母比1:1.26。能繁育母牛16.5万头，占全群的比例为38.2%。2010年存栏42.4万头，能繁育母牛16.8万头。2016年藏区畜禽遗传资源补充调查，存栏19.2万头，能繁育母牛8.9万头。由于近亲交配及过度挤奶等原因，牛只个体逐渐变小，生产性能下降，但目前无濒危危险。

三、体型外貌

甘孜藏黄牛体型矮小，发育匀称，四肢长短适中；头型短而宽，耳平伸，耳壳较薄，耳端尖钝；肩峰小，公牛颈垂较大，母牛颈垂小，公、母牛胸垂均较小；藏黄牛角形多样，有芋头角、羊叉角、照羊角、倒八字、小圆环等；脐垂小，尻部短而斜，尾长至后管下部，尾扫较小，尾梢颜色有褐色、黑色和白色；鼻镜颜色为黑褐色和粉色，眼睑、乳房颜色为粉色；角色多为黑褐色，少数为蜡色；蹄角主要为黑褐色，次为黄蜡色，被毛为贴身短毛。基础毛色为黑色和黄褐色，据泸定县调查，藏黄牛黄褐色占81.4%，黑色占11.9%，灰色占3.4%，草白和其他占3.4%。藏黄牛白斑图案类别有白带、白头、全色、白花，有晕毛、"白胸月"、"白袜子"和季节性黑斑点，肋部，大腿内侧处有淡化。

图2 藏黄牛（公）

图3 藏黄牛（母）

四、体重及体尺

由于饲草饲料条件差异不大，甘孜藏黄牛的生长发育规律基本一致。体重从初生至12月龄增长速度最快，日增重公犊牛为185.86g，母犊为168.05g。1岁后断奶，其营养物质条件剧烈改变，加之草料缺乏，1～2岁体重增长减慢，日增重公犊为55.59g，母犊为43.73g。因冬春缺草，周岁犊牛死亡也极为严重。3岁母牛体重增长较迅速，且快于公牛。4岁时母牛体重接近成年牛的体重。公牛在3～4岁期间体重增长速度较稳定，4岁时体重仅为成年牛的84.92%。见表1。

表1 甘孜藏黄牛体重及体尺统计表 单位：头、kg、cm

年龄	性别	测定头数	体高（cm）	体长（cm）	胸围（cm）	体重（kg）
初生	♂	5	43.74±1.25	48.60±1.92	51.60±1.43	7.32±1.59
初生	♀	9	48.87±2.09	49.03±1.90	42.36±1.34	8.54±0.77
1岁	♂	5	85.00±0.79	91.60±2.22	96.10±1.95	75.16±3.11
1岁	♀	9	81.83±1.50	85.78±2.71	90.60±1.24	69.88±2.93
2岁	♂	3	90.93±1.49	92.70±1.83	112.00±4.26	95.45±4.26
2岁	♀	4	86.00±1.50	88.85±0.73	101.25±2.06	85.84±3.89
3岁	♂	4	95.50±1.46	98.50±0.91	125.75±0.96	129.96±6.32
3岁	♀	3	92.00±1.53	98.88±1.86	122.00±1.00	128.67±5.87
4岁	♂	4	98.70±7.29	111.50±6.80	130.40±11.66	177.40±39.37
4岁	♀	73	96.60±3.90	105.00±7.00	127.40±6.26	157.80±21.20
5岁	♂	28	101.21±4.96	112.71±6.03	141.11±7.50	208.89±28.59
5岁	♀	84	96.28±4.48	105.60±5.61	127.56±4.42	160.31±17.51

五、生产性能

（一）产奶性能

甘孜藏黄牛是半农半牧区广大农牧民获得鲜奶和奶产品的主要畜种。一般每户养1～5头母黄牛，母黄牛春末、夏初产犊后，3～5d开始挤奶，一般到12月中下旬停止挤奶，在挤奶季节，每天早、晚各挤一次，每次挤取全部乳汁的2/3左右，留下1/3左右，让犊牛自吮，每头母黄牛每天可挤奶1.5kg左右，180天可挤奶250kg，乳脂率4.1%。各地母黄牛挤奶量见表2。

表2 甘孜州各地藏黄牛母牛不同月份挤奶量统计比较 单位：kg

产地	7月头数	日平均	8月头数	日平均	9月头数	日平均
巴塘	13	1.87±0.36	13	1.55±0.45	13	1.23±0.34
稻城	60	1.47±0.42	60	1.90±0.32	60	1.55±0.29
新龙	30	1.95±0.63	30	2.19±0.55		
白玉	16	1.06±0.30	16	1.26±0.25	16	0.8±0.23

（二）役用性能

甘孜藏黄牛公、阉牛和少数体型高大的母牛在粮食作物种植区，亦作役用，用于驮运和拉车的极少，其他区域一般不使役。在粮食作物种植区夏秋季节为舍饲，打割牧草、杂草和灌木嫩细枝叶，让牛自由采食。春秋耕作季节和冬天割草困难，主要饲喂农作物秸秆，如稻草、玉米秆、豌豆秆等，少数补饲少量精料。在这种饲料条件下，藏黄牛的役力中等，步伐较缓慢，但耐力较强，每天可耕作5～8h，耕地1亩左右。泸定县兴隆镇黄牛耕作能力测定结果见表3。

表3甘孜藏黄牛（泸定）耕作能力表 单位：cm、亩

性别	年龄	头数	农作物	土质	耕地深度	耕地宽度	引进速度/10m	亩/天	全年负担耕地
♂	4～10	5	玉米板地	沙壤土	21.80 ±2.17	22.00 ±3.16	40.25 ±7.23	1.09 ±0.46	29.40 ±10.67
阉牛	6～15	8	玉米板地	沙壤土	23.25 ±2.71	20.13 ±2.12	40.13 ±9.79	0.89 ±0.16	26.38 ±9.11
♀	4～14	13	玉米板地	沙壤土	22.08 ±1.75	21.23 ±1.33	34.71 ±6.17	1.09 ±0.19	34.54 ±10.01

（三）屠宰性能

甘孜藏黄牛具体测定结果见表4。

表4甘孜藏黄牛屠宰性能表 单位：kg、%、cm²

性别	屠宰重	胴体重	屠宰率	净肉重	净肉率	皮厚	大腿肌厚度	骨肉比	眼肌面积
♂	202.46	92.02	44.45	66.89	33.04	0.55	27.50	1：2.63	34.36
♀	174.18	79.53	45.66	57.28	32.89	0.50	18.20	1：2.63	32.83

（四）繁殖性能

甘孜藏黄牛公牛一般20～30月龄性成熟，初配年龄3.5岁，到14～15岁丧失配种能力。母牛因海拔原因有区别，海拔2 000m以下地区黄牛较早熟。母黄牛2岁性成熟，3岁可初产，一般母黄牛3岁初配，少数4岁初配。多数母牛为3年两胎。高海拔地区的母黄牛较晚熟。一般3岁性成熟，4岁初产者多，5岁初产者少。母牛在14～15岁丧失繁殖能力。

甘孜藏黄牛发情季节也因海拔不同而有区别，在海拔2 000m以下的母牛常年发情，4月～5月和9月～10月是发情旺季。在海拔2 000～3 000m地区，母黄牛属季节性发情，发情季节相对较长，为5月底～10月底，6月中旬～8月中下旬是发情旺季。海拔3 000m以上地区，母黄牛发情季节一般在6月中旬～9月下旬，7月～8月是发情旺季。

不同海拔高度的藏母黄牛发情周期相对一致，发情周期平均20d，发情持续期为2～3d，妊娠期为280d左右。每3～20多头牛群中有公牛1～2头，任其自由交配。

甘孜藏黄牛犊牛初生重为公犊10.2lkg、母犊11.82kg，断奶重为公犊60kg、母犊55kg，哺乳期日增重为公犊0.19kg、母犊0.17kg，犊牛成活率86%左右。

六、饲养管理

甘孜州多数地区藏黄牛饲养方式为圈养和季节性放牧，公、母、阉牛混群放牧，白天放牧在草山草坡或灌丛、林间草地，收牧后与羊、马混群关在简陋的棚圈。舍饲期间以作物秸秆为主，同时也刈割青草饲喂和补饲一些多汁饲料如萝卜、芜根等。在农耕季节和冬春季节补饲一定量的玉米、豌豆等混合精料。

图 4 放牧管理

七、品种保护和研究

甘孜藏黄牛仅用于半农半牧区农牧民挤奶和少量耕地，乱交乱配现象严重，尚未建立品种选育保护机构和基地，也未进行经济利用研究和开发。

八、品种评价与利用

甘孜藏黄牛适应性极强，遗传性能稳定，耐粗放，温顺，易于管理，难产和流产极少。肉质细嫩可口，带野味，属绿色食品。但藏黄牛的个体偏小，生产性能较低。

在开发利用上应加强本品种选育，保持其现有优良特性。可引进小型乳、肉品种进行杂交改良，培育适合山区饲养的小型乳、肉兼用的藏黄牛品种。

斜卡黄牛

斜卡黄牛属役用地方品种，已列入《四川畜禽遗传资源志》。

一、一般情况

（一）中心产区及分布

斜卡黄牛，原归属于甘孜藏黄牛类，2006 年全国畜禽遗传资源调查时，根据其特点重新命名，属役用地方品种。主产于九龙县斜卡乡，分布于九龙县的湾坝、洪坝、踏卡、呷尔、三岩龙、上团、乌拉溪、三垭、俄尔、小金、烟袋、子耳 12 个乡镇。

（二）产区自然生态条件

九龙县地处横断山以东，大雪山西南面。境内山体高大，高低悬殊。斜卡黄牛主要生长在海拔 2 000m～4 000m 的半高山灌丛和灌木草地。这一地区以山原为主，是九龙主要林间和灌木草地分布区，原始森林密布，林线以上为高山牧场，水草丰茂，交通方便，气候寒温。境内属大陆性季风高原型气候。年均气温 8.9℃，最高气温 31.7℃，最低气温 –15.6℃，无霜期 165～221d，降水量 902.6mm，5 月～9 月为雨季，11 月至翌年 4 月为雪季。冬春干旱，日照 1 920h。全年基本无夏，春、秋季短，冷季长达半年以上。土壤为亚高山草甸土、半高山草甸土、半高山寒漠土、沼泽土。全境属半农半牧区，河谷地带农作物以玉米、小麦、土豆、豆类为主，一年两熟；高山地区作物以青稞、土豆、小麦为主，属一年一熟。

图 1 放牧生态

二、品种来源及数量

（一）品种来源

据历史记载，斜卡黄牛来自于湾坝，而湾坝黄牛早在清道光年间前随凉山盐源县、越西县迁徙的人到湾坝落户而来。150多年前，九龙县曾发生大流行性瘟疫，所有黄牛几乎死绝，其尸体堆积如山，日后腐烂，臭气熏人，现今湾坝乡的"臭牛棚"因此而得名，仅幸存少部分黄牛。由此经长期自然繁育而形成了现今的斜卡黄牛。

（二）群体数量结构

斜卡黄牛2005年存栏1.6万头，比1985年增长42.2%，年均增长4.2%。群体结构为：公牛5933头，占35.8%，母牛10640头，占64.2%，全群公、母比1:1.8。种用公牛442头，占全群2.67%，能繁育母牛7321头，占全群44.17%，种用公、母比1:16.5。2016年藏区畜禽遗传资源补充调查，存栏12312头，能繁育母牛4363头，配种公牛1662头。目前无濒危危险。

三、体型外貌

斜卡黄牛公牛头短而宽，显得较粗重，母牛头较长，显得较清秀；耳平伸，耳壳较薄，耳端尖钝；角形多样，以"倒八字"角为主；肩峰小，公牛颈垂较大，母牛颈垂小，公、母牛胸垂较小；前胸发达开阔，胸很深。背腰平直，腹大不下垂，后躯较短，尻欠宽略斜。尻部短而斜，尾长至后管下部，尾扫较小，尾梢颜色为黄色和黑色。基础毛色主要为黑色和黄褐色。据统计，黄褐色牛占45%，黑色牛占45%，其他占10%。白斑图案类别的有白带、白头，部分牛有晕毛、"白胸月"和"白袜子"；鼻镜颜色为黑褐色和粉色，眼睑、乳房颜色为粉色；蹄色主要为黑褐色，角色多为黑褐色，被毛为贴身短毛。

图2 斜卡黄牛（公）

图3 斜卡黄牛（母）

四、体重及体尺

2007年3月，在斜卡乡测定成年斜卡黄牛公、母牛体重及体尺，结果见表1。

表1 斜卡黄牛体重及体尺表

单位：头、cm、kg

性别	头数	体高（cm）	体斜长（cm）	胸围（cm）	管围（cm）	体重（kg）
♂	41	116.5±4.0	137.9±8.4	173.0±8.3	20.2±2.2	384.2±50.4
♀	39	107.8±6.6	126.6±8.4	158.2±12.2	16.3±1.6	296.3±56.9

体态结构指标见表2。

表2 斜卡黄牛体尺指数表

单位：%

性别	体长指数	胸围指数	管围指数
♂	118.4	148.3	17.3
♀	117.4	146.7	15.1

（注：表1、2数据来自四川畜禽遗传资源志）

五、生产性能

斜卡黄牛一年可挤奶153d，可挤奶190kg，公、母牛可日耕耙地2～3亩，使役时间6～7h。性成熟年龄为18～20月龄，初配年龄为公牛28月龄、母牛36月龄。繁殖季节为5～10月，发情周期平均20.5d，妊娠期280d左右。犊牛初生重为公犊11.6kg、母犊10.6kg，犊牛成活率83%以上。

六、饲养管理

斜卡黄牛终年放牧，夏秋两季晚上不收牧。农忙及冬春季节补以农作物秸秆和少量精料。犊牛随母牛放牧吮乳，不补饲，周岁离乳断奶。玉米秸秆、青稞秸秆，以及青干草为冬春

图4 放牧管理

的主要饲草。斜卡黄牛适应性极强，具有发达的心、肺，能适应高海拔缺氧环境，耐饥寒，采食能力强，一般很少发病。禀性温顺，易于管理，母牛繁殖极少难产。

七、品种保护和研究

斜卡黄牛2009年列入《四川畜禽遗传资源志》。斜卡黄牛是九龙县山坡地耕作的主要工具，因管理粗放，近亲交配现象严重，品种性能退化。目前尚未开展本品种选育，也未进行经济利用研究和开发。

八、品种评价与利用

斜卡黄牛具有品质优良、适应性强，耐粗放、抗病力强等特点，是当地人民重要的生产、生活资料和耕作工具。

由于饲养管理粗放、近亲交配现象严重，品种性能退化。今后应开展保种选育工作，加强种公牛培育和选配工作，进一步提高肉用性能。

水牛

甘孜州的水牛主要以役用为主，属沼泽型水牛。甘孜州地方类群。

一、一般情况

（一）产区

甘孜州的水牛主要分布在泸定县的田坝乡、德威乡、磨西镇，九龙县的三垭乡、俄尔乡、子耳乡、魁多乡、烟袋镇。

（二）产区自然生态条件

产区地处青藏高原东南缘的横断山脉，典型高山峡谷区。该地区属高原气候区冬无严寒，夏无酷暑，冬季干燥温暖，季均温度 7.5℃；夏季温凉湿润，季均温度 22.7℃；年平均气温 16.5℃，年平均无霜期 279d，年均降雨量 664.4mm。农作物有水稻、玉米、小麦、黄豆、豌豆、马铃薯、苦荞等。

图 1 放牧生态

二、品种形成与数量结构

（一）品种形成

甘孜州的水牛是古代人类于西南横断山脉驯养、驯化野水牛而来的土牛种。

（二）数量结构

随着社会经济发展，农业机械化程度的不断提高和普及推广，水牛的生产方向逐渐向乳、肉方向发展，存栏率显著降低。2017年统计报表显示，甘孜州年末存栏水牛1 626头，能繁育母牛1 053头。

三、体型外貌

甘孜州水牛体格较大，体质结实，生长发育较快，适应性较好，役力强。从外貌看，额宽稍隆起，颜面部较长而直，角根粗大而较长。公牛颈粗短，母牛颈细长，颈肩结合良好，躯体紧凑，前躯发育良好，胸较宽深，鬐甲部高于十字部，背腰平直，尻部稍斜，后躯欠丰满，尾根粗，尾长适中，四肢粗壮，蹄圆、大而坚实，被毛稀而短，毛色为瓦灰色。

图2 甘孜州水牛（公）

图3 甘孜州水牛（母）

四、体重及体尺

据泸定、九龙测定的水牛体重及体尺结果见表1、表2。

表1 泸定水牛体重及体尺测定表

单位：头、cm、kg

性别	年龄	头数	体高（cm）	体重（kg）
♂	成年	5	125.5±15.6	475.3±20.1
阉牛	成年	5	126.3±8.8	483.4±21.5
♀	成年	5	120.6±10.4	464.4±18.6

表 2 九龙水牛体重及体尺测定表

单位：头、cm、kg

性别	头数	体高（cm）	体斜长（cm）	胸围（cm）	管围（cm）	体重（kg）
♂	10	125.11±3.92	134.89±3.10	186.11±4.88	21.56±0.88	420.74±23.93
♀	15	124.40±3.85	133.73±6.79	181.33±7.99	21.53±0.99	397.53±49.29

五、生产性能

（一）产肉性能

对老残淘汰牛屠宰，其屠宰率45.1%，净肉率35.8%，骨肉比4.09:1。

（二）繁殖性能

性成熟母牛1.5～2岁，公牛2.5～3岁。3岁配种，母牛终年发情，以春秋两季最旺。发情周期20～35d，持续期平均3d。母牛种用年限11～15岁，亦有20岁尚能产犊者。3年产犊2胎者居多，专供繁殖用母牛终身可产犊7～10头，役用母牛终身产犊5～7头。妊娠期324d左右。犊牛初生重：公犊25.5kg；母犊23.9kg。据对310头适龄母牛统计，繁殖率为37.1%，犊牛成活率为90.4%。

（三）役用性能

甘孜州的水牛主要用于农耕，全年使役120d左右，集中于春秋两季。每天耕作7～8h，可耕地1.5～2.5亩。据测定，成年牛一牛一犁用铁铧木犁翻板田，1h阉牛可耕地0.34亩，母牛可耕地0.37亩。一般在耕作结束后30～60min，体温、呼吸、脉搏恢复正常。有良好的耕作能力和持久力。成年牛的最大挽力：据测定，公牛平均体重574.6kg，最大挽力平均445.6kg，占体重78.6%；母牛平均体重616.0kg，最大挽力平均464.0kg，占体重74.7%；阉牛平均体重671.1kg，最大挽力平均553.0kg，占体重84.7%。

图4 役用图

六、饲养管理

甘孜州的水牛，耐粗饲，抗病力强，易管理。以放牧为主，夜间补饲草料，农忙季节和冬春寒冷时节补饲糠麸、玉米等精料。

图 5 饲养管理

七、评价与利用

甘孜州的水牛体格大、体质坚实，生长发育快，适应力强、抗病力强，在农业机械推广普及率高的情况下，可以开展肉乳综合利用，提高农牧民的经济收入。

第二章

羊

扎溪卡绵羊

扎溪卡绵羊，属肉、毛兼用的高原草地型绵羊类群。

一、一般情况

（一）产区及分布

扎溪卡绵羊中心产区位于四川省甘孜藏族自治州的石渠县雅砻江查曲河丘原区，巴彦喀拉山南麓，雅砻江流域，即呷衣和格孟两个纯牧业乡，该县的其他乡镇均有分布，德格、白玉和色达等县也有少量分布。

（二）产区自然生态条件

石渠县地处川西北丘状高原山区，北纬32°19′42″～34°12′42″，东经97°22′42″～99°15′55″，位于四川省的西北部，川、青、藏三省区的交界处。北起巴颜喀拉山南麓，南抵沙鲁里山脉的莫拉山段，西北部与青海玉树市接壤，西南面与西藏江达县隔江相望，东南面与色达县、德格县毗邻，全县平均海拔逾4 000m。

石渠县属典型季风高原型气候。年降水量为529.0～570.6mm，降水高峰出现在6～8月；初雪日期7月中旬，终雪日期翌年6月下旬，积雪期8月下旬到翌年6月中旬，平均

图1 放牧生态

每年雪雹日 64.9d，全年无绝对无霜期。全年平均气温在 –8.7℃ ～ 5.6℃ 之间，冷季长达 10 个月，–25℃ 以下天数达 183d，空气含氧量仅为成都平原的 46%，紫外线是成都平原的 7 倍，是四川省含氧量最少和紫外线最强的区域，素有"生命禁区"之称；常年日照时数在 2410 ～ 2530h，常年月日照时数在 169 ～ 229h，各月每日平均日照时数在 5.9 ～ 7.7h，日照百分率达 55% ～ 57%。

石渠县拥有天然草地 2,144,000hm²，草场类型以高寒草甸草地为主，植被以莎草科植物为主，缺乏豆科牧草。主要牧草有小蒿草、紫花针茅、垂穗披碱草、多种风花菊和珠芽蓼等，植株矮小，根浅，亩产鲜草 120kg 左右。

二、品种形成与数量结构

（一）品种来源

据《石渠县志》（2000）记载，秦汉以前，石渠境内及周边地区就已有人类活动，先民以游牧为主，史称为"羌"；魏晋时期，青海吐谷浑勃起，逼逐陇西境交之羌，羌人退居赐支（黄河上游）以南，今石渠最早之居民；石渠境内家畜面前冠以"藏"字，首见于清康熙《西藏记》中，故而今有"藏系绵羊"、"藏马"之称谓，距今已有二百多年历史。石渠藏语名"扎溪卡"，意即雅砻江源头，在此区域生长的绵羊统称为扎溪卡绵羊。扎溪卡绵羊是在当地自然条件下农牧民经过长期的人工选择，逐渐形成了适应高寒气候（4 500 ～ 4 800m）的绵羊群体，被誉为"高原之宝"。

（二）群体数量及变化情况

2005 ～ 2015 年期间，石渠县中心产区及饲养区扎溪卡绵羊存栏量的变化趋势见表 1。2010 年相比于 2005 年，石渠县扎溪卡绵羊的存栏量减少了 115 455 只，能繁育母羊减少了 47 916 只，2015 年相比于 2010 年，存栏量减少了 104 519 只，能繁育母羊减少了 51 969 只，近 15 年中，扎溪卡绵羊存栏量减少了 219 974 只，能繁育母羊减少了 99 885 只，下降明显。2016 年调查纯种存栏 41 335 只，能繁育母羊 25 669 只，公羊 2 059 只。

表 1 扎溪卡绵羊存栏量变化趋势　　　　　　　　　　　　　　　　　　单位：只

类型	2005 年	2010 年	2015 年
总数	294868	179413	74894
能繁育母羊	132615	84699	32730
其他类型羊	162253	94714	42164

三、体型外貌

扎溪卡绵羊体格较大，粗壮结实，头颈、四肢杂色较多，体躯多为白色，头呈三角形，鼻隆起，耳大开张；公羊角向上向后螺旋形弯曲，母羊角呈卷曲波状向上弯曲，呈倒"八"形；颈长短适中、无皱纹、无肉垂；体躯长，腰背微凹陷，胸宽深，呈圆桶状，四肢长而强健有力；尾短小，呈圆锥形；蹄质坚实；公羊睾丸发育良好，大小适中、对称，母羊乳房匀称，柔软而有弹性。

图2 扎溪卡绵羊（公）　　　　　　　图3 扎溪卡绵羊（母）

四、体重及体尺

扎溪卡绵羊采用全放牧方式进行饲养，测定的初生重，6月龄、周岁和成年体重及体尺等指标见表2。

表2 扎溪卡绵羊体重及体尺表
单位：只、kg、cm

年龄	性别	样本数	体重（kg）	体长（cm）	体高（cm）	胸围（cm）
初生	♂	101	2.9±0.63	—	—	—
	♀	150	2.7±0.54	—	—	—
6月龄	♂	174	20.9±3.00	—	50.4±4.7	66.6±3.6
	♀	196	18.4±3.50	—	49.8±3.4	64.1±4.5
1岁	♂	35	37.62±6.14	88.43±4.82	66.45±4.38	87.22±6.08
	♀	102	32.54±4.28	82.43±7.01	63.43±3.25	82.54±7.37
1.5岁	♂	30	53.6±6.1	104±4.8	76.4±4.3	102.2±6.0
	♀	80	47.5±4.2	98±7.0	71±3.2	98.5±7.3
成年	♂	30	70.2±4.4	113.2±5.8	82.4±2.9	113.5±7.2
	♀	80	58.9±7.2	107.5±6.7	78.2±4.5	106.2±7.4

扎溪卡绵羊公、母羊初生重分别为 2.9±0.63kg 和 2.7±0.54kg，6月龄体重分别为 20.9±3.00kg 和 18.4±3.50kg，周岁体重分别为 37.62±6.14kg 和 32.54±4.28kg，成年体重分别为 70.22±4.45kg 和 58.98±7.23kg。

五、生产性能

（一）产肉性能和肉品质

1.产肉性能

1.1 屠宰前体重及体尺

12月龄扎溪卡绵羊的屠宰前体重、体尺见表3。公、母羊体重分别为 38.13±6.30kg 和 32.33±5.06kg。

表3 扎溪卡绵羊屠宰前体重、体尺　　　　　　单位：只、kg、cm

性别	样本	体重（kg）	体长（cm）	体高（cm）	胸围（cm）
♂	10	38.13±6.30	89.38±5.68	66.00±6.38	93.00±9.47
♀	10	32.33±5.06	87.67±3.51	65.33±5.58	83.00±4.36

1.2 屠宰性能

扎溪卡绵羊公、母羊屠宰率分别为 46.69±0.95% 和 46.68±2.44%，净肉率分别为 35.77±2.73% 和 35.44±0.69%，腿臀比例分别为 26.45±1.22% 和 26.67±1.49%。见表4。

表4 扎溪卡绵羊屠宰性能　　　　　　单位：只、kg、%、mm、cm²

性状	♂（kg）	♀（kg）
样本数	10	10
胴体重	17.81±3.12	15.07±2.12
净肉重	13.38±2.58	11.04±1.64
骨重	4.14±0.34	3.24±0.42
屠宰率（%）	46.69±0.95	46.68±2.44
净肉率（%）	35.77±2.73	35.44±0.69
胴体产肉率（%）	76.11±1.25	75.91±0.24
骨肉比	3.24:1.00	3.21:1.00
后腿重	2.50±0.31	2.01±0.20
腿臀比例值	26.45±1.22	26.67±1.49
GR 值（mm）	5.87±0.41	4.83±0.35
眼肌面积（cm²）	14.28±3.01	12.37±3.32

1.3 副产物

副产物测定见表5。

表5 扎溪卡绵羊副产物　　　　　　单位：只、kg、m²、g

性状	♂（kg）	♀（kg）
样本数	10	10
头重	2.22±0.49	1.90±0.26
蹄重	0.75±0.10	0.65±0.05
皮重	3.38±0.79	3.28±0.41
皮张面积（m²）	0.74±0.09	0.68±0.04
心重（g）	194.23±24.24	161.77±21.89
肝重（g）	587.18±37.37	535.40±42.07
脾重（g）	66.58±27.90	66.27±31.07
肺重（g）	507.60±16.67	462.60±65.88
肾重（g）	98.57±16.96	95.35±15.70
胃净重（g）	1386.67±278.07	1369.13±249.23
肠净重（g）	1341.79±249.06	1173.33±213.85

1.4 胴体体尺

扎溪卡绵羊公、母羊胴体长分别为 61.00±2.94cm 和 54.00±9.00cm。见表6。

表6 扎溪卡绵羊胴体体尺　　　　　　单位：只、cm

性别	样本	胴体长	胴体前宽	胴体后宽	半胴体围
♂	10	61.00±2.94	30.12±2.34	16.21±0.85	41.22±3.76
♀	10	54.00±9.00	28.67±1.44	15.83±0.76	36.17±3.18

2. 肉品质

2.1. 肉品质及理化特性

扎溪卡绵羊公、母羊剪切力分别为 9.78±1.01N 和 9.61±0.068N，熟肉率分别为 65.99±3.71% 和 64.71±4.90%。见表7。

表7 扎溪卡绵羊肉品质及理化特性 单位：只、N、%

性状	♂	♀
样本数	10	10
pH_{45min}	6.14±0.39	6.20±0.25
剪切力（N）	9.78±1.01	9.61±0.068
熟肉率（%）	65.99±3.71	64.71±4.90
L	42.33±1.77	42.63±1.45
a	4.48±0.92	4.09±0.27
b	4.13±0.73	3.47±0.83

2.2 营养成分

扎溪卡绵羊公、母羊肌肉中干物质含量分别为 27.81±0.14% 和 26.45±1.06%，脂肪含量分别为 3.95±0.07% 和 2.65±0.07%，蛋白质含量分别为 22.35±0.35% 和 21.85±0.49%。见表8。

表8 扎溪卡绵羊肉中营养成分 单位：%

性别	干物质	水分	灰分	脂肪	蛋白质
♂	27.81±0.14	72.10±0.14	1.19±0.02	3.95±0.07	22.35±0.35
♀	26.45±1.06	73.55±1.06	1.35±0.08	2.65±0.07	21.85±0.49

2.3 矿物质及胆固醇含量

扎溪卡绵羊公、母羊肌肉中胆固醇含量分别为 80.25±2.05mg/100g 和 75.40±5.94mg/100g，磷含量分别为 0.18±0.02% 和 0.17±0.02%，钾含量分别为 0.31±0.04% 和 0.29±0.00%，钠含量分别为 0.05±0.00% 和 0.06±0.00%，硒含量分别为 0.03±0.00mg/kg 和 0.03±0.00mg/kg，钙含量分别为 64.20±12.73mg/kg 和 50.45±2.47mg/kg，镁含量分别为 240.00±43.84mg/kg 和 219.50±48.79mg/kg，铁含量分别为 19.65±2.14mg/kg 和 15.15±3.60mg/kg，锌含量分别为 14.90±2.09mg/kg 和 14.85±2.47mg/kg。见表9。

表9 扎溪卡绵羊肉中矿物质及胆固醇含量 单位：%、mg/kg、mg/100g

类别	♂（mg/kg）	♀（mg/kg）
磷（%）	0.18±0.02	0.17±0.02
钾（%）	0.31±0.04	0.29±0.00
钠（%）	0.05±0.00	0.06±0.00
硒	0.03±0.00	0.03±0.00
钙	64.20±12.73	50.45±2.47
镁	240.00±43.84	219.50±48.79
铁	19.65±2.14	15.15±3.60
锌	14.90±2.09	14.85±2.47
胆固醇（mg/100g）	80.25±2.05	75.40±5.94

2.4 重金属含量

扎溪卡绵羊公、母羊肌肉中未检出砷、汞、铜和锰等重金属。铅、镉和铬等含量极低，见表10。

表10 扎溪卡绵羊肉中重金属元素　　　　　　　　　　　　单位：mg/kg

类别	♂	♀
铅	0.047±0.000	0.039±0.002
镉	0.0052±0.0004	0.0011±0.0001
铬	0.06±0.00	0.07±0.00
砷	未检出	未检出
汞	未检出	未检出
铜	未检出	未检出
锰	未检出	未检出

2.5 氨基酸含量

扎溪卡绵羊公、母羊肌肉中共检测了18种氨基酸，7种必需氨基酸和11种非必需氨基酸。公、母羊必需氨基酸分别为7.46±0.03g/100g和7.50±0.14g/100g，非必需氨基酸分别为11.37±0.59g/100g和12.12±0.53g/100g，鲜味氨基酸分别为8.10±0.71g/100g和8.47±0.13g/100g，氨基酸总量分别为19.25±0.07g/100g和19.10±0.28g/100g，EAA/NEAA分别为65.71±3.17%和61.97±3.89%，EAA/TAA分别为38.75±0.29%和39.27±0.15%，见表11。

表11 扎溪卡绵羊肉中氨基酸含量　　　　　　　　　　　　单位：g/100g、%

氨基酸类型	♂		♀	
	含量（g/100g）	占总氨基酸（%）	含量（g/100g）	占总氨基酸（%）
必需氨基酸（EAA）	7.46±0.03	38.75±0.29	7.50±0.14	39.27±0.16
赖氨酸	1.80±0.01	9.35±0.11	1.81±0.04	9.45±0.06
亮氨酸	1.66±0.01	8.60±0.01	1.65±0.04	8.61±0.06
异亮氨酸	0.84±0.02	4.34±0.13	0.86±0.01	4.50±0.01
苯丙氨酸	0.79±0.01	4.10±0.06	0.80±0.01	4.19±0.01
缬氨酸	0.92±0.01	4.75±0.05	0.94±0.01	4.95±0.04
苏氨酸	0.89±0.01	4.60±0.05	0.89±0.02	4.63±0.04
蛋氨酸	0.58±0.00	3.01±0.01	0.56±0.01	2.93±0.03
非必需氨基酸（NEAA）	11.37±0.59	59.06±3.29	12.12±0.53	63.48±3.73
酪氨酸	0.71±0.01	3.66±0.02	1.20±0.19	6.31±0.37
丙氨酸	1.27±0.02	6.57±0.09	1.24±0.04	6.47±0.09
甘氨酸	0.91±0.03	4.73±0.13	0.89±0.01	4.64±0.03
天冬氨酸	1.99±0.02	10.31±0.07	1.95±0.03	10.21±0.00
谷氨酸	2.76±0.74	14.32±3.91	3.18±0.07	16.65±0.12
精氨酸	1.18±0.04	6.13±0.24	1.22±0.01	6.36±0.13
丝氨酸	0.81±0.01	4.21±0.06	0.80±0.01	4.19±0.01
胱氨酸	0.04±0.00	0.21±0.02	0.05±0.00	0.24±0.02
组氨酸	0.89±0.07	4.60±0.39	0.88±0.01	4.61±0.14
脯氨酸	0.77±0.03	4.00±0.13	0.67±0.03	3.51±0.10
色氨酸	0.06±0.00	0.32±0.01	0.06±0.00	0.30±0.00
鲜味氨基酸（FAA）	8.10±0.71	42.06±3.86	8.47±0.13	44.32±0.05
氨基酸总量（TAA）	19.25±0.07	100	19.10±0.28	100
EAA/NEAA	65.71±3.17		61.97±3.89	
EAA/TAA	38.75±0.29		39.27±0.15	

（二）繁殖性能

扎溪卡绵羊公羊性成熟 10 ～ 12 月龄，母羊性成熟 8 ～ 10 月龄，初配年龄为 18 ～ 21 月龄。每年 6 ～ 9 月母羊发情，发情周期为 19.5 ± 2.5d，发情持续 24 ～ 36h，放牧下自然交配，配种时间为 6 ～ 9 月，7 月集中配种。公、母羊配种比例为 1:35 ～ 40，妊娠期 152.5 ± 3.0d，当年 11 ～ 12 月和次年 1 ～ 2 月份产羔，一年一胎，一胎一羔，双羔极少，产羔率 80%。公、母羊初生重分别为 4.34 ± 1.18kg 和 4.12 ± 0.79kg，羔羊 150 ～ 180d 断奶，断奶成活率 85%。公羊利用年限为 8 ～ 9 岁，母羊为 7 ～ 8 岁。

（三）产毛性能

扎溪卡绵羊每年 7 月份剪毛一次，成年公羊可剪毛 0.94 ± 0.27kg、母羊可剪毛 0.82 ± 0.23kg、阉羊可剪毛 1.13 ± 0.3kg。毛辫长 10.0 ～ 13.6cm，细毛长 6.5 ～ 7.1cm。细毛占 19.3%，粗毛占 18%，两型毛占 15.7%，干死毛占 47%，净毛率 71.3%。

六、饲养管理

扎溪卡绵羊全年放牧，不分群，不补饲，夏秋季随草而居，冬春季在相对稳定的冬季牧场放牧和产羔。

图 4 放牧管理

七、品种保护

目前尚未建立扎溪卡绵羊保护区和保种场，未进行系统选育，农牧户处于自繁自养状态。

八、品种评价与利用

扎溪卡绵羊是在高海拔、寒冷的环境下，经过长期的自然和人工选择而形成的。该群体头颈、四肢杂色较多，体躯多为白色；体格较大，粗壮结实，头呈三角形，鼻隆起，耳大开张，体躯长，腰背微凹陷，胸宽深，呈圆桶状，四肢长而强健有力，尾短小，呈圆锥形，蹄质坚实。群体遗传变异程度较高（群体平均观察杂合度为 0.721），具有丰富的遗传多样性（群体平均 PIC 为 0.733）。

扎溪卡绵羊具有耐粗饲、抗逆性强、肉质细嫩和抗缺氧能力强等特点，适应于高海拔草原放牧的饲养管理。今后应制定长期的产业发展规划，建立核心育种场，加强本品种选育，统一体型和外貌特征，着重提高产肉性能。

勒通绵羊

勒通绵羊，属肉、毛兼用高原草地型绵羊类群。

一、一般情况

（一）产区及分布

勒通绵羊中心产区为四川省甘孜藏族自治州理塘县的禾尼乡和村戈乡，理塘县的高城、格木、德巫、拉波及雅江县的红龙等乡镇亦有分布。

（二）产区自然生态条件

理塘县位于甘孜藏族自治州西南部，金沙江与雅砻江之间，横断山脉中段，北纬28°57′～30°43′，东经99°19′～100°56′。最高海拔6 204m，最低海拔2 800m，海拔5 000m以上高山有20座。气候垂直变化显著，最低气温–30.6℃，最高气温25.6℃，年平均气温3.1℃，年降水量700mm左右，年均日照2 672h，无霜期50d。

全县总面积为1,366,700hm²，其中，草地面积为897,100hm²，占全县总面积的65.64%，可利用草地面积为708,929hm²，占草地面积的79.02%，草地植物种类丰富，可食牧草达200余种，主要牧草品种有高山蒿草、四川蒿草、黑花苔草等；耕地面积为4,266.67hm²，占全县总面积的0.30%，粮食作物以青稞、小麦、土豆、豌豆、玉米为主。

图1 放牧生态

二、品种来源与变化

（一）品种来源

据《西康之畜牧事业》（1942 年）记载，理塘地区绵羊多为纯牧业者饲之。该绵羊头、颈及胸部多呈片状棕褐色，尾短小。《四川省甘孜藏族自治州畜种资源》（1984）记载：古羌族是生活在理塘地区的古老民族之一，以养羊为主，绵羊肉、毛、皮和奶是当地牧民不可缺少的生产生活资料。因高山、河流阻隔和历史上的部落、土司制度的影响，经过长期的自然和人为选择，形成了具有地方特色的绵羊类群。理塘藏语称"勒通"，"勒"意为青铜，"通"意为草坝、地势平坦，全意为平坦如铜镜似的草坝，"勒通绵羊"由此得名。

（二）群体数量及变化情况

2005 年～2016 年期间，中心产区及分布区勒通绵羊存栏量的变化趋势见表 1。2010年相比于 2005 年，存栏量减少了 3 852 只，能繁育母羊减少了 3 704 只；2016 年纯种调查数量 67 533 只，能繁育母羊 37 239 只，相比于 2010 年，存栏量减少了 6 363 只，能繁育母羊增加了 5 233 只；近 15 年存栏量减少了 10 215 只，能繁育母羊增加了 2 159 只。

表 1 勒通绵羊存栏量变化趋势　　　　　　　　　　　　单位：只

类型	2005	2010	2016
存栏量	77748	73896	67533
能繁育母羊	35080	32006	37239
其他类型羊	42668	41890	30294

三、体型外貌特征

勒通绵羊头、颈、耳、胸部及四肢被毛为棕褐色，其他部位为白色，为典型的"五棕一白"特征。该绵羊体格大，体躯长，胸宽而深，背腰平直；头呈三角形，鼻微隆，耳小微垂；颈长短适中；尾短小，呈圆锥形；蹄质坚实；公、母羊均有角，角为扁平状螺旋形，母羊角向两侧伸张，公羊角向下伸张；公羊睾丸发育良好，母羊乳房匀称。

图 2 勒通绵羊（公）　　　　　　　　　　图 3 勒通绵羊（母）

四、体重及体尺

勒通绵羊公、母羊初生重分别为 2.41±0.36kg 和 2.31±0.34kg，6 月龄体重分别为 25.00±2.54kg 和 25.07±2.59kg，12 月龄体重分别为 35.42±2.75kg 和 32.10±4.10kg，成年羊体重分别为 55.01±6.13kg 和 49.44±7.31kg，见表 2。

表 2 勒通绵羊体重及体尺表 单位：只、kg、cm

年龄	性别	样本数	体重（kg）	体长（cm）	体高（cm）	胸围（cm）
初生	♂	72	2.41±0.36	—	—	—
	♀	89	2.31±0.34	—	—	—
6 月龄	♂	176	25.00±2.54	77.80±3.56	60.90±3.40	73.37±3.84
	♀	218	25.07±2.59	76.23±4.84	60.33±2.37	73.53±4.65
18 月龄	♂	164	35.42±2.75	84.61±4.28	69.56±3.91	87.26±4.88
	♀	189	32.10±4.10	82.45±5.39	68.26±4.02	84.14±4.89
30 月龄	♂	124	55.01±6.13	101.63±7.86	79.44±5.79	110.30±11.61
	♀	145	49.44±7.31	96.40±7.47	74.44±4.99	99.70±4.95

五、生产性能

（一）产肉性能和肉品质

1. 产肉性能

在中心产区随机选取发育良好、健康无疾病的周岁勒通公、母绵羊各 10 只进行屠宰测定。

1.1 屠宰前体重及体尺

勒通绵羊公、母羊屠宰前体重分别为 32.27±4.85kg 和 26.41±5.25kg，见表 3。

表 3 勒通绵羊屠宰前体重、体尺 单位：只、kg、cm

性别	样本	体重（kg）	体长（cm）	体高（cm）	胸围（cm）
♂	10	32.27±4.85	83.79±6.74	65.31±3.61	84.90±6.71
♀	10	26.41±5.25	77.75±3.88	61.88±5.91	77.06±7.42

1.2 屠宰性能

勒通绵羊公、母羊屠宰率分别为 47.02±1.72% 和 47.80±2.31%，净肉率分别为 35.95±1.37% 和 36.07±2.68%，腿臀比例分别为 24.85±1.09% 和 27.79±2.55%，见表 4。

表 4 勒通绵羊屠宰性能 单位：只、kg、%、mm、cm²

性状	♂（kg）	♀（kg）
样本数（只）	10	10
胴体重	15.22±2.65	12.72±3.03
净肉重	11.64±2.02	9.59±2.33
骨重	1.64±0.32	1.38±0.27
屠宰率（%）	47.02±1.72	47.80±2.31
净肉率（%）	35.95±1.37	36.07±2.68
胴体产肉率（%）	76.47±0.94	75.46±4.19

续表4 勒通绵羊屠宰性能

单位：只、kg、%、mm、cm²

性状	♂（kg）	♀（kg）
骨肉比	1:3.56	1:3.46
后腿重	3.77±0.61	3.48±0.60
腿臀比例值	24.85±1.09	27.79±2.55
GR值（mm）	1.86±1.20	1.81±0.45
眼肌面积（cm²）	14.77±3.35	12.62±3.23

1.3 副产物

勒通绵羊副产物测定见表5。

表5 勒通绵羊副产物

单位：只、kg、m²、g

性状	♂（kg）	♀（kg）
样本数（只）	10	10
头重	1.92±0.28	1.36±0.19
蹄重	0.68±0.08	0.58±0.09
皮重	3.82±0.44	3.14±0.58
皮张面积（m²）	0.61±0.05	0.53±0.09
心重（g）	190.71±15.39	160.00±22.04
肝重（g）	640.00±90.92	506.25±80.52
脾重（g）	34.71±13.78	32.79±10.39
肺重（g）	452.86±90.69	393.75±89.27
肾重（g）	107.14±16.77	92.25±14.16
胃净重（g）	1201.43±414.18	1005.00±207.98
肠净重（g）	1248.57±314.51	1078.75±323.75

1.4 胴体体尺

勒通绵羊公、母羊胴体长分别为59.79±2.93cm和56.44±3.30cm，见表6。

表6 勒通绵羊胴体体尺

单位：只、cm

性别	样本数	胴体长	胴体前宽	胴体后宽	半胴体围
♂	10	59.79±2.93	29.51±1.73	14.00±1.04	35.53±1.72
♀	10	56.44±3.30	27.56±2.01	14.00±1.13	33.63±2.92

2. 肉品质

2.1 肉品质及理化特性

勒通绵羊公、母羊剪切力分别为9.66±1.08N和8.54±1.39N，熟肉率分别为65.29±5.97%和64.30±1.77%，见表7。

表7 勒通绵羊肉品质及理化特性

单位：%

性状	♂	♀
样本数	10	10
pH$_{45min}$	6.02±0.13	6.21±0.20
剪切力（N）	9.66±1.08	8.54±1.39
熟肉率（%）	65.29±5.97	64.30±1.77
L	42.94±1.16	42.49±1.09
a	4.93±0.86	4.45±0.56
b	4.33±0.64	4.36±0.41

2.2 营养成分

勒通绵羊公、母羊肌肉中干物质含量分别为 27.10±1.56% 和 27.73±0.95%，脂肪含量分别为 4.90±0.26% 和 6.71±0.66%，蛋白质含量分别为 20.50±1.57% 和 19.43±1.40%，见表8。

表8 勒通绵羊营养成分 单位：%

性别	干物质	水分	灰分	脂肪	蛋白质
♂	27.10±1.56	72.90±1.56	1.14±0.05	4.90±0.26	20.50±1.57
♀	27.73±0.95	72.27±0.95	1.03±0.11	6.71±0.66	19.43±1.40

2.3 矿物质及胆固醇含量

勒通绵羊公、母羊肌肉中胆固醇含量分别为 76.61±1.44mg/100g 和 75.57±8.11mg/100g，钾含量分别为 0.28±0.02% 和 0.30±0.01%，钙含量分别为 53.47±6.07mg/kg 和 71.31±5.28mg/kg，铁含量分别为 20.27±1.72mg/kg 和 23.40±1.87mg/kg，锌含量分别为 17.51±3.57mg/kg 和 23.40±1.87mg/kg，见表9。

表9 勒通绵羊肌肉中矿物质及胆固醇含量 单位：%、mg/kg、mg/100g

类别	♂（mg/kg）	♀（mg/kg）
磷（%）	0.17±0.03	0.17±0.01
钾（%）	0.28±0.02	0.30±0.01
钠（%）	0.06±0.01	0.06±0.01
硒	0.02±0.00	0.02±0.00
钙	53.47±6.07	71.31±5.28
镁	211.00±14.91	218.67±3.05
铁	20.27±1.72	15.03±0.55
锌	17.51±3.57	23.40±1.87
胆固醇（mg/100g）	76.61±1.44	75.57±8.11

2.4 重金属含量

勒通绵羊公、母羊肌肉中均未检出砷、汞、铜和锰等重金属，铅、镉和铬等含量极低，见表10。

表10 勒通绵羊肌肉中重金属元素 单位：mg/kg

类别	♂（mg/kg）	♀（mg/kg）
铅	0.03±0.00	0.03±0.00
镉	0.0023±0.0003	0.0015±0.0002
铬	0.08±0.02	0.07±0.02
砷	未检出	未检出
汞	未检出	未检出
铜	未检出	未检出
锰	未检出	未检出

2.5 氨基酸含量

勒通绵羊公、母羊肌肉中共检测了18种氨基酸，7种必需氨基酸和11种非必需氨基酸。公、母羊必需氨基酸分别为 6.97±0.54g/100g 和 6.63±0.45g/100g，非必需氨基酸分别为 11.26±1.30g/100g 和 10.66±0.21g/100g，鲜味氨基酸分别为 8.04±0.48g/100g 和 7.58±0.37g/100g，氨基酸总量分别为 17.83±1.30g/100g 和 16.93±1.06g/100g，EAA/NEAA 分别为 63.01±2.98% 和 63.12±4.03%，EAA/TAA 分别为 39.09±0.28% 和 39.16±0.23%，见表 11。

表 11 勒通绵羊氨基酸含量

单位：g/100g、%

氨基酸类型	♂		♀	
	含量（g/100g）	占总氨基酸（%）	含量（g/100g）	占总氨基酸（%）
必需氨基酸（EAA）	6.97±0.54	39.09±0.28	6.63±0.45	39.16±0.23
赖氨酸	1.68±0.12	9.40±0.13	1.59±0.11	9.39±0.05
亮氨酸	1.53±0.12	8.56±0.06	1.45±0.09	8.58±0.03
异亮氨酸	0.81±0.07	4.52±0.04	0.76±0.06	4.49±0.05
苯丙氨酸	0.74±0.06	4.17±0.04	0.71±0.05	4.21±0.05
缬氨酸	0.88±0.07	4.93±0.04	0.84±0.06	4.98±0.05
苏氨酸	0.82±0.06	4.62±0.02	0.78±0.05	4.63±0.01
蛋氨酸	0.52±0.05	2.90±0.28	0.49±0.04	2.89±0.06
非必需氨基酸（NEAA）	11.26±1.30	63.01±2.97	10.66±0.21	63.12±4.03
酪氨酸	0.66±0.06	3.70±0.06	0.63±0.04	3.71±0.07
丙氨酸	1.17±0.09	6.58±0.04	1.10±0.07	6.50±0.08
甘氨酸	0.89±0.05	4.98±0.21	0.81±0.04	4.79±0.08
天冬氨酸	1.79±0.14	10.03±0.09	1.71±0.11	10.12±0.06
谷氨酸	3.04±0.05	17.09±0.47	2.88±0.10	17.01±0.50
精氨酸	1.14±0.07	6.41±0.08	1.08±0.02	6.38±0.13
丝氨酸	0.74±0.05	4.17±0.03	0.71±0.04	4.17±0.04
胱氨酸	0.04±0.00	0.23±0.02	0.04±0.00	0.23±0.02
组氨酸	1.07±0.07	5.85±0.54	1.04±0.04	6.27±0.59
脯氨酸	0.65±0.04	3.65±0.12	0.61±0.02	3.59±0.17
色氨酸	0.06±0.00	0.33±0.04	0.06±0.00	0.36±0.02
鲜味氨基酸（FAA）	8.04±0.48	45.09±0.60	7.58±0.37	44.79±0.64
氨基酸总量（TAA）	17.83±1.30	100	16.93±1.06	100
EAA/NEAA	63.01±2.98		63.12±4.03	
EAA/TAA	39.09±0.28		39.16±0.23	

（二）繁殖性能

勒通绵羊公羊性成熟 10～12 月龄，母羊性成熟 8～10 月龄，初配年龄为 12～18 月龄。每年 6～9 月母羊发情配种，发情周期为 19.0±3.0d，发情持续 24～36h。公、母羊自然交配比例为 1:20～25，妊娠期 152.0±2.5d，当年 11 月至翌年 2 月产羔，一年一胎，一胎一羔，羔羊 150～180d 断奶，断奶成活率 89%。公羊利用年限为 8～9 岁，母羊为 7～8 岁。

（三）产毛性能

勒通绵羊每年 7 月份剪毛一次，剪毛量见表 12。

表 12 勒通绵羊产毛性能

单位：只、kg

年龄	性别	样本数	产毛量
1.5 岁	♂	15	0.53±0.08
	♀	30	0.34±0.13
成年	♂	30	1.44±0.53
	♀	30	1.06±0.30

六、饲养管理

（一）放牧管理

勒通绵羊终年放牧，分冬春和夏秋草场。每年 6～10 月在海拔 4 000m 以上的夏秋草场放牧，其余时间在冬春草场放牧。公、母羊混群放牧，7 月剪毛一次。

图4 放牧管理

（二）断奶和去势

勒通绵羊 5～6 月龄断奶，公羔 6～7 月龄阉割去势。

（三）疫病预防

勒通绵羊每年春、秋进行羊梭菌、口蹄疫、布氏杆菌、炭疽等疫病的防治。使用阿维菌素和阿苯达唑进行驱虫。

（四）补饲

冬春季对弱畜和幼畜补饲青干草和青稞面，每年补盐 3～4 次。

七、品种保护

2017 年，在理塘县禾尼乡骡子沟建立了勒通绵羊保种选育基地，选育基础母羊 3 800 余只，种公羊 200 只。建立了配套羊舍、贮草库等基础设施。

八、品种评价

（一）评价

1. 适应性强

勒通绵羊适应高海拔、极度寒冷的恶劣环境（海拔 4 000m 以上），具有耐粗饲、抗逆性强等特点。

2. 外貌特征明显

勒通绵羊具有典型"五棕一白"特征，头、颈、耳、胸部及四肢被毛为棕褐色，其他部位为白色。

3. 遗传多样性丰富

勒通绵羊群体遗传变异程度较高（群体平均观察杂合度为 0.769），具有丰富的遗传多样性（群体平均 PIC 为 0.734）。

（二）利用

产区中心将制定长期的绵羊产业发展规划，建立保种和选育场，加强对勒通绵羊"五棕一白"体型外貌特征和提高产肉性能进行选育。

玛格绵羊

玛格绵羊，属肉、毛兼用的小型绵羊。甘孜州地方类群。

一、一般情况

（一）产区及分布

玛格绵羊中心产区位于四川省甘孜藏族自治州得荣县玛格山一带的日龙、曲雅贡、徐龙、古学和八日等乡镇。该县的茨巫、松麦、奔都、瓦卡、白松、斯闸，巴塘县的昌波、苏哇龙、德达、列衣、波戈溪、甲英，乡城县的正斗、然乌、洞松和稻城县的赤土等乡镇亦有分布。

（二）产区自然生态条件

产区地处北纬 28°09′～29°10′，东经 99°07′～99°34′，位于四川省西南部，属金沙江干旱河谷区。北部与巴塘、乡城县相连，东南与云南省香格里拉县相邻，西南与云南省德钦县毗邻，山川河流交错。

境内东西最大距离 44km，南北最大距离 112km，总面积 2 916km^2。地形、地貌复杂，地势呈北高南低。最高海拔 5 599m，最低海拔 1 990m，高山大峡谷占全县面积 96% 以上。属亚热带干旱河谷气候区。日照充足，年平均降水量为 363.3mm，蒸发量是年降水量的 6.5 倍。年均气温 14.6℃，最高气温 36℃，最低气温 –8.9℃，年均无霜期 243d 左右。

图 1 放牧生态

得荣县属于半农半牧县，耕地面积 4,213.53hm²，其中，灌溉水田 48.20hm²，占全县耕地面积的 1%，水浇地 2,352.09hm²，占全县耕地面积的 56%；旱地面积 1,813.24hm²，占得荣县耕地面积的 43%，主产玉米、青稞、小麦和荞子。全县草地 139,463.48hm²，占得荣县土地面积的 47%，其中，天然草地 139,361.77hm²，占全县牧草地的 99.9%，牧草主要有禾本科、豆科、菊科等。

二、品种来源与变化

（一）品种来源

据《得荣县志（2000）》记载：公元 7 世纪，松赞干布统治时期，现西藏自治区的阿里、江孜、贡布和江达等地的吐蕃人迁徙到现在的得荣县；公元 1451～1509 年间，云南纳西王向康南各地军事扩张时，纳西人在得荣县境内安居。吐蕃人、纳西人和当地土著人融合安居境内，带来的绵羊经过长期的驯化和人为选择，逐步形成了适应干旱河谷气候、耐粗饲、抗热和抗病力强的绵羊类群。由于主产区位于得荣县玛格山一带，故称玛格绵羊。

（二）群体数量及变化情况

2005～2015 年期间，中心产区存栏量的变化趋势见表 1。2010 年相比于 2005 年，存栏量减少了 5 851 只，能繁育母羊减少了 4 798 只；2015 年相比于 2010 年，存栏量增加了 130 只，能繁育母羊减少了 531 只。近 15 年，存栏量减少了 5 721 只，能繁育母羊减少了 4 789 只。分布区乡城和巴塘县 2005 年底存栏 7 951 只，2010 年底存栏 5 077 只，2015 年底存栏 5 112 只。2016 年资源调查纯种存栏 4 495 只，能繁育母羊 1 932 只，公羊 253 只。

表 1 玛格绵羊存栏量变化趋势　　　　　　　　　　　　　　　　　　　单位：只

类别	2005 年	2010 年	2015 年
存栏量	28365	22514	22644
能繁育母羊	12504	7706	7175
种公羊	855	522	485
其他	15006	14286	14984

三、体型外貌

玛格绵羊体格较小，结构紧凑，体躯呈圆桶状；头大小适中，颈短；胸宽和胸深适度，背腰平直，体躯匀称；尾短小，呈圆锥形；蹄质坚实；公羊睾丸发育良好，大小适中，母羊乳房匀称，柔软而有弹性。

玛格绵羊公、母羊头、颈、耳部毛色为黑色，其余部位为白色，少部分个体四肢有黑色斑点。公、母羊多为无角，公羊无角个体占 72.4%，母羊无角个体占 77.0%；有角的个体角小，呈黑色，公羊角略粗大，母羊角细而短。

图2 玛格绵羊（公）

图3 玛格绵羊（母）

表2 玛格绵羊有无角调查

单位：只、%

性别	样本数	有角	无角	无角百分比
♀	682	157	525	77.0
♂	254	70	184	72.4

四、体重及体尺

玛格绵羊公、母羊初生重分别为 1.52±0.09kg 和 1.75±0.12kg，6 月龄体重分别为 9.76±1.58kg 和 9.52±1.92kg，12 月龄体重分别为 18.89±1.68kg 和 17.74±2.09kg，成年体重分别为 45.48±4.34kg 和 38.84±3.89kg，见表3。

表3 玛格绵羊体重及体尺表

单位：只、kg、cm

性别	年龄	样本数	体重（kg）	体长（cm）	体高（cm）	胸围（cm）
初生	♂	63	1.52±0.09	—	—	—
	♀	98	1.75±0.12	—	—	—
6月龄	♂	153	9.76±1.58	57.88±4.49	47.84±3.04	52.69±3.22
	♀	201	9.52±1.92	57.42±4.56	47.00±2.84	51.82±3.96
周岁	♂	136	18.89±1.68	75.97±5.75	56.06±6.56	72.48±8.17
	♀	185	17.74±2.09	71.64±5.48	54.06±3.99	64.20±5.17
成年	♂	75	45.48±4.34	91.26±6.97	68.94±7.68	90.84±6.72
	♀	139	38.84±3.89	86.75±7.32	63.37±6.62	86.45±8.36

五、生产性能

（一）产肉性能和肉品质

1. 产肉性能

随机选择发育良好、健康无疾病的 12 月龄玛格绵羊公、母各 10 只进行屠宰测定。

1.1 屠宰前体重及体尺

玛格绵羊公、母羊体重分别为 19.96±4.05kg 和 15.63±2.84kg，详见表4。

表 4 玛格绵羊屠宰前体重、体尺　　　　　　　　　单位：只、kg、cm

性别	样本	体重（kg）	体长（cm）	体高（cm）	胸围（cm）
♂	10	19.96±4.05	76.56±6.15	57.78±2.86	72.72±6.90
♀	10	15.63±2.84	71.25±4.44	55.13±3.00	63.69±7.05

1.2 屠宰性能

玛格绵羊公、母羊屠宰率分别为 45.15±2.69%、45.61±1.98%，净肉率分别为 34.51±2.07%、33.72±1.79%，腿臀比例分别为 27.15±2.37%、27.76±1.05%，见表 5。

表 5 玛格绵羊屠宰性能　　　　　　　　　单位：只、kg、%、mm、cm²

性状	♂（kg）	♀（kg）
样本数（只）	10	10
胴体重	8.94±1.54	7.15±1.51
净肉重	6.84±1.21	5.27±1.19
骨重	2.15±0.34	1.81±0.35
屠宰率（%）	45.15±2.69	45.61±1.98
净肉率（%）	34.51±2.07	33.72±1.79
胴体产肉率（%）	76.43±1.27	73.53±1.19
骨肉比	3.18:1.00	2.90:1.00
后腿重	2.41±0.37	1.99±0.43
腿臀比例值	27.15±2.37	27.76±1.05
GR 值（mm）	2.31±0.79	1.05±0.23
眼肌面积（cm²）	9.29±2.01	7.47±1.15

1.3 副产物

玛格绵羊副产物测定见表 6。

表 6 玛格绵羊副产物　　　　　　　　　单位：只、kg、cm²、g

性状	♂（kg）	♀（kg）
样本数	10	10
头重	1.25±0.22	1.23±0.22
蹄重	0.46±0.06	0.43±0.06
皮重	1.53±0.27	1.33±0.24
皮张面积（cm²）	3600±700	3200±500
心重（g）	112.08±23.27	85.60±14.78
肝重（g）	374.82±97.54	283.78±61.25
脾重（g）	29.37±9.06	22.69±4.61
肺重（g）	347.90±49.52	279.74±56.89
肾重（g）	60.09±11.88	51.83±8.72
胃净重（g）	761.74±335.00	585.41±112.47
肠净重（g）	848.80±218.77	612.54±116.47

1.4 胴体体尺

玛格绵羊公、母羊胴体长分别为 54.00±4.82cm 和 50.13±6.02cm，见表 7。

表 7 玛格绵羊胴体体尺 单位：只、cm

性别	样本数	胴体长	胴体前宽	胴体后宽	半胴体围
♂	10	54.00±4.82	25.50±2.29	12.94±1.26	30.94±2.59
♀	10	50.13±6.02	23.23±1.88	11.81±1.25	28.25±2.41

2. 肉品质

2.1 肉品质及理化特性

玛格绵羊公、母羊剪切力分别为 9.43 ± 1.23N 和 9.22 ± 1.17N，熟肉率分别为 66.15 ± 1.73% 和 65.36 ± 2.03%，见表 8。

表 8 玛格绵羊肉品质及理化特性 单位：只、N、%

性状	♂	♀
样本数	10	10
pH_{45min}	6.32±0.24	6.35±0.21
剪切力（N）	9.43±1.23	9.22±1.17
熟肉率（%）	66.15±1.73	65.36±2.03
L	42.91±1.09	43.60±0.51
a	3.69±0.58	4.27±0.49
b	4.04±0.50	4.64±0.34

2.2 营养成分

玛格绵羊公、母羊肌肉中干物质含量分别为 24.90 ± 1.65% 和 28.93 ± 1.36%，脂肪含量分别为 3.03 ± 0.42% 和 8.00 ± 0.65%，蛋白质含量分别为 20.13 ± 1.08% 和 19.07 ± 1.36%，见表 9。

表 9 玛格绵羊肌肉中营养成分 单位：%

性别	干物质	水分	灰分	脂肪	蛋白质
♂	24.90±1.65	75.10±1.65	1.12±0.11	3.03±0.42	20.13±1.08
♀	28.93±1.36	71.07±1.36	0.95±0.12	8.00±0.65	19.07±1.36

2.3 矿物质及胆固醇含量

玛格绵羊公、母羊肌肉中胆固醇含量分别为 78.43 ± 3.77mg/100g 和 78.27 ± 4.94mg/100g，钙含量分别为 52.10 ± 5.68mg/kg 和 51.97 ± 3.00mg/kg，镁含量分别为 209.67 ± 21.96mg/kg 和 211.33 ± 4.51mg/kg，铁含量分别为 13.43 ± 2.29mg/kg 和 15.93 ± 1.44mg/kg，锌含量分别为 24.80 ± 3.73mg/kg 和 30.73 ± 2.35mg/kg，见表 10。

表 10 玛格绵羊肌肉中矿物质及胆固醇含量 单位：%、mg/kg、mg/100g

类别	♂（mg/kg）	♀（mg/kg）
磷（%）	0.16±0.02	0.15±0.01
钾（%）	0.31±0.02	0.26±0.01
钠（%）	0.06±0.01	0.06±0.01
硒	0.06±0.01	0.05±0.01
钙	52.10±5.68	51.97±3.00
镁	209.67±21.96	211.33±4.51
铁	13.43±2.29	15.93±1.44
锌	24.80±3.73	30.73±2.35
胆固醇（mg/100g）	78.43±3.77	78.27±4.94

2.4 重金属含量

玛格绵羊公、母羊肌肉中未检出砷、汞、铜和锰等，铅、镉和铬等含量极低，见表11。

表 11 玛格绵羊肌肉中重金属元素   单位：mg/kg

类别	♂ （mg/kg）	♀ （mg/kg）
铅	0.025±0.005	0.030±0.006
镉	0.0029±0.0004	0.0012±0.0000
铬	0.070±0.009	0.053±0.004
砷	未检出	未检出
汞	未检出	未检出
铜	未检出	未检出
锰	未检出	未检出

2.5 氨基酸含量

玛格绵羊公、母羊肌肉中共检测了18种氨基酸，7种必需氨基酸和11种非必需氨基酸。公、母羊必需氨基酸分别为6.91±0.44g/100g和6.55±0.43g/100g，必需氨基酸分别为10.75±0.55g/100g和10.25±0.47g/100g，鲜味氨基酸分别为7.90±0.43g/100g和7.53±0.35g/100g，氨基酸总量分别为17.57±0.99g/100g和16.77±0.90g/100g，EAA/NEAA分别为64.24±0.97%和63.90±1.40%，EAA/TAA分别为39.31±0.40%和39.07±0.52%，见表12。

表 12 玛格绵羊肌肉中氨基酸含量   单位：g/100g、%

氨基酸类型	♂ 含量 （g/100g）	♂ 占总氨基酸（%）	♀ 含量 （g/100g）	♀ 占总氨基酸（%）
必需氨基酸 /EAA	6.91±0.44	39.31±0.40	6.55±0.43	39.07±0.52
赖氨酸	1.66±0.11	9.43±0.09	1.58±0.10	9.44±0.09
亮氨酸	1.51±0.10	8.61±0.12	1.43±0.10	8.52±0.16
异亮氨酸	0.80±0.05	4.57±0.06	0.76±0.06	4.53±0.09
苯丙氨酸	0.74±0.05	4.19±0.04	0.70±0.05	4.17±0.06
缬氨酸	0.87±0.05	4.93±0.09	0.83±0.05	4.95±0.03
苏氨酸	0.82±0.06	4.65±0.05	0.77±0.05	4.59±0.04
蛋氨酸	0.51±0.04	2.92±0.07	0.48±0.04	2.86±0.07
非必需氨基酸 /NEAA	10.75±0.55	61.19±0.31	10.25±0.47	61.16±0.53
酪氨酸	0.66±0.05	3.74±0.06	0.62±0.04	3.70±0.04
丙氨酸	1.14±0.06	6.51±0.04	1.09±0.06	6.50±0.08
甘氨酸	0.84±0.03	4.77±0.27	0.83±0.04	4.98±0.36
天冬氨酸	1.78±0.11	10.13±0.08	1.69±0.09	10.06±0.00
谷氨酸	3.01±0.17	17.14±0.11	2.84±0.15	16.94±0.06
精氨酸	1.13±0.08	6.43±0.14	1.08±0.06	6.46±0.02
丝氨酸	0.73±0.05	4.17±0.05	0.69±0.04	4.14±0.01
胱氨酸	0.04±0.00	0.24±0.02	0.04±0.00	0.23±0.01
组氨酸	0.70±0.06	3.98±0.14	0.69±0.08	4.09±0.23
脯氨酸	0.66±0.02	3.75±0.30	0.62±0.02	3.73±0.32
色氨酸	0.06±0.00	0.33±0.04	0.06±0.00	0.33±0.03
鲜味氨基酸 /FAA	7.90±0.43	44.98±0.35	7.53±0.35	44.94±0.50
氨基酸总量 /TAA	17.57±0.99	100	16.77±0.90	100
EAA/NEAA	64.24±0.97		63.90±1.40	
EAA/TAA	39.31±0.40		39.07±0.52	

（二）繁殖性能

玛格绵羊初配年龄为 12 ～ 18 月龄。每年 6 ～ 9 月母羊发情配种，发情周期为 18.0±2.5d，发情持续 24 ～ 36h，自然交配。公、母羊配种比例为 1:15 ～ 20，妊娠期 149.0±2.5d，产冬羔和春羔，一年一胎，一胎一羔，羔羊 120 ～ 150d 断奶，断奶成活率 79%。公羊利用年限为 8 ～ 9 岁，个别优良种公羊可利用至 10 岁，母羊为 7 ～ 8 岁。

（三）产毛性能

玛格绵羊每年 5 月剪毛一次，剪毛量见表 13。

表 13 玛格绵羊产毛量 单位：只、kg

年龄	性别	样本数	产毛量
成年	♂	42	1.75±0.25
	♀	181	1.49±0.24

六、饲养管理

（一）放牧管理

玛格绵羊终年放牧，每年 4 ～ 9 月份到高山夏秋季草场放牧，10 月至翌年 3 月份到冬春季草场放牧。

图 4 放牧管理

（二）断奶和去势

玛格绵羊羔羊 4 ～ 5 月龄断奶，公羊 6 ～ 12 月龄阉割去势。

（三）疫病预防

每年春、秋两季对玛格绵羊进行羊梭菌、口蹄疫、布氏杆菌、炭疽等疫病的防治。使用阿维菌素和阿苯达唑进行驱虫。

（四）补饲

使用玉米秸秆、青干草、玉米、青稞作为草料和精料补饲。

七、品种保护和研究利用

玛格绵羊尚未划定保护区，未建立保种场，也未开展系统选育。下一步中心产区将制定保种选育方案，提高产肉性能和繁殖性能。

八、品种评价

（一）适应干旱河谷的小型绵羊类群

玛格绵羊产区属干旱河谷自然生态气候，年降水量仅为 363.3mm，而蒸发量 2 100mm，公、母羊成年体重仅为 45.48kg 和 38.84kg，善攀爬，是具有耐粗饲、耐干旱、抗热、抗病力强的小型绵羊类群。

（二）外貌特征一致

玛格绵羊公、母羊头部、颈部毛色为黑色，其余部位为白色，少部分个体四肢有黑色斑点；公、母羊多为无角；体格较小，结构紧凑，体躯呈圆桶状；头大小适中，颈短；背腰平直，体躯匀称；尾短小，呈圆锥形；蹄质坚实。

（三）遗传多样性丰富

根据线粒体 DNA 分析，群体遗传变异程度较高（群体平均观察杂合度为 0.642），遗传多样性丰富（群体平均 PIC 为 0.706）。

贡嘎绵羊

贡嘎绵羊，属肉、毛兼用的谷地型绵羊地方类群。

一、一般情况

（一）产区及分布

贡嘎绵羊的中心产区位于四川省甘孜藏族自治州泸定县的燕子沟镇、得妥镇和加郡乡。康定市和九龙县的部分乡镇也有分布。

（二）产区自然生态条件

泸定县位于四川省甘孜藏族自治州东南部，北纬29°54′～30°10′，东经101°46′～102°25′，海拔高度900～2 300m，全县辖区面积2 165.35km²，东西宽58.1km，南北最长71.5km。

泸定县属于典型干旱河谷气候，年均气温16.5℃，最冷月平均气温6.3℃，最热月气温平均22.8℃，极端最高气温36.4℃，极端最低气温−5℃，大于或等于10℃的活动积温4768℃；无霜期279d，年降雨639.8mm，且分配不均，年蒸发量1 480.9mm，为降雨量的2.3倍；年日照时数达1 150.5h。

图1 放牧生态

泸定县属于大渡河流域的河谷地带。该河谷地带有高山峡谷繁茂的森林、灌丛，有草地 62,000hm²，生长有芸香草、狗尾草、白茅、旱茅和草地早熟禾等草本植物，并形成一定盖度，便于绵羊爬山穿林采食。

二、品种来源与变化

（一）品种来源

贡嘎绵羊主产于贡嘎山麓东南地带，由藏族人民和彝族人民迁徙到该地区，将带来的羊只经过长期的生态环境的自然选择和人民群众的人工选择而逐步形成。据《泸定县志》记载，周秦时期，筰人部落各有其"君长"，一部分继续游牧，随畜迁徙，另一部分除游牧外，还经营农业，逐渐成为"土著"，因此，在先秦时期，泸定县境内的人民群众的生活方式已由放牧方式向定居的农业方式转变。

1871 年之后，凉山地区的个别彝族迁徙而来，特别是 1914 年的"拉库起义"后，迁徙到泸定县的得妥、磨西和新兴等地及九龙县的三区、四区的彝人越来越多，同时，也带来了他们生活的依靠 — 绵羊，逐步由游牧文化的藏民族的放养方式向农耕文化的汉、彝民族饲养方式的转变，形成了适应在高山、峡谷和灌木林中与当地山羊混群放牧。该绵羊成为耐寒、耐粗饲、抗病力强的谷地型绵羊群体。

（二）群体数量及变化情况

2005 年～ 2016 年期间，贡嘎绵羊中心产区及饲养区的存栏量的变化趋势见表 1。2010年相比于 2005 年，贡嘎绵羊的存栏量减少了 3 843 只，能繁育母羊减少了 464 只。2016 年相比于 2010 年，存栏量减少了 7 087 只，能繁育母羊减少了 4 103 只。近 15 年中，贡嘎绵羊存栏量减少了 10 930 只，能繁育母羊减少了 4 567 只。2016 年调查纯种数量 14 285 只，其中，能繁育母羊 7 860 只，配种公羊 605 只。

表 1 贡嘎绵羊存栏量变化趋势　　　　　　　　　　单位：只

类别	2005 年	2010 年	2016 年
存栏量	37127	33284	14285
能繁育母羊	14642	14178	7860
种公羊	732	709	393
其他类型羊	16753	18397	16122

三、体型外貌

贡嘎绵羊被毛以白色为主，头有褐色等；体格中等，体躯紧凑，呈圆桶状；头大小适中，额平，鼻部隆起，耳平直，公羊角多为螺旋形，母羊多为镰刀形，颈粗，背平直，四肢细高，尾短小，呈圆锥形，蹄质坚实；公羊睾丸发育良好，大小适中、对称，母羊乳房匀称，柔软而有弹性。

图2 贡嘎绵羊（公）   图3 贡嘎绵羊（母）

四、体重及体尺

贡嘎绵羊公、母羊初生重分别为 2.65±0.23kg 和 2.32±0.13kg，6 月龄体重分别为 21.54±3.59kg 和 20.25±3.06kg，周岁体重分别为 32.88±6.08kg 和 25.29±5.50kg，成年体重分别为 49.75±6.08kg 和 41.20±4.16kg，见表2。

表2 贡嘎绵羊体重及体尺表

单位：只、kg、cm

性别	年龄	样本数	体重（kg）	体长（cm）	体高（cm）	胸围（cm）
初生	♂	19	2.65±0.23	—	—	—
	♀	27	2.32±0.13	—	—	—
6月龄	♂	78	21.54±3.59	78.86±3.27	58.72±7.91	70.31±5.64
	♀	102	20.25±3.06	77.22±3.38	54.66±3.12	70.31±4.45
12月龄	♂	122	32.88±6.08	87.95±3.87	67.48±3.40	84.95±5.48
	♀	156	25.29±5.50	82.89±3.03	60.44±4.86	77.56±4.91
成年	♂	94	49.75±6.08	94.60±4.99	71.5±2.74	92.05±7.01
	♀	148	41.20±4.16	89.03±9.70	64.9±3.17	88.25±4.15

五、生产性能

（一）产肉性能和肉品质

1. 产肉性能

1.1 屠宰前体重及体尺

贡嘎绵羊公、母羊体重分别为 34.17±4.11kg 和 25.52±2.24kg，见表3。

表3 贡嘎绵羊屠宰前体重及体尺

单位：只、kg、cm

性别	样本	体重（kg）	体长（cm）	体高（cm）	胸围（cm）
♂	10	34.17±4.11	89.33±4.04	67.67±5.13	84.67±2.31
♀	10	25.52±2.24	82.80±1.92	60.60±3.78	76.78±2.37

1.2 屠宰性能

贡嘎绵羊公、母羊屠宰率分别为 45.00±1.10% 和 44.64±3.95%，净肉率分别为 33.91±1.56% 和 31.81±3.48%，腿臀比例分别为 25.66±1.44% 和 24.28±2.70%，见表4。

表4 贡嘎绵羊屠宰性能 单位：只、kg、%、mm、cm²

性状	♂（kg）	♀（kg）
样本数	10	10
胴体重	15.42±1.77	11.44±1.87
净肉重	11.54±0.98	8.18±1.62
骨重	3.94±0.32	3.40±0.64
屠宰率（%）	45.00±1.10	44.64±3.95
净肉率（%）	33.91±1.56	31.81±3.48
胴体产肉率（%）	76.00±3.47	73.06±4.50
骨肉比	1:3.26	1:3.06
后腿重	3.98±0.33	2.74±0.13
腿臀比例值	25.66±1.44	24.28±2.70
GR值（mm）	5.67±2.36	4.62±1.95
眼肌面积（cm²）	12.91±0.42	12.26±0.60

1.3 副产物

贡嘎绵羊副产物测定见表5。

表5 贡嘎绵羊副产物 单位：只、kg、m²、g

性状	♂（kg）	♀（kg）
样本数（只）	10	10
头重	1.97±0.21	1.43±0.06
蹄重	0.93±0.08	0.66±0.08
皮重	3.49±0.20	2.47±0.11
皮张面积（m²）	0.61±0.03	0.50±0.05
心重（g）	154.03±22.17	113.64±14.72
肝重（g）	653.33±113.11	420.08±159.13
脾重（g）	47.27±7.23	29.56±4.01
肺重（g）	556.90±137.09	467.12±76.98
肾重（g）	116.37±9.66	88.54±17.55
胃净重（g）	1340.00±334.07	960.00±234.95
肠净重（g）	1366.7.00±208.17	1040.00±132.66

1.4 胴体体尺

贡嘎绵羊公、母羊胴体长分别为 66.00±2.00cm 和 60.40±3.91cm，见表6。

表6 贡嘎绵羊胴体体尺 单位：只、cm

性别	样本数	胴体长	胴体前宽	胴体后宽	半胴体围
♂	10	66.00±2.00	26.17±1.53	12.80±1.60	32.00±3.61
♀	10	60.40±3.91	24.20±1.15	12.17±2.08	31.20±0.76

2. 肉品质

2.1 肉品质及理化特性

公、母羊剪切力分别为 8.73±1.13N 和 8.05±1.65N，熟肉率分别为 65.03±1.68%

和 64.73 ± 2.32%，见表 7。

表 7 贡嘎绵羊肉品质及理化特性

单位：只、N、%

性状	♂	♀
样本数	10	10
pH$_{45min}$	6.26±0.13	6.28±0.19
剪切力（N）	8.73±1.13	8.05±1.65
熟肉率（%）	65.03±1.68	64.73±2.32
L	43.06±0.40	43.66±1.07
a	3.53±0.35	3.58±1.07
b	4.33±0.33	4.19±0.54

2.2 营养成分

贡嘎绵羊公、母羊肌肉中干物质含量分别为 26.00 ± 1.32% 和 26.20 ± 0.71%，脂肪含量分别为 3.70 ± 0.29% 和 3.35 ± 0.24%，蛋白质含量分别为 20.60 ± 0.82% 和 21.55 ± 0.49%，见表 8。

表 8 贡嘎绵羊肌肉中营养成分

单位：%

性别	干物质	水分	灰分	脂肪	蛋白质
♂	26.00±1.32	74.00±1.32	1.11±0.23	3.70±0.29	20.60±0.82
♀	26.20±0.71	73.80±0.71	1.11±0.17	3.35±0.24	21.55±0.49

2.3 矿物质及胆固醇含量

贡嘎绵羊公、母羊肌肉中胆固醇含量分别为 73.80 ± 5.78mg/100g 和 85.65 ± 8.27mg/100g，磷含量分别为 0.18 ± 0.01% 和 0.18 ± 0.01%，钾含量分别为 0.30 ± 0.02% 和 0.30 ± 0.01%，钠含量分别为 0.06 ± 0.00% 和 0.05 ± 0.00%，硒含量分别为 0.02 ± 0.00mg/kg 和 0.02 ± 0.00mg/kg，钙含量分别为 46.30 ± 0.32mg/kg 和 48.45 ± 0.35mg/kg，镁含量分别为 241.00 ± 5.29mg/kg 和 238.50 ± 6.36mg/kg，铁含量分别为 15.80 ± 3.19mg/kg 和 14.65 ± 2.47mg/kg，锌含量分别为 16.90 ± 2.87mg/kg 和 18.15 ± 3.04mg/kg，见表 9。

表 9 贡嘎绵羊肌肉中矿物质及胆固醇含量

单位：%、mg/kg、mg/100g

类别	♂（mg/kg）	♀（mg/kg）
磷（%）	0.18±0.01	0.18±0.01
钾（%）	0.30±0.02	0.30±0.01
钠（%）	0.06±0.00	0.05±0.00
硒	0.02±0.00	0.02±0.00
钙	46.30±0.32	48.45±0.35
镁	241.00±5.29	238.50±6.36
铁	15.80±3.19	14.65±2.47
锌	16.90±2.87	18.15±3.04
胆固醇（mg/100g）	73.80±5.78	85.65±8.27

2.4 重金属含量

贡嘎绵羊公、母羊肌肉中未检出砷、汞、铜和锰等。公、母羊肌肉中铅的含量分别为 0.015 ± 0.001mg/kg 和 0.015 ± 0.002mg/kg，镉的含量分别为 0.0018 ± 0.0000mg/kg 和 0.0012 ± 0.0000mg/kg，铬的含量分别为 0.063 ± 0.005mg/kg 和 0.079 ± 0.004mg/kg，见表 10。

表 10 贡嘎绵羊肌肉中重金属元素

单位: mg/kg

类别	♂ (mg/kg)	♀ (mg/kg)
铅	0.015±0.001	0.015±0.002
镉	0.0018±0.0000	0.0012±0.0000
铬	0.063±0.005	0.079±0.004
砷	未检出	未检出
汞	未检出	未检出
铜	未检出	未检出
锰	未检出	未检出

2.5 氨基酸含量

贡嘎绵羊公、母羊肌肉中共检测出 18 种氨基酸，7 种必需氨基酸和 11 种非必需氨基酸。公、母羊必需氨基酸分别为 6.94±0.34g/100g 和 7.29±0.23g/100g，必需氨基酸分别为 10.83±0.42g/100g 和 11.42±0.25g/100g，鲜味氨基酸分别为 7.84±0.20g/100g 和 8.32±0.15g/100g，氨基酸总量分别为 17.70±0.78g/100g 和 18.65±0.49g/100g，EAA/NEAA 分别为 64.10±0.82% 和 63.85±0.59%，EAA/TAA 分别为 39.21±0.56% 和 39.09±0.18%，见表 11。

表 11 贡嘎绵羊肌肉中氨基酸含量

单位: g/100g、%

氨基酸类型	♂		♀	
	含量 (g/100g)	占总氨基酸 (%)	含量 (g/100g)	占总氨基酸 (%)
必需氨基酸 (EAA)	6.94±0.34	39.21±0.28	7.29±0.23	39.09±0.18
赖氨酸	1.69±0.08	9.55±0.07	1.77±0.06	9.49±0.05
亮氨酸	1.52±0.03	8.59±0.00	1.60±0.04	8.58±0.00
异亮氨酸	0.79±0.02	4.46±0.02	0.83±0.03	4.45±0.03
苯丙氨酸	0.73±0.02	4.12±0.03	0.77±0.03	4.13±0.04
缬氨酸	0.87±0.03	4.92±0.02	0.91±0.03	4.88±0.02
苏氨酸	0.82±0.03	4.63±0.03	0.86±0.03	4.61±0.03
蛋氨酸	0.52±0.01	2.94±0.15	0.55±0.01	2.95±0.18
非必需氨基酸 (NEAA)	10.83±0.42	61.17±0.35	11.42±0.25	61.22±0.29
酪氨酸	0.65±0.11	3.67±0.12	0.69±0.02	3.67±0.02
丙氨酸	1.14±0.04	6.44±0.12	1.22±0.02	6.52±0.06
甘氨酸	0.81±0.01	4.58±0.13	0.90±0.02	4.80±0.24
天冬氨酸	1.81±0.06	10.23±0.05	1.90±0.04	10.19±0.04
谷氨酸	2.99±0.08	16.89±0.01	3.13±0.07	16.78±0.00
精氨酸	1.09±0.05	6.16±0.03	1.18±0.04	6.30±0.02
丝氨酸	0.74±0.04	4.18±0.02	0.76±0.02	4.16±0.00
胱氨酸	0.06±0.00	0.34±0.02	0.04±0.00	0.24±0.02
组氨酸	0.78±0.02	4.41±0.02	0.83±0.03	4.45±0.03
脯氨酸	0.70±0.01	3.95±0.01	0.71±0.02	3.78±0.01
色氨酸	0.06±0.00	0.32±0.02	0.06±0.00	0.33±0.01
鲜味氨基酸 (FAA)	7.84±0.20	44.29±0.45	8.32±0.15	44.59±0.39
氨基酸总量 (TAA)	17.70±0.78	100	18.65±0.49	100
EAA/NEAA	64.10±0.82		63.85±0.59	
EAA/TAA	39.21±0.56		39.09±0.18	

（二）繁殖性能

贡嘎绵羊公羊性成熟 10～12 月龄，母羊性成熟 8～9 月龄，公羊初配月龄为 18 月龄，母羊为 10～12 月龄，每年 6～9 月母羊发情，发情周期为 18.0±3.0d，发情持续 36～48h，放牧条件下自然交配，配种时间为 6～9 月，7 月集中配种。公、母羊配种比例为 1:40～45，妊娠期 150.0±3.5d，当年 11～12 月和次年 1～2 月份产羔，一年一胎，一胎一羔，双羔极少，个别母羊一年 2 胎，产羔率 88%，羔羊 120～150d 断奶，断奶成活率 85%～90%。公羊利用年限为 8～9 岁，母羊为 7～8 岁。

（三）产毛性能

贡嘎绵羊 12 月龄公母羊剪毛量分别为 0.73±0.04kg 和 0.61±0.06kg，成年公母羊分别为 1.05±0.09kg 和 0.81±0.05kg，见表 12。

表 12 贡嘎绵羊产毛量　　　　　　　　　　　　　　　单位：只、kg

年龄	性别	样本数	产毛量
12 月龄	♂	21	0.73±0.04
12 月龄	♀	80	0.61±0.06
成年	♂	20	1.05±0.09
成年	♀	80	0.81±0.05

六、饲养管理

贡嘎绵羊在海拔 1 000m 以上的半高山、高山荒山草坡上放牧，冬、春季半高山放牧，夏秋季到海拔 2 500m 以上高山草场放牧。白天管理人员跟群放牧，晚上集中收回圈内。夏、

图 4　放牧管理

秋季的羊舍是凉爽的漏粪式圈舍，冬、春季是保暖的地圈。冬季常利用玉米补饲，主要对产羔母羊和体弱羊进行补饲。每月饲喂1次盐水。羔羊随母放牧，6月龄断奶，公羔羊2～4月龄阉割去势。剪毛一年两次，一般为3月～5月和9～10月。羊结膜炎、羊蜱蝇等内外寄生虫对该羊危害较大，应加强疫病防治并做好驱虫。

七、品种保护

产区中心尚未建立保护区和保种场，未进行系统选育，处于农牧户自繁自养状态。

八、品种评价与利用

贡嘎绵羊是在典型的干旱河谷的环境下，经过长期的自然和人工选择而形成的。该群体被毛以白色为主，头有褐色、黑色等；体格大，体躯紧凑，呈圆桶状；公羊角粗壮，为螺旋形，母羊角扁平，镰刀形是其典型的特点；颈部细长，背平直，四肢细高，尾短小，呈圆锥形，蹄质坚实。群体遗传变异程度较高（群体平均观察杂合度为0.674），具有丰富的遗传多样性（群体平均PIC为0.682）。

贡嘎绵羊具有耐粗饲、抗逆性强、肉品质好和性情温顺等特点，适宜于半高山放牧的饲养管理。今后应制定发展规划，开展系统选育，建立核心群和保种区，加强本品种选育，重点提高产肉性能。

丹巴黑绵羊

丹巴黑绵羊，属于肉、毛兼用的小型谷地型绵羊类群。

一、一般情况

（一）产区及分布

丹巴黑绵羊主要繁衍生息在丹巴县大渡河流域及其支流沿岸海拔 2 500m 以下的河谷地带，中心产区是巴底、巴旺、岳扎、半扇门、聂呷、梭坡、东谷七个乡的半山和半高山地区，其次为河谷两岸河坝的农区。绵羊在本地主要用于皮张、羊毛，其次是为人们提供肉食和农业生产需要的肥料。

（二）产区自然生态条件

丹巴县位于四川省西部，地处青藏高原东南边缘，邛崃山脉西坡，甘孜藏族自治州东部，辖区面积 5 649km²。东与阿坝州小金县接壤，南与康定市交界，西与道孚县毗邻，北与阿坝州金川县相连，是川西高山峡谷的一部分。北纬 30°24′ ～ 31°23′，东经 101°17′ ～ 102°12′，系大渡河畔第一城，也是甘孜州的东大门。县境内高山对峙，河流纵横，牦牛河、革什扎河、大金河、小金河、交汇成大渡河，属典型的高山峡谷地貌，形成了丰富的放牧草山草坡资源。现有耕地 39 515 亩，退耕还林（还草）78 000 亩。辖 15 个乡（镇），181 个行政村，总人口 6.02 万人，其中农牧业人口 5.37 万人。

丹巴县山脉多为南北走向，地势西高东低，北高南低，相对高差 4 120m，属青藏高原季风性气候太阳辐射强烈，日照时间长，呈垂直带分布。山顶与河谷的气温相差 24℃ 以上，年平均气温 14.2℃，1 月平均温度 4.4℃，8 月最热平均温度 22.4℃，无霜期 316d，年降雨量 500 ～ 660mm，日照充足，冬无严寒，夏无酷暑，年平均气温 14℃ ～ 18℃，日照、光辐射充足，日照数一般在 2 107 ～ 2 316h 之间，雨热同季，降雨集中，干湿季分明，年降水量 500 ～ 1 000mm，有丰富的物产和多样的气候特征，独特的区域性及生物多样性。

草地是丹巴县优势资源之一，全县草山草地总面积 342.5758 万亩（其中：可利用草场有 305.5776 万亩），占丹巴县国土总面积的 49.05%。丹巴县属于农牧交错地区，受地形、气候、土地条件的限制，全县草地呈立体分布，草场主要分布在 3 800m 以上的高山地区，具有海拔高、坡度大、草质量差、牧草覆盖面小、气温低、日照短、多霜雪、冰雹和雨等缺点。草原类型主要有干热河谷灌丛草地，可利用面积达 45.7 万亩，山地灌丛草地，可利用面积达 5 万亩，农隙地草地，可利用面积达 9 万亩。在这些天然草场中，植物类群、种类繁多。现已识别的高等植物 342 种，低等植物 39 种，具体可分为豆科、禾本科、莎草科、杂草科四大类。丹巴县地处青藏高原生态极度脆弱区，生态环境恶劣，极端天气现象频发，草地主要分布在海拔 3 800m 以上，天然草地牧草生长期短，枯草期长，丹巴县草地生态环境日趋恶化，草地生产力急剧下降。

图 1 放牧生态

二、品种来源与变化

（一）品种来源

据《丹巴县志》记载，丹巴在清朝时称章谷屯，隋为嘉良夷，汉属西羌，故丹巴属古西羌领地。一般认为，现今羌族是从河湟地区古羌族迁徙而来，丹巴羌族是古羌族一支的后裔，史诗《羌戈大战》记录了他们的迁徙过程。据《千碉净土 —— 神山护佑下的丹巴》一书叙述，秦汉时代，史书上所言的西南诸羌，其实大半是氐羌，即已定居农耕氐化之羌或曰低地之羌。羌民族为了躲避征战而选择在高山峡谷地带的半山和高半山上的开阔地带修建寨子和碉楼，过群居生活以应对来自外来者的攻击和掠夺。羌族是一个以羊为核心文化的民族，他们的信仰和生活都离不开羊，也可以说"羊"是他们的民族标记，他们自称尔玛（意为牧羊人），许慎《说文解字》"羌，西戎牧羊人也。"证实了这一点。中国社会科学院考古研究所研究员袁靖说，距今约 5600 ～ 5000 年前，中国最早的家养绵羊出现在甘肃和青海一带，然后逐步由黄河上游地区向东传播，这就把古羌族与绵羊之间的关系联系在一起了。在调查到梭坡乡呷拉村丹巴泽里时，他讲到他们家在村子里已经居住了 6 代人，祖祖辈辈都养着黑绵羊。羌族人的衣着喜青色，黑绵羊也随羌族人迁徙成为丹巴这个高山峡谷中长期封闭饲养的原始地方品种。丹巴黑绵羊因近亲繁殖，个体有变小趋势。该品种具有爱干净习性，不吃被污染过的饲草饲料和水，而且胆小，易受惊吓，常躲藏在灌丛中很长时间不出来。

（二）群体数量及变化情况

2016 年统计存栏丹巴黑绵羊 292 只，其中，能繁育母羊 173 只，种公羊 44 只。

三、体型外貌特征

丹巴黑绵羊全身被毛为黑色，皮肤为浅黑色；体格较小，体质结实，结构匀称；头部较小而清秀，呈小等腰三角形，额较小，鼻梁微拱；公（阉）羊大多数有角呈圆柱状，向左右后方弯曲，母羊少数有角，角小而弯曲仍向左右后方伸展；眼睛大小适中、有神；耳较大而平直约下垂；颈部长短适中、无肉垂；躯干短小，近似正方形，背腰基本平直，胸部较深宽，肋骨开张，四肢细短健壮，蹄质坚实。

图 2 丹巴黑绵羊（公）　　　　　　图 3 丹巴黑绵羊（母）

四、体重及体尺

丹巴黑绵羊成年公羊体高 51.86cm、体重 18.55kg；母羊体高 50.85cm、体重 17.56kg，见表 1。

表 1 丹巴黑绵羊体重及体尺测定　　　　单位：只、kg、cm

年龄	性别	样本	体高（cm）	体斜长（cm）	胸围（cm）	体重（kg）	备注
初生	♂	12	–	–	–	1.1±0.27	
	♀	11	–	–	–	1.2±0.34	
12月龄	♂	23	43.91±3.20	44.57±2.92	51.65±3.84	11.13±2.54	阉羊 4 只
	♀	86	43.66±3.26	44.66±4.03	52.01±4.80	10.84±2.50	
成年	♂	22	51.86±5.39	53.50±6.14	68.41±8.54	18.55±5.78	阉羊 7 只
	♀	80	50.85±4.82	53.11±6.20	67.44±7.65	17.56±5.52	

五、生产性能

（一）产肉性能和肉品质

1.产肉性能

在以天然放牧为主的条件下，丹巴黑绵羊生长发育缓慢，又由于长期以来未进行品种选育，加之管理不当，使绵羊个体矮小，产肉性能低下。

1.1 屠宰前体重及体尺

丹巴黑绵羊周岁公、母羊体重分别为 16.12 ± 6.64kg 和 15.73 ± 3.73kg。见表 2。

表2 丹巴黑绵羊屠宰前体重及体尺　　　　　　　　　　　　　　　单位：只、kg、cm

性别	样本	体重（kg）	体长（cm）	体高（cm）	胸围（cm）
♂	5	16.12±6.64	74.40±10.5	49.60±6.95	64.80±11.23
♀	5	15.73±3.73	79.20±8.29	50.60±4.83	66.00±6.52

1.2 屠宰性能

丹巴黑绵羊公、母羊屠宰率分别为 40.02 ± 3.15 和 42.16 ± 2.59；净肉率分别为 24.44 ± 3.00kg 和 25.68 ± 3.75kg，见表 3

表3 丹巴黑绵羊屠宰性能　　　　　　　　　　　　　　　单位：只、kg、%、cm

性状	♂（kg）	♀（kg）
样本数	10	10
大腿肌肉厚（cm）	4.78±1.45	4.64±0.48
腰部肉厚（cm）	2.78±0.73	2.74±0.49
胴体重	6.60±3.08	6.67±1.84
净骨重	2.32±0.65	2.42±0.71
净肉重	4.08±2.05	4.06±1.24
屠宰率（%）	40.02±3.15	42.16±2.59
净肉率（%）	24.44±3.00	25.68±3.75
胴体产肉率（%）	60.91±2.86	60.76±6.97

1.3 副产物

丹巴黑绵羊头、蹄、皮及内脏器官等副产物测定见表4。

表4 丹巴黑绵羊副产物　　　　　　　　　　　　　　　单位：只、kg、cm²、cm、g

性状	♂（kg）	♀（kg）
样本数（只）	10	10
心重（g）	100.84±40.76	101.82±22.92
肝重（g）	0.27±0.10	0.33±0.07
脾重（g）	44.85±16.6	55.9±30.75
肺重（g）	0.24±0.11	0.23±0.06
肾重（g）	48.46±15.49	58.66±13.16
瘤胃	0.66±0.28	0.75±0.16
小肠	0.36±0.10	0.35±0.06
大肠	0.33±0.20	0.34±0.13
盲肠（g）	76.38±14.02	89.73±17.62
血重	0.71±0.24	0.72±0.2
皮重	1.48±0.72	1.30±0.27
皮张长（cm）	69.00±10.27	68.80±6.10
皮张宽（cm）	51.00±5.10	56.6±6.88
皮张面积（cm²）	3551.00±820.00	3914.80±735.75
头重	1.14±0.39	0.92±0.42
蹄总重	0.33±0.08	0.35±0.06

1.4 胴体体尺

丹巴黑绵羊公、母羊胴体长分别为 44.54 ± 6.65cm 和 45.9 ± 5.84cm，见表5。

表5 丹巴黑绵羊胴体体尺

单位：只、cm

性别	♂	♀
样本	5	5
胴体长	44.54±6.65	45.9±5.84
胴体深	19.50±3.43	20.60±1.52
胴体胸深	15.50±1.94	16.20±1.48
胴体后腿围	24.05±3.44	23.90±3.36
胴体后腿长	29.60±2.46	29.40±2.07
胴体后腿宽	13.00±3.16	13.1±2.60

2. 肉品质
2.1 肉品质及理化特性

丹巴黑绵羊羊肉 YJ、HGT、LJT 熟肉率分别为 63.99 ± 4.62 %、64.18 ± 9.22 % 和 63.62 ± 4.39%，见表6。

表6 丹巴黑绵羊肉品质及理化特性

单位：只、%

性状	YJ	HGT	LJT
样本	10	10	10
色差 L	45.05±1.41	46.5±3.67	46.22±1.62
色差 a	4.15±0.8	4.57±0.85	5.58±1.01
色差 b	4.55±0.76	5.02±2.02	5.69±0.98
熟肉率	63.99±4.62	64.18±9.22	63.62±4.39

2.2 氨基酸含量

丹巴黑绵羊肉中氨基酸总量为 20.27 ± 1.17g/100g，水分含量 73.53 ± 0.89g/100g，蛋白质含量为 23.45 ± 1.34g/100g。各类氨基酸含量详见表7。

表7 丹巴黑绵羊肌肉中氨基酸含量

单位：只、g/100g、%

氨基酸类型	含量（g/100g）	氨基酸类型	含量（g/100g）
样本	6	样本数	6
必需氨基酸（EAA）	–	谷氨酸	3.28±0.21
赖氨酸	1.89±0.1	精氨酸	1.35±0.09
亮氨酸	1.71±0.09	丝氨酸	0.85±0.06
异亮氨酸	0.9±0.04	胱氨酸	0.24±0.03
苯丙氨酸	0.8±0.04	组氨酸	0.9±0.06
缬氨酸	0.99±0.04	脯氨酸	0.79±0.07
苏氨酸	0.96±0.06	色氨酸	–
蛋氨酸	0.59±0.03	鲜味氨基酸（FAA）	–
非必需氨基酸（NEAA）	–	氨基酸总量（TAA）	20.27±1.17
酪氨酸	0.74±0.04	EAA/NEAA	–
丙氨酸	1.3±0.1	EAA/TAA	–
甘氨酸	0.99±0.12	水分（%）	73.53±0.89
天门冬氨酸	1.98±0.15	蛋白质	23.45±1.34

2.3 重金属及矿物质含量

丹巴黑绵羊肉中钾含量为 0.38±0.02%，钙含量为 75.28±21.87mg/kg，钠含量为 0.08±0.01%，镁含量为 240.17±6.62mg/kg，锌含量为 31.32±3.74mg/kg，铁含量为 13.92±1.99mg/kg。未检测到镉、汞，见表 8。

表 8 丹巴黑绵羊肌肉中重金属及矿物质　　　　　　　　　　　单位：只、%、mg/kg

类型	含量（mg/kg）	类型	含量（mg/kg）
样本	6	样本数	6
钠（%）	0.08±0.01	铁	13.92±1.99
铅	0.03±0.01	锌	31.32±3.74
镉	0.00±0.00	锰	0.79±0.08
铬	0.05±0	钙	75.28±21.87
总砷	0.01±0	镁	240.17±6.62
总汞	0.00±0.00	磷（%）	0.23±0.01
铜	2.94±0.55	钾（%）	0.38±0.02

（二）产毛性能

丹巴黑绵羊每年剪毛两次，分别为春、秋两季。公羊为 0.45kg 左右，母羊为 0.34kg 左右，见表 9。

表 9 丹巴黑绵羊产毛量　　　　　　　　　　　　　　　　　　单位：只、kg

年龄	性别	数量	毛类型	产毛量	备注
成年	♂	18	粗毛	0.45±0.05	
成年	♀	74	粗毛	0.34±0.10	

（三）繁殖性能

丹巴黑绵羊公、母羊 8～9 月龄性成熟，1～1.5 岁初配，配种期一般为每年的 9～10 月，牧草营养较高时期，翌年 3～4 月产羔，一年一胎，一年二胎的极少，一胎一羔。有冬、春羔之分。7～8 月配种，翌年 1 月产的羔为冬羔；9～10 月配种，翌年 2 月产的羔为春羔；部分 11 月配种，翌年 3～4 月产的羔为晚春羔。发情周情 16～20d，持续期 24～48h，怀孕期 150d 左右，产羔率 72.73%，繁殖成活率 57.58%，见表 10。

表 10 丹巴黑绵羊繁殖性能　　　　　　　　　　　　　　　　单位：只、%

产地	数量	产仔数	繁殖率	成活数	成活率
半扇门乡	33	24	72.73	19	79.17

六、饲养管理

丹巴黑绵羊以放牧为主，常与黄牛、藏猪、山羊等混群放牧，早出晚归。群体规模小，多的 20～30 只，少的 5～10 只。在冬春季节补饲少量的干草和玉米等精料。

图 4 放牧管理

七、品种保护

目前，尚未建立丹巴黑绵羊保护区和保种场。全国第一次畜禽遗传资源调查和全国第二次畜禽遗传资源调查均对该品种进行过调查，为做好中国藏区畜禽遗传资源调查，2016年 5 月～9 月对该品种进行了全面调查。目前尚未制定保种和利用计划。

八、品种评价与利用

丹巴黑绵羊是甘孜州丹巴县特有的畜种资源和宝贵的基因库，丹巴黑绵羊抗病力强，耐粗饲，耐干旱，是特殊的谷地型小型绵羊类群。

随着社会主义商品经济的发展，当地农牧民对丹巴黑绵羊的毛、毛皮、肉的依赖降低，保种选育工作没有跟上，饲养丹巴黑绵羊的群众越来越少，所以丹巴黑绵羊保种工作迫在眉睫。

该类群由于体格小，是适宜发展烤全羊的遗传材料。

白玉黑山羊

白玉黑山羊，属于肉用为主的草地型山羊类群，已列入《中国畜禽遗传资源名录》。

一、一般情况

（一）产区及分布

白玉黑山羊原产于四川省白玉县的河坡、热加、章都、麻绒、沙马等乡，分布于德格、巴塘等县的干燥河谷地区。

（二）产区自然生态条件

产区位于北纬 30°22′33″～31°40′15″，东经 98°36′0″～99°56′6″，青藏高原东部、横断山脉北段金沙江上游东岸、沙鲁里山西侧。境内地形地貌类型复杂，海拔高低悬殊，气候、植被、土壤等自然要素具有显著的垂直地带性变化，并呈现出一定的纬度性变化。中心产区为半干旱气候区，年平均气温 6℃～10℃，无霜期 110～140d；年降水量 500～610mm，年平均日照时数 2 100h 左右。主要气象灾害是春、伏旱与冰雹。农耕地主要为山地棕壤土质，农作物主要有青稞、芜根、土豆等。草场类型为高山草甸草地及林间草地，牧草以禾本科草为主。

图 1 放牧生态

二、品种来源与变化

（一）品种来源

白玉黑山羊的饲养历史悠久。在公元前4世纪前后，在西域的上古居民中，羌人是占地极广，人口众多的一个民族，他们勤劳勇敢，吃苦耐劳，生活在高寒的山谷或狭窄的绿洲中，为开发西域和西南地区作出了较大贡献，应该说，今日的白玉黑山羊是经他们驯化、培育而流传下来的。由于该地区受自然环境影响，长期闭锁繁育，通过无数代的自然选择，逐渐形成了具有适应性强，耐粗饲的优良地方山羊品种。

（二）群体数量及变化情况

白玉黑山羊的群体数量近10年下降趋势明显。1990年底存栏5.29万。2005年底存栏5.80万只，2008年底存栏4.57万只。2016年群体数量为7 552只，能繁育母羊2 393只，主产区存栏1 029只，其中能繁育母羊458只。

三、体型外貌特征

白玉黑山羊被毛多为黑色，少数个体头黑、体花。体格小，骨骼较细；头较小略显狭长，面部清秀，鼻梁平直，耳大小适中为竖耳；颈较细短，胸较深，背腰平直。四肢长短适中，蹄质坚实；体质结实，结构匀称，躯干整体略呈长方形，四肢骨骼粗壮结实，肌肉发育适中。

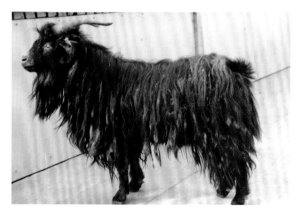

图2 白玉黑山羊（公）

图3 白玉黑山羊（母）

四、体重及体尺

白玉黑山羊成年公羊体重及体尺见表1。

表1 白玉黑山羊体重及体尺

单位：只、kg、cm

性别	样本数	体重（kg）	体长（cm）	体高（cm）	胸围（cm）
♂	10	28.2±4.2	61.1±4.2	58.6±3.9	77.2±5.7
♀	12	22.4±4.4	55.0±4.8	54.4±3.5	69.2±4.2

五、生产性能

（一）产肉性能和肉品质

1.产肉性能

白玉黑山羊屠宰性能见表2。

表2 白玉黑山羊屠宰性能   单位：只、kg、%

年龄	性别	样本数	屠宰前活重（kg）	胴体重（kg）	屠宰率（%）	净肉重（kg）	净肉率（%）
12月龄	♂	5	17.4	8.5	48.9	6.5	37.4
	♀	5	13.4	5.5	41.0	3.9	29.2
成年	♂	5	34.3	16.6	48.4	12.6	36.7
	♀	5	26.8	11.6	43.3	9.5	35.4

2.肉品质

2.1 肉品质及理化特性

白玉黑山羊熟肉率为64.04%，剪切力为4.98N，见表3。

表3 白玉黑山羊肉品质及理化特性   单位：%、mg/kg、N、μm

物理性状	—	化学特性	—
肉色	3.45	总色素（mg/kg）	98.09
大理石纹	2.85	肌红蛋白（mg/kg）	66.89
失水率（%）	13.59	$pH45_{min}$	6.15
滴水损失（%）	1.09	$pH24h$	5.38
熟肉率（%）	64.04	总还原糖（%）	0.1323
剪切力（N）	4.98	硫氨酸（%）	1.61
肌纤维直径（μm）	30.47	—	—

2.2 营养成分

白玉黑山羊肌肉中干物质含量为22.54%，粗蛋白质为87.01%，见表4。

表4 白玉黑山羊肌肉中营养成分   单位：%

类别	含量
初水分	73.84
结合水	13.80
总水分	77.45
干物质	22.54
有机质	94.90
粗蛋白质	87.01
粗脂肪	6.38
粗灰分	5.10

2.3 矿物质含量

白玉黑山羊肌肉中钙含量为63.36mg/kg，见表5。

表5 白玉黑山羊肌肉中矿物质

单位：mg/kg

类别	含量
钙	63.36
磷	9489.55
钾	4605.28
钠	4350.31
锌	157.85
铁	260.29
铜	16.81
锰	1.55
镁	1125.42

2.4 氨基酸含量

白玉黑山羊公、母羊肌肉中共检测了18种氨基酸，7种必需氨基酸和11种非必需氨基酸。见表6。

表6 白玉黑山羊肌肉中氨基酸

单位：%

人体必需氨基酸	含量	人体非必需氨基酸	含量	人体半必需氨基酸	含量
赖氨酸	8.07	天门冬氨酸	7.98	精氨酸	6.45
苯丙氨酸	3.88	丝氨酸	3.25	组氨酸	2.98
蛋氨酸	2.22	谷氨酸	13.73	半必需氨基酸	9.43
苏氨酸	4.11	甘氨酸	4.30	—	—
异亮氨酸	4.19	丙氨酸	5.10	总氨基酸	83.86
亮氨酸	7.29	胱氨酸	0.71	鲜味氨基酸	37.57
缬氨酸	3.85	酪氨酸	3.05	支链氨基酸	15.34
必需氨基酸	33.65	脯氨酸	2.62	芳香氨基酸	6.93
—	—	非必需氨基酸	40.77	支链/芳香氨基酸	2.21

2.5 脂肪酸含量

白玉黑山羊肌肉中饱和脂肪酸为27.70mg/kg，不饱和脂肪酸为33.67mg/kg，见表7。

表7 白玉黑山羊肌肉中脂肪酸

单位：mg/kg

脂肪酸	含量	脂肪酸	含量
肉豆蔻酸 C14:0	0.84	饱和脂肪酸	27.70
棕榈酸 C16:0	11.71	不饱和脂肪酸	33.67
硬脂酸 C18:0	15.08	单不饱和脂肪酸	1.16
花生酸 C20:0	0.06	多不饱和脂肪酸	32.51
棕榈油酸 C16:1	1.16	w-3 多不饱和脂肪酸	0.44
亚麻酸 C18:3	0.16	w-6 多不饱和脂肪酸	5.03
亚油酸 C18:2	4.96	w-9 多不饱和脂肪酸	27.03
花生四烯酸 C20:4	0.07	必需脂肪酸	5.12
二十碳五烯酸 C20:5	0.28	饱和/不饱和脂肪酸	0.82
油酸 C18:1	27.03	不饱和/饱和脂肪酸	1.21
总脂肪酸	61.39	多不饱和/饱和脂肪酸	1.17
—	—	w-6/w-3 多不饱和脂肪酸	11.22
—	—	动脉粥样硬化指数	0.45

（二）产毛性能

白玉黑山羊每年剪毛两次，在抓绒后进行，春季剪毛量低，一般不剪或个别进行剪毛，剪毛量平均为 0.3 ～ 0.45kg，抓绒量 0.05 ～ 0.1kg；秋季剪毛量较高一些，成年羊剪毛量可达 0.5 ～ 0.65kg，抓绒 0.1 ～ 0.2kg。白玉黑山羊产绒性能较好，是其适应当地高海拔寒冷气候的特征之一。

（三）繁殖性能

白玉黑山羊母羊 6 月龄～ 8 月龄性成熟，公羊 10 ～ 12 月龄性成熟。初配年龄 1.5 岁。发情季节为 5 ～ 6 月份，发情周期 15 ～ 21d，妊娠期 150d 左右，公羊可利用 7 ～ 8 年，母羊可利用 8 ～ 10 年，产羔率为 82.2%，成活率为 85.7%。

六、饲养管理

白玉黑山羊全年放牧饲养，一般不补饲，仅在冬、春寒冷季节给怀孕母羊补饲少量青稞和青干草。

图 4 放牧管理

七、品种保护

在白玉县登龙乡建立了县级白玉黑山羊保种场，组建了基础母羊 200 只的核心群，为今后的选育奠定了基础。

八、品种评价

白玉黑山羊是四川省甘孜州草地型山羊类群，在高海拔和严酷高寒自然环境条件下，具有适应性强，耐粗饲的特征，但地区间和个体间生产性能差异较大，今后应加强本品种选育，向肉用方向发展。

朵洛山羊

朵洛山羊，是经长期自然选择和人工驯养而成的肉用谷地型山羊类群。

一、一般情况

（一）产区及分布

朵洛山羊中心产区位于四川省甘孜藏族自治州九龙县朵洛乡。该县的湾坝乡、踏卡乡、乃渠乡、乌拉溪乡、烟袋镇、魁多乡、子耳乡、小金乡、三垭乡和俄尔乡等 10 个乡镇均有分布，康定市和泸定县也有少量分布。

（二）产区自然生态条件

九龙县地处雅砻江东北部，横断山以东，北纬 28°19′ ～ 29°20′，东经 101°7′ ～ 102°10′，全县南北长 112km，东西宽 102.4km，辖区面积 6 770km²。山体多呈南北走向排列，境内山体高大、河流纵深、高低悬殊，东北部大雪山系的延伸部分构成了雅砻江和大渡河两大水系的分水岭。最高峰海拔 6 010m，最低海拔 1 440m，平均海拔 2 354m，地势北高南低，山峦重叠，沟壑纵横。大体可分为高山原和高山峡谷两大地貌区，高山原地貌分布在县东北部，海拔 3 500m 以上，地势相对平缓，谷呈"U"形谷，谷地开阔，是该县主要的林区和牧区；高山峡谷地貌区，位于县东南部，河流切割深，河床紧束而狭窄，水流湍急，谷

图 1 放牧生态

壁陡峭，河谷呈"V"形谷，河谷两岸发育有冲积阶地和扇，是该县主要的农区和半牧区，也是朵洛山羊的主要分布区。

九龙县属亚热带气候，年均气温 8.9℃，最高气温 31.7℃，最低气温 -15.6℃，≥ 10℃ 的活动积温 2 000℃～5 000℃，无霜期 162～288d，日照 1 920h，干雨季分明，5 月～9 月为雨季，11 月至翌年 4 月为雪季，冬春干旱，降雨量 760～1 300mm。

全县总人口 5.01 万人，以藏、汉、彝族为主体，总面积为 6 770km²，其中，草地面积为 501.6 万亩，占全县总面积的 49.38%，可利用草地面积为 437.5 万亩，占草地面积的 87.23%，主要有禾本科、莎草科、菊科、蔷薇科、豆科等牧草和多种灌木，耕地面积为 7.45 万亩，占全县总面积的 0.73%，农作物以玉米、水稻、小麦、土豆、豆类为主，发展养殖山羊具有很大的潜力。

二、品种来源与变化

（一）品种来源

朵洛山羊是由活动于四川大渡河、安宁河、雅砻江、甘孜州东南部等地的早期古羌人从野羊驯化而来。据《说文解字》载，"西戎牧羊从也"，表明古羌人驯服了野羊。据查证，在元、明、清时期，又有一部分人，从八青甲古（彝族地名，现今昭觉县）、罗洪尔里（彝族地名，现今越西县）和所郎（彝语地名，现今甘洛县）等地迁徙而来。经过长期自然选择和人工选择，逐步形成以朵洛地区为核心产区的山羊群体，该羊具有统一的外貌特征、遗传性能稳定和抗病力强等特点，暂命名为"朵洛山羊"。

（二）群体数量及变化情况

九龙县山羊饲养历史悠久，但受社会制度、饲养技术等众多因素的影响，山羊业的发展十分缓慢。1951 年，山羊仅存栏 12 469 只。新中国成立后，人民当家做主，在党和政府的正确领导和各级部门的大力支持下，养羊业得到了很大发展，1956 年，山羊存栏达 19 575 只，年均增长 14.3%。1976 年，山羊存栏 39 164 只，平均每年增长 4.9%。1984 年山羊存栏达 43 767 只，年均增长 12.5%。1990 年，山羊存栏达 47 692 只，年增长 16.7%。2008 年，山羊存栏 55 568 只。2015 年，全县山羊存栏 55 790 只，其中，朵洛山羊存栏 43 774 只。2016 年调查纯种存栏 37 203 只，能繁育母羊 22 727 只，公羊 1 502 只。

三、体型外貌特征

朵洛山羊头颈黑色，体躯白色为主，约占 60%，纯黑色约占 30%；其他毛色（纯黑色、全白色、黄褐色）约占 10%，被毛有长毛与短毛之分。

朵洛山羊体格较大，体质结实，体躯稍短，呈长方形；面部清秀，鼻梁平直，眼大而有神，嘴唇薄而灵活，下颚有较长的胡须，部分下颚有肉髯；胸深而较宽，背腰平直，腹大而不下垂，后躯较发达，四肢较长，结实有力，蹄尖而结实；公、母羊均有角，角形呈对旋角，公羊角根宽而厚，少部分无角；公羊睾丸发育良好，大小适中、无隐睾，母羊乳房匀称，柔软而有弹性。

图2 朵洛山羊（公）

图3 朵洛山羊（母）

四、体重及体尺

朵洛山羊公、母羊12月龄体重分别为25.15±4.37kg和23.94±4.51kg，成年体重分别为47.60±8.89kg和42.13±5.77kg。见表1。

表1 朵洛山羊体重及体尺测定

单位：只、kg、cm

年龄	性别	样本数	体重（kg）	体长（cm）	体高（cm）	胸围（cm）
初生	♂	32	2.28±0.13	--	-	
	♀	12	2.23±0.10	--	-	
6月龄	♂	48	19.47±1.75	70.48±4.08	45.42±2.46	62.96±2.60
	♀	36	18.65±1.89	70.06±4.71	44.94±3.89	62.03±3.12
12月龄	♂	31	25.15±4.37	77.45±8.12	58.58±5.05	71.19±6.37
	♀	88	23.94±4.51	75.56±6.65	57.02±4.71	68.75±5.21
成年	♂	20	47.60±8.89	87.05±9.47	67.45±6.23	85.15±8.31
	♀	80	42.13±5.77	86.5±6.37	63.19±4.41	80.41±7.55

五、生产性能

（一）产肉性能和肉品质

1. 产肉性能

1.1 屠宰前体重及体尺

朵洛山羊12月龄公、母羊体重分别为22.16±3.08kg和22.13±1.57kg，见表2。

表2 朵洛山羊屠宰前体重及体尺

单位：只、kg、cm

性别	样本数	体重（kg）	体长（cm）	体高（cm）	胸围（cm）
♂	10	22.16±3.08	56.6±6.83	76.7±4.75	71.1±4.3
♀	10	22.13±1.57	53.9±2.88	74.6±5.61	68.6±2.2

1.2 屠宰性能

朵洛山羊公、母羊屠宰率分别为 43.05±5.85% 和 43.53±3.83%，净肉率分别为 32.83±3.87% 和 33.84±2.73%，见表3。

表3 朵洛山羊屠宰性能　　　　　　　　　　单位：只、kg、%

性状	♂（kg）	♀（kg）
样本数	10	10
胴体重	9.31±2.07	9.61±0.92
净肉重	7.30±1.50	7.48±0.72
骨重	2.28±0.85	2.13±0.41
屠宰率（%）	43.05±5.85	43.53±3.83
净肉率（%）	32.83±3.87	33.84±2.73
胴体产肉率（%）	76.60±5.25	77.86±3.49
骨肉比	1:3.46	1:3.62

1.3 副产物

朵洛山羊副产物测定见表4。

表4 朵洛山羊副产物　　　　　　　　　　单位：只、kg、m²、g

性状	♂（kg）	♀（kg）
样本数（只）	10	10
头重	2.01±0.27	1.58±0.12
蹄重	0.72±0.10	0.58±0.04
皮重	1.89±0.30	1.37±0.15
皮张面积（m²）	0.42±0.08	0.39±0.07
心重（g）	106.69±16.33	98.80±14.29
肝重（g）	458.65±87.51	444.06±93.99
脾重（g）	43.56±13.05	41.31±12.01
肺重（g）	293.92±50.37	289.59±85.53
肾重（g）	80.62±12.58	79.81±9.77
胃净重	1.03±0.19	1.22±0.17
肠净重	1.05±0.17	1.16±0.19

1.4 胴体体尺

朵洛山羊公、母羊胴体长分别为 64.10±3.07cm 和 64.00±3.89cm，见表5。

表5 朵洛山羊胴体体尺　　　　　　　　　　单位：只、cm

性别	样本	胴体长	胴体前宽	胴体后宽	半胴体围
♂	10	64.10±3.07	23.08±2.53	14.90±2.09	29.80±4.18
♀	10	64.00±3.89	23.09±3.67	12.50±1.22	30.30±3.89

2. 肉品质

2.1 肉品质及理化特性

朵洛山羊公、母羊眼肌面积分别为 8.33±2.74cm² 和 8.34±1.07cm²，熟肉率分别为 65.52±2.72% 和 65.20±2.56%，见表6。

表6 朵洛山羊肉品质及理化特性

单位：只、cm²、N、%

性状	♂	♀
样本数	10	10
眼肌面积（cm²）	8.33±2.74	8.34±1.07
pH_{45min}	6.13±0.21	6.22±0.19
剪切力（N）	5.43±1.32	5.70±1.09
熟肉率（%）	65.52±2.72	65.20±2.56
L	47.46±1.90	47.75±3.38
a	4.31±0.71	3.81±1.03
b	6.76±1.08	6.36±0.71

2.2 营养成分

朵洛山羊公、母羊肌肉中干物质含量分别为22.47±0.38%和23.63±0.99%，脂肪含量分别为1.30±0.19%和2.92±0.13%，蛋白质含量分别为20.07±0.42%和19.47±1.22%，见表7。

表7 朵洛山羊肌肉中营养成分

单位：%

性别	干物质	水分	灰分	脂肪	蛋白质
♂	22.47±0.38	77.53±0.38	1.07±0.04	1.30±0.19	20.07±0.42
♀	23.63±0.99	76.37±0.99	1.02±0.03	2.92±0.13	19.47±1.22

2.3 矿物质及胆固醇含量

朵洛山羊公、母羊肌肉中胆固醇含量分别为71.77±5.47mg/100g和74.83±2.68mg/100g，磷含量分别为0.19±0.01%和0.18±0.01%，钾含量分别为0.24±0.02%和0.27±0.02%，钠含量分别为0.06±0.00%和0.06±0.01%，硒含量分别为0.023±0.001mg/kg和0.014±0.001mg/kg，钙含量分别为69.53±4.89mg/kg和63.00±4.56mg/kg，镁含量分别为232.00±9.64mg/kg和221.67±3.79mg/kg，铁含量分别为16.73±1.83mg/kg和14.77±0.59mg/kg，锌含量分别为38.47±3.68mg/kg和31.83±2.22mg/kg，见表8。

表8 朵洛山羊肌肉中 矿物质及胆固醇含量

单位：%、mg/kg、mg/100g

类别	♂（mg/kg）	♀（mg/kg）
磷（%）	0.19±0.01	0.18±0.01
钾（%）	0.24±0.02	0.27±0.02
钠（%）	0.06±0.00	0.06±0.01
硒	0.023±0.001	0.014±0.001
钙	69.53±4.89	63.00±4.56
镁	232.00±9.64	221.67±3.79
铁	16.73±1.83	14.77±0.59
锌	38.47±3.68	31.83±2.22
胆固醇（mg/100g）	71.77±5.47	74.83±2.68

2.4 重金属含量

朵洛山羊公、母羊肌肉中未检出砷、汞、铜和锰等，公、母羊肌肉中铅的含量分别为0.023±0.008mg/kg和0.024±0.004mg/kg，镉的含量分别为0.0018±0.0000mg/kg和0.0000±0.0000mg/kg，铬的含量分别为0.028±0.001mg/kg和0.027±0.001mg/kg，见表9。

表9 朵洛山羊肌肉中重金属　　　　　　　　　　　　　　　　　　　单位：mg/kg

类别	♂	♀
铅	0.023±0.008	0.024±0.004
镉	0.0018±0.0000	0.0000±0.0000
铬	0.028±0.001	0.027±0.001
砷	未检出	未检出
汞	未检出	未检出
铜	未检出	未检出
锰	未检出	未检出

2.5 氨基酸含量

朵洛山羊公、母羊肌肉中共检测了18种氨基酸，7种必需氨基酸和11种非必需氨基酸。公、母羊必需氨基酸分别为7.44±0.24g/100g和7.21±0.41g/100g，非必需氨基酸分别为11.81±0.33g/100g和11.42±0.67g/100g，鲜味氨基酸分别为8.79±0.27g/100g和8.42±0.57g/100g，氨基酸总量分别为19.20±0.53g/100g和18.57±1.10g/100g，EAA/NEAA分别为62.98±0.60%和63.13±0.19%，EAA/TAA分别为38.75±0.25%和38.84±0.12%，见表10。

表10 朵洛山羊肌肉中氨基酸　　　　　　　　　　　　　　　　　　　单位：g/100g、%

氨基酸类型	♂		♀	
	含量（g/100g）	占总氨基酸（%）	含量（g/100g）	占总氨基酸（%）
必需氨基酸（EAA）	7.44±0.24	38.75±0.25	7.21±0.41	38.84±0.12
赖氨酸	1.82±0.07	9.48±0.10	1.78±0.10	9.61±0.06
亮氨酸	1.64±0.05	8.56±0.01	1.59±0.09	8.57±0.05
异亮氨酸	0.86±0.03	4.50±0.06	0.83±0.05	4.47±0.01
苯丙氨酸	0.74±0.02	3.87±0.01	0.72±0.04	3.86±0.02
缬氨酸	0.94±0.03	4.90±0.05	0.90±0.06	4.86±0.06
苏氨酸	0.89±0.03	4.62±0.04	0.86±0.05	4.62±0.04
蛋氨酸	0.54±0.02	2.83±0.03	0.53±0.03	2.85±0.01
非必需氨基酸（NEAA）	11.81±0.33	61.53±0.24	11.42±0.67	61.52±0.10
酪氨酸	0.69±0.02	3.61±0.04	0.67±0.03	3.63±0.08
丙氨酸	1.24±0.04	6.48±0.11	1.16±0.10	6.26±0.25
甘氨酸	0.95±0.03	4.95±0.18	0.86±0.08	4.63±0.24
天冬氨酸	1.92±0.08	10.01±0.15	1.85±0.11	9.96±0.03
谷氨酸	3.39±0.11	17.64±0.13	3.28±0.21	17.65±0.17
精氨酸	1.28±0.04	6.68±0.08	1.27±0.07	6.82±0.09
丝氨酸	0.81±0.03	4.24±0.04	0.78±0.05	4.18±0.03
胱氨酸	0.05±0.01	0.26±0.04	0.10±0.02	0.54±0.07
组氨酸	0.75±0.05	3.94±0.21	0.79±0.06	4.24±0.37
脯氨酸	0.66±0.02	3.43±0.15	0.62±0.06	3.32±0.15
色氨酸	0.07±0.01	0.28±0.03	0.05±0.01	0.28±0.02
鲜味氨基酸（FAA）	8.79±0.27	45.76±0.37	8.42±0.57	45.32±0.69
氨基酸总量（TAA）	19.20±0.53	100	18.57±1.10	100
EAA/NEAA	62.98±0.60		63.13±0.19	
EAA/TAA	38.75±0.25		38.84±0.12	

（二）繁殖性能

朵洛山羊公、母羊一般6～8月龄性成熟，母羊初配年龄8～10月龄，公羊初配年龄 10 ～ 12 月龄。一年四季都可发情，多数集中在秋后，发情周期 19.0 ± 3.0d，发情持续期 48 ～ 72h，放牧下自然交配，春季或秋季配种，公母配种比例为 1:20 ～ 30，妊娠期 148.0 ± 2.5d，公母羊初生重分别为 2.11 ± 0.63kg 和 1.87 ± 0.55kg。公羊利用年限 6 ～ 8 年，母羊利用年限 8 ～ 9 年。随机调查朵洛山羊能繁育母羊的繁殖性能，结果见表 11。

表 11 朵洛山羊繁殖性能　　　　　　　　　　　　　　　　　单位：只、%

能繁育母羊	产双羔母羊		产单羔母羊		产羔数	产羔率	断奶成活数	断奶成活率	繁殖成活率
	数量	比例	数量	比例					
225	66	32%	116	68%	353	158	286	81.02	128.01

六、饲养管理

饲养管理较为粗放，终年在高山峡谷的草山上放牧，冬、春季节放牧早出晚归，夏、秋季全放牧。羔羊自然断奶，公羊断奶后阉割去势。

冬、春季对瘦弱和带羔母羊进行补饲。整群补盐，将食盐和精料混合饲喂，每月平均补饲食盐 3 ～ 5 次，也有在夏季带精料和食盐到草山上进行补饲的。

图 4 放牧管理

七、品种保护

农牧户自繁自养。尚未建立保护区和保种场，也未进行系统选育。

八、品种评价与利用

朵洛山羊是在高山峡谷的生态环境下，经过长期的选育而形成的。群体遗传性能稳定，有丰富的遗传多样性、繁殖力高、肉质好、耐粗饲和抗逆性强等特点，适应于雅砻江流域的高山峡谷地貌区域饲养。今后应开展本品种选育，提高产肉性能和繁殖性能。

德格山羊

德格山羊，是肉、皮、绒兼用的草地型藏山羊类群。

一、一般情况

（一）产区及分布

德格山羊中心产区为德格县，白玉、石渠、色达、理塘、甘孜、新龙、炉霍、康定等县纯牧区均有分布。

（二）产区自然生态条件

德格县地处青藏高原东南缘，是四川盆地向青藏高原的过渡地带，是甘孜藏族自治州五大牧区县之一，地形多为丘状高原区。海拔高，属亚寒带、寒带气候，植被以高山灌丛草甸、高寒草甸为主，由于受强冷高压、西风急流以及西南季风的影响，气候类型复杂多样，呈现高寒气候特征，气温低、长冬无夏、春秋相连，空气稀薄，大气干燥，日照时数多，昼夜温差大，降雨集中，干湿季分明。年平均气温2℃，极端最高气温31.5℃，极端最低气温 –30℃，年降水量618mm左右，无霜期60d，全年日照2 200h。雅砻江、金沙江两大水系纵贯全境。境内海拔最高达6 168m，最低2 980m。从东北到西南，依次为丘状高原、山原、高山峡谷地貌。

图1 放牧生态

二、品种来源与变化

（一）品种来源

德格山羊饲养历史悠久，古氐羌民族活动于四川甘孜等地，开始驯养野畜，《说文解字》记载，"西戎牧羊人也"表明羌人驯服了野羊。据 1939 年编写的《西康概况》一书记载，从元、明时代起，甘孜州各地和西藏商人用土产、羊皮等到康定交换茶叶、布匹。清雍正年间果亲王描述甘孜州风土人情："无面羊裘，四季常穿"。"牛腿和羊肘，吃尽方丢手"。这些点滴记载说明山羊生产与各族人民的生活息息相关。

德格山羊由于长期在高原地区进行近亲闭锁繁育，经无数代的自然选择，是适应高原气候和环境条件的山羊资源。

（二）群体数量及变化情况

2016 年调查纯种德格山羊存栏 36 959 只。其中主产区德格山羊存栏数 3 865 只，能繁育母羊数 1 330 只，公羊 81 只；分布区德格山羊存栏 33 094 只，能繁育母羊 13 771 只，公羊 2 395 只。

三、体型外貌

德格山羊被毛颜色为全白、全黑和杂色相对各占 1/3，青色量少。草地型藏山羊毛较长，被毛下着生绒毛；体质结实，体躯稍长呈长方形。头较小，面部清秀，鼻梁平直，眼大有神，耳大小适中，头形略显狭长。额顶有绺，下颌有较长的胡须。公、母羊均有角，角根粗，角向上延伸，母羊角多细而小，立角形。颈短，粗细均匀。胸较宽、深。背腰平直。四肢粗壮，蹄坚实。瘦尾、细短、呈锥形。

图2 德格山羊（公）

图3 德格山羊（母）

四、体重及体尺

在放牧条件下，对德格县马尼干戈镇、玉隆乡、错阿乡、窝公乡的德格山羊进行体重及体尺测定，成年公母羊体高分别为 63.6 ± 4.62cm 和 53.02 ± 7.23cm；体重分别为 24.32 ± 2.57kg 和 18.95 ± 2.32kg，见表1。

表 1 德格山羊体重及体尺 单位：只、kg、cm

年龄	性别	样本数	体高（cm）	体长（cm）	胸围（cm）	体重（kg）
初生	♂	—	—	—	—	1.6
	♀	—	—	—	—	1.58
12月龄	♂	23	49.35±4.05	—	64.3±6.39	20.04±5.4
	♀	106	49.3±3.5	—	63.2±5.3	18.93±4.3
成年	♂	15	63.6±4.62	70.14±1.6	73.49±2.74	24.32±2.57
	♀	85	53.02±7.23	58.67±6.28	65.20±6.25	18.95±2.32

五、生产性能

（一）产肉性能和肉品质

1. 产肉性能

随机选择发育良好、健康无疾病的 12 月龄德格山羊公母各 10 只进行屠宰测定（由于选择时无周岁母羊，所以选择了 18 月龄的母羊）。

1.1 屠宰前体重及体尺

德格山羊公、母羊体重分别为 18.68±2.03kg 和 21.78±5.34kg，详见表 2。

表 2 德格山羊屠宰前体重及体尺 单位：只、kg、cm

性别	样本	体重（kg）	体长（cm）	体高（cm）	胸围（cm）
♂	10	18.68±2.03	75.00±2.65	50.33±2.08	64.00±3.00
♀	10	21.78±5.34	78.14±7.08	51.14±3.02	67.43±6.08

1.2 屠宰性能

德格山羊公、母羊屠宰率分别为 36.63±4.50% 和 38.26±5.27%，净肉率分别为 27.64±2.79%、30.10±3.23%，见表 3。

表 3 德格山羊屠宰性能 单位：kg、%、mm、cm²

性状	♂（kg）	♀（kg）
样本数	10	10
胴体重	6.78±0.20	8.48±2.77
净肉重	2.57±0.15	3.32±1.00
骨重	1.20±0.09	1.14±0.26
屠宰率（%）	36.63±4.50	38.26±5.27
净肉率（%）	27.64±2.79	30.10±3.23
胴体产肉率（%）	75.68±4.04	79.05±3.90
骨肉比	2.14:1.00	2.91:1.00
后腿重	—	—
腿臀比例值	—	—
GR 值（mm）	—	—
眼肌面积（cm²）	—	—

1.3 副产物

德格山羊副产物测定见表 4。

表4 德格山羊副产物　　　　　　　　　　单位：只、kg、cm、cm²、g

性状	♂（kg）	♀（kg）
样本数	10	10
头重	1.20±0.05	1.23±0.30
蹄重	0.38±0.03	0.41±0.08
皮重	—	—
皮张面积（cm²）	4060.00±62.51	3823.16±52.36
心重（g）	42.00±6.44	60.93±24.6
肝重（g）	195.60±18.21	328.66±189.55
脾重（g）	18.17±8.17	19.64±5.12
肺重（g）	125.27±4.05	151.27±43.98
肾重（g）	39.87±6.72	42.96±12.43
胃重	0.70±0.05	0.59±0.15
小肠（cm）	255.20±93.72	196.64±59.38
大肠（cm）	217.77±54.78	205.79±59.6
盲肠（cm）	56.65±0.07	54.26±15.77

1.4 胴体体尺

德格山羊公、母羊胴体长分别为 45.00±2.65% 和 45.33±2.52%，见表5。

表5 德格山羊胴体体尺　　　　　　　　　　单位：只、kg、cm

性状	♂（cm）	♀（cm）
样本数	10	10
胴体长	49.00±1.73	55.70±5.07
胴体深	19.67±3.06	22.90±2.30
胴体胸深	18.67±3.06	18.30±2.33
胴体后腿围	23.50±1.32	25.51±2.86
胴体后腿长	32.33±3.21	28.90±8.56
胴体后腿宽	12.00±1.00	12.08±3.62
大腿肌肉厚	4.37±0.71	5.30±1.38
后腿肉重（kg）	0.80±0.10	0.67±0.09
腰肉重（kg）	0.23±0.03	0.24±0.04
肋肉重（kg）	0.26±0.06	0.24±0.06
肩胛肉重（kg）	0.62±0.08	0.55±0.15
胸下肉重（kg）	0.33±0.04	0.30±0.06

2. 肉品质

2.1 肉品质及理化特性

德格山羊公、母羊 YJ、HGT、LJT 的熟肉率分别为 69.81±4.67%、66.89±5.21% 和 45.08±1.91%，见表6。

表6 德格山羊肉品质及理化特性　　　　　　　　　　单位：%

类别	YJ	HGT	LJT
熟肉率	69.81±4.67	66.89±5.21	45.08±1.91
色差L	45.08±1.91	46.11±2.72	46.33±1.87
色差a	3.41±0.86	4.18±0.68	5.42±1.60
色差b	4.19±1.00	3.39±0.77	5.37±1.24

2.2 重金属含量

德格山羊公、母羊肌肉中未检出砷、汞、铜、镉和锰等，铅和铬等含量极低，见表7。

表 7 德格山羊肌肉中重金属含量　　　　　　　　　　　　　　　　　　　单位：mg/kg

类别	含量
铅	0.03±0.01
镉	未检出
铬	0.04±0.01
砷	未检出
汞	未检出
铜	未检出
锰	未检出

2.3 矿物质

德格山羊肌肉中钙含量为 66.38±19.42mg/kg，镁含量为 225.50±8.96mg/kg，铁含量为 17.67±1.76mg/kg，锌含量为 31.62±4.01mg/kg，见表 8。

表 8 德格山羊肌肉中矿物质含量　　　　　　　　　　　　　　　　　　　单位：mg/kg

类别	含量	类别	含量
钠	69.18±9.81	镁	225.50±8.96
铁	17.67±1.76	磷	0.23±0.01
锌	31.62±4.01	钾	359.00±17.80
钙	66.38±19.42		

2.4 氨基酸含量

德格山羊公、母羊肌肉中共检测了 18 种氨基酸，7 种必需氨基酸和 11 种非必需氨基酸。氨基酸总量分别为 19.63±0.87g/100g，见表 9。

表 9 德格山羊肌肉中氨基酸含量　　　　　　　　　　　　　　　　　　　单位：g/100g

氨基酸类型	含量	氨基酸类型	含量
赖氨酸	1.85±0.08	胱氨酸	0.50±0.74
亮氨酸	1.66±0.07	组氨酸	0.88±0.05
异亮氨酸	0.88±0.05	脯氨酸	0.78±0.04
苯丙氨酸	0.78±0.03	色氨酸	—
缬氨酸	0.97±0.04	鲜味氨基酸（FAA）	—
苏氨酸	1.09±0.42	氨基酸总量	19.63±0.87
蛋氨酸	0.57±0.03	EAA/NEAA	—
非必需氨基酸（NEAA）	—	EAA/TAA	—
酪氨酸	0.72±0.03	精氨酸	1.32±0.07
丙氨酸	1.28±0.06	丝氨酸	0.82±0.04
甘氨酸	0.93±0.06	必需氨基酸（EAA）	—
天门冬氨酸	1.92±0.09		
谷氨酸	0.93±0.06		

（二）繁殖性能

德格山羊公、母羊性成熟年龄为 11～12 月龄，初配年龄为 12 月龄。多集中于秋季发情配种，发情周期为 18～21d，发情持续 2～4d。妊娠期为 150d 左右，一般一年一胎，一胎一羔，繁殖成活率47.01%，利用年限一般为8～10岁。

（三）产毛性能

德格山羊每年7月份剪毛（抓绒）一次，偏南和海拔相对较高的地区一般不剪毛，也无抓绒习惯。德格山羊产毛量平均为2 500g左右，产绒量平均为700g左右。

六、饲养管理

德格山羊全年全天混群放牧，羔羊随母羊放牧，4～5月龄断奶，公羔5～6月龄阉割去势。一般不补饲，只在冬、春季节对怀孕母羊补饲少量青稞和青干草。

图4 放牧管理

七、品种保护

德格山羊尚未划定保护区，未建立保种场，也未开展系统选育。下一步需制定保种选育方案，提高产肉性能和繁殖性能。

八、评价与利用

德格山羊耐寒耐粗放，抗病力强，在4 000m及以上海拔和恶劣自然环境条件下都能保持较高的生活力，能利用高寒地区的牧草。具有耐寒，耐粗放，抗病力强的特点。今后可向绒、羔皮、肉方向发展。

谷地型藏山羊

谷地型藏山羊属肉、毛（绒）兼用型，是对谷地型藏山羊类群的统称。

一、一般情况

（一）产区及分布

甘孜州谷地型藏山羊中心产区为雅江、稻城，新龙、炉霍、道孚、丹巴县的干燥河谷地区均有分布。

（二）产区自然生态条件

产区位于四川省西部甘孜州中部地区，金沙江上游中段和大渡河尖嘴源头。地处青藏高原东南缘，是四川盆地向青藏高原的过渡地带，地表平均海拔3 500m，地势由东南向西抬升。境内海拔高低悬殊，地形、地貌类型复杂。气候、植被、土壤等自然要素具有显著的垂直地带性变化，而且也呈现出一定的纬度性变化。受地理位置，大气环流，特别是地形等各方面因素的影响和相互作用，气候类型复杂多样。

1. 丘状高原区

新龙县，该县海拔高，属亚寒带、寒带气候，植被以高山灌丛草甸、高山草甸为主，并有部分高寒草甸，是甘孜州的主要牧区。

图1 放牧生态

2. 山原区

炉霍、道孚、雅江以及康定折多山以西地区属山原区，寒温带、温带气候，以亚高山灌丛草甸、亚高山草甸为主，并有一定的高山灌丛草甸、高山草甸，是甘孜州的半农半牧区。

3. 高山峡谷区

丹巴县部分地区，属亚热带、暖温带、温带气候。植被以森林为主，并有部分草山草坡、亚高山灌丛草地、亚高山草甸。

二、品种来源与变化

（一）品种来源

谷地型藏山羊的饲养历史悠久。在公元前四世纪前后，古羌民族定居在现今甘孜州金沙江、大渡河，羌人以牧羊著称。谷地型藏山羊是牧民把岩羊经过驯化后而形成的品种。该品种由于长期在该地区进行闭锁繁育，通过无数代的自然选择，适应当地气候和环境条件的谷地型藏山羊便逐渐保留下来，形成了藏山羊中一个特殊的类群。

（二）群体数量及变化情况

据统计 2005 年底谷地型藏山羊存栏 195 177 只，能繁育母羊 67 252 只；2010 年底存栏山羊 166 220 只，能繁育母羊 58 922 只；2016 年底存栏山羊 138 875 只，能繁育母羊 58 502 只。2016 年调查纯种存栏 21 886 只，能繁育母羊 10 823 只，配种公羊 2 355 只。

三、体型外貌特征

谷地型藏山羊中，全白、黑花、头黑、体花、体白者相对较多，毛长，肤色与毛色一致；骨骼健壮、头形略显狭长、体型矮小；头较小，面部清秀，鼻梁平直，眼大有神，耳大小适中、平直略下垂，头形略显狭长；颈较细长，胸较宽、深，背腰稍凸，四肢细，蹄坚实；瘦尾、细短、呈锥形；公羊角粗细均匀，扁角，向两侧半螺旋延伸，母羊角细，角轮明显，向上向后延伸，公、母羊无角的少。

图2 谷地型藏山羊（公）

图3 谷地型藏山羊（母）

四、体重及体尺

对雅江县八角楼乡、河口镇，丹巴县东谷乡、巴旺乡的12月龄谷地型藏山羊公、母羊和成年公、母羊进行了测定，见表1。

表1 谷地型藏山羊体重及体尺

单位：只、kg、cm

年龄	性别	样本数	体重（kg）	体高（cm）	体长（cm）	胸围（cm）
12月龄	♂	39	15.57±2.13	52.64±4.12	61.59±6.66	62.59±4.55
	♀	174	14.86±2.87	51.65±4.78	61.51±6.59	59.09±4.57
成年	♂	30	23.23±5.66	58.10±6.93	72.03±14.25	70.57±8.34
	♀	184	20.13±3.43	55.64±3.36	70.26±7.60	67.64±4.71

五、生产性能

（一）产肉性能和肉品质

1. 产肉性能

1.1 屠宰前体重及体尺

谷地型藏山羊12月龄公、母羊体重分别为14.33±1.53kg和12.50±2.18kg，见表2。

表2 谷地型藏山羊屠宰前体重及体尺

单位：只、kg、cm

性别	样本数	屠宰前活重（kg）	体长（cm）	胸围（cm）	体高（cm）	管围（cm）
♂	3	14.33±1.53	54.66±2.31	60.67±1.58	48.00±2.65	7.00±0.35
♀	3	12.50±2.18	52.33±2.31	58.33±2.52	47.66±2.08	6.00±0.50

1.2 屠宰性能

谷地型藏山羊公、母羊的屠宰率分别为42.11±5.26%和43.85±4.51%，净肉率分别为31.34±3.36%和32.84±3.16%，见表3。

表3 谷地型藏山羊屠宰性能

单位：只、kg、%

性状	♂（kg）	♀（kg）
样本数	3	3
胴体重	6.00±0.87	5.33±1.04
屠宰率（%）	42.11±5.26	43.85±4.51
净肉重	4.46±0.58	4.00±0.72
骨重	1.71±0.23	1.50±0.22
肉骨比	2.62±0.07	2.61±0.16
净肉率（%）	31.34±5.36	32.84±9.6
胴体产肉率（%）	72.34±0.54	72.30±0.78

1.3 副产物

谷地型藏山羊副产物测定见表4。

表4 谷地型藏山羊副产物

单位：kg、cm²、g

性状	♂（kg）	♀（kg）	性状	♂（kg）	♀（kg）
血重	0.53±0.06	0.43±0.08	皱胃净重	0.40±0.06	0.38±0.03
头重	1.13±0.13	0.85±0.10	心重	0.12±0.03	0.07±0.03
前蹄重	0.22±0.03	0.15±0.01	肝重	0.38±0.08	0.28±0.03

续表 4 谷地型藏山羊副产物　　　　　　　　　　　　　　　　单位：kg、cm²、g

性状	♂（kg）	♀（kg）	性状	♂（kg）	♀（kg）
后蹄重	0.18±0.03	0.13±0.03	脾重	0.05±0.01	0.05±0.01
皮重	1.02±0.18	0.78±0.10	肺重	0.23±0.06	0.20±0.01
皮张面积（cm²）	3400±500	3100±700	肾重	0.05±0.01	0.06±0.03
小肠净重	0.35±0.06	0.23±0.03	花油重	0.15±0.05	0.13±0.04
小肠长度（m）	16.66±3.06	14.33±2.10	瓣胃净重	0.35±0.06	0.36±0.03
十二指肠重	0.28±0.04	0.15±0.01	网胃净重	0.38±0.03	0.35±0.01
直肠净重	0.08±0.03	0.10±0.01	瘤胃净重	0.72±0.08	0.65±0.01
大肠净重	0.13±0.03	0.20±0.10	胃及内脏重	2.82±1.01	2.83±0.62

1.4 胴体体尺

谷地型藏山羊公、母羊胴体长分别为 45.00±2.65% 和 45.33±2.52%，见表 5。

表 5 谷地型藏山羊胴体体尺　　　　　　　　　　　　　　　　单位：只、kg、cm

性状	♂（cm）	♀（cm）
样本数	3	3
胴体长	45.00±2.65	45.33±2.52
胴体深	24.00±1.73	22.33±1.54
胴体胸深	22.33±0.58	21.33±1.53
胴体后腿围	22.68±1.53	22.67±0.58
胴体后腿长	38.33±1.53	38.67±3.51
胴体后腿宽	13.67±1.15	12.33±1.15
大腿肌肉厚	3.87±0.76	3.80±0.36
腰部肌肉厚	1.23±0.35	1.33±0.35
后腿肉重（kg）	0.80±0.10	0.67±0.09
腰肉重（kg）	0.23±0.03	0.24±0.04
肋肉重（kg）	0.26±0.06	0.24±0.06
肩胛肉重（kg）	0.62±0.08	0.55±0.15
胸下肉重（kg）	0.33±0.04	0.30±0.06

2. 肉品质

2.1 肉品质及理化特性

谷地型藏山羊公、母羊的熟肉率分别为 60.88±4.27% 和 61.59±3.04%，眼肌面积分别为 6.28±0.64cm² 和 5.50±1.35cm²，见表 6。

表 6 谷地型藏山羊肉品质及理化特性　　　　　　　　　　　　　　　　单位：cm、cm²、mm、N、%

类别	♂	♀
滴水损失（%）	1.53±0.22	2.10±0.24
背膘厚（cm）	0.06±0.01	0.07±0.01
GR（mm）	0.15±0.08	0.20±0.09
眼肌面积（cm²）	6.28±0.64	5.50±1.35
剪切力（N）	7.62±1.15	7.24±0.21
熟肉率（%）	60.88±4.27	61.59±3.04
pH/45min	6.27±0.22	6.42±0.07
L	46.18±1.31	43.85±1.23
a	5.79±0.34	5.54±0.86
b	6.58±0.08	6.01±0.95

2.2 营养成分

谷地型藏山羊公、母羊肌肉中的蛋白质含量分别为 $20.30 \pm 0.40\%$ 和 21.10 ± 0.70；脂肪含量分别为 $20.30 \pm 0.40\%$ 和 $1.83 \pm 0.12\%$，见表7。

表7 谷地型藏山羊肌肉中营养成分 单位：%

性别	水分	灰分	脂肪	蛋白质
♂	76.13 ± 0.75	1.12 ± 0.11	1.46 ± 0.65	20.30 ± 0.40
♀	75.27 ± 0.60	1.20 ± 0.14	1.83 ± 0.12	21.10 ± 0.70

2.3 矿物质及胆固醇含量

谷地型藏山羊公、母羊肌肉中胆固醇含量分别为 $80.93 \pm 5.42\text{mg}/100\text{g}$ 和 $74.83 \pm 6.37\text{mg}/100\text{g}$，钾含量分别为 $0.24 \pm 0.03\%$ 和 $0.28 \pm 0.01\%$，钙含量分别为 $61.83 \pm 12.19\text{mg/kg}$ 和 $51.40 \pm 4.89\text{mg/kg}$，铁含量分别为 $13.03 \pm 1.30\text{mg/kg}$ 和 $16.00 \pm 2.55\text{mg/kg}$，锌含量分别为 $43.43 \pm 5.89\text{mg/kg}$ 和 $32.27 \pm 2.25\text{mg/kg}$，见表8。

表8 谷地型藏山羊肌肉中矿物质及胆固醇含量 单位：%、mg/100g、mg/kg

类别	♂（mg/kg）	♀（mg/kg）
磷（%）	0.18 ± 0.00	0.18 ± 0.01
钾（%）	0.24 ± 0.03	0.28 ± 0.01
钠（%）	0.05 ± 0.00	0.05 ± 0.00
硒	0.02 ± 0.01	0.03 ± 0.00
钙	61.83 ± 12.19	51.40 ± 4.89
镁	205.33 ± 5.51	210.67 ± 18.72
铁	13.03 ± 1.30	16.00 ± 2.55
锌	43.43 ± 5.89	32.27 ± 2.25
胆固醇（mg/100g）	80.93 ± 5.42	74.83 ± 6.37

2.4 重金属含量

谷地型藏山羊公、母羊肌肉中均未检出砷、汞、镉、铜和锰等重金属，铅和铬等含量极低，见表9。

表9 谷地型藏山羊肌肉中重金属含量 单位：mg/kg

类别	♂	♀
铅	0.01 ± 0.00	0.01 ± 0.00
镉	未检出	未检出
铬	0.08 ± 0.01	0.08 ± 0.01
砷	未检出	未检出
汞	未检出	未检出
铜	未检出	未检出
锰	未检出	未检出

2.5 氨基酸含量

谷地型藏山羊公、母羊肌肉中共检测到18种氨基酸(8种必需氨基酸和10种非必需氨基酸)。公羊必需氨基酸和非必需氨基酸分别占总氨基酸的 $39.18 \pm 1.83\%$ 和 $60.93 \pm 3.76\%$，必需氨基酸占非必需氨基酸的含量为 $64.31 \pm 1.03\%$；母羊必需氨基酸和非必需氨基酸分别占总氨基酸的 $38.70 \pm 0.82\%$ 和 $61.23 \pm 2.29\%$，必需氨基酸占非必需氨基酸的含量为 $63.21 \pm 1.92\%$。见表10。

表10 谷地型藏山羊肌肉中氨基酸含量 单位：g/100g、%

氨基酸类型	♂		♀	
	含量（g/100g）	占总氨基酸（%）	含量（g/100g）	占总氨基酸（%）
必需氨基酸（EAA）	7.01 ± 0.33	39.18 ± 1.83	7.56 ± 0.16	38.70 ± 0.82
赖氨酸	1.66 ± 0.11	9.27 ± 0.59	1.80 ± 0.01	9.22 ± 0.05
亮氨酸	1.52 ± 0.06	8.51 ± 0.34	1.66 ± 0.04	8.48 ± 0.21
异亮氨酸	0.81 ± 0.03	4.53 ± 0.15	0.86 ± 0.03	4.42 ± 0.13
苯丙氨酸	0.78 ± 0.03	4.36 ± 0.15	0.85 ± 0.04	4.33 ± 0.18
缬氨酸	0.79 ± 0.05	4.39 ± 0.25	0.85 ± 0.02	4.35 ± 0.10
苏氨酸	0.82 ± 0.04	4.58 ± 0.24	0.87 ± 0.01	4.47 ± 0.06
蛋氨酸	0.55 ± 0.01	3.07 ± 0.06	0.59 ± 0.00	3.02 ± 0.00
色氨酸	0.08 ± 0.01	0.47 ± 0.04	0.08 ± 0.02	0.41 ± 0.09
非必需氨基酸（NEAA）	10.91 ± 0.67	60.93 ± 3.76	11.96 ± 0.45	61.23 ± 2.29
酪氨酸	0.65 ± 0.04	3.61 ± 0.21	0.71 ± 0.01	3.62 ± 0.03
丙氨酸	1.08 ± 0.05	6.03 ± 0.30	1.20 ± 0.06	6.16 ± 0.29
甘氨酸	0.82 ± 0.03	4.58 ± 0.19	0.95 ± 0.12	4.88 ± 0.64
天冬氨酸	1.73 ± 0.09	9.68 ± 0.48	1.89 ± 0.05	9.69 ± 0.23
谷氨酸	3.37 ± 0.26	18.83 ± 1.43	3.61 ± 0.08	18.50 ± 0.39
精氨酸	1.22 ± 0.08	6.80 ± 0.47	1.33 ± 0.04	6.83 ± 0.16
丝氨酸	0.73 ± 0.04	4.08 ± 0.24	0.79 ± 0.04	4.06 ± 0.13
胱氨酸	0.12 ± 0.01	0.65 ± 0.03	0.12 ± 0.00	0.61 ± 0.00
组氨酸	0.59 ± 0.06	3.31 ± 0.03	0.64 ± 0.02	3.28 ± 0.10
脯氨酸	0.60 ± 0.02	3.35 ± 0.10	0.70 ± 0.06	3.60 ± 0.33
鲜味氨基酸（FAA）	8.22 ± 0.51	45.92 ± 2.85	9.00 ± 0.03	46.06 ± 1.70
氨基酸总量（TAA）	17.90 ± 0.87	100	19.53 ± 0.40	100
EAA/NEAA	64.31 ± 1.03		63.21 ± 1.92	
EAA/TAA	39.18 ± 0.38		38.70 ± 0.72	

（二）繁殖性能

谷地型藏山羊性成熟公羊10～12月龄，母羊8～10月龄，初配年龄公羊10～12月龄，母羊10～12月龄。母羊多集中于6～9发情配种，发情周期 $16 \pm 2.2d$，发情持续期1～3d。妊娠期140～150d，产羔率63.68%左右。利用年限公羊为5～6年，母羊为8～10年。

（三）产毛性能

谷地型藏山羊每年7月份剪毛（抓绒）一次。产毛量为 $2500 \pm 100g$，产绒量为 $720 \pm 50g$。海拔高度差悬殊，产毛和产绒性能差异也较大，海拔相对较高的地区产毛和产绒性能较高一些。

六、饲养管理

谷地型藏山羊终年放牧，羔羊初生后跟羊群自由放牧采食。饲草丰茂季节一般不补饲，只在冬春、季节对怀孕母羊补饲少量青稞和青干草。羊羔4～5月龄断奶，公羔5～6月月龄阉割去势。

图4 放牧管理

七、品种保护

目前，尚未划定保护区，未建立保种场，也未开展系统选育。下一步需制定保种选育方案，提高产肉性能和繁殖性能。

八、评价与利用

谷地型藏山羊具有耐寒，耐粗，抗病力强，温顺易管理的特点。在高海拔和恶劣自然环境条件下都能保持较高的生活力，能利用其他牲畜难以利用的饲草和灌丛枝叶。向肉、毛兼用型方向进行选育和改良是今后发展的目标。

丹巴黄羊

丹巴黄羊是以南江黄羊为父本改良本地藏山羊而培育的以产肉为主的山羊新类群。

一、一般情况

（一）产区及分布

丹巴黄羊产区为丹巴县革什扎乡、巴旺乡、巴底乡、岳扎乡、半扇门乡、太平桥乡。

（二）产区自然生态条件

丹巴县位于四川省西部，青藏高原东南缘，北纬30°24′～31°23′，东经101°17′～102°12′，系大渡河畔第一城，也是甘孜州的东大门。县境内高山对峙，河流纵横，牦牛河、革什扎河、大金河、小金河、交汇成大渡河，属典型的高山峡谷地貌，形成了丰富的放牧草山草坡资源。

丹巴县，属岷山邛崃山脉之高山区，大渡河自北向南纵贯全境，切割高山，立体地貌显著，是川西高山峡谷的一部分。境内峰峦叠嶂、峡谷幽深，丹巴县地势西南高，东南低，全县最低海拔1 700m，最高海拔5 820m，相对高差为4 120m，所以又有着"一山有四季，十里不同天"的气候特点。

丹巴县属高山峡谷型地貌，境内地质总体构造形态为一背复斜，由一系列平行排列线状褶皱组成，褶皱主要由春牛场背斜、丹巴向斜11个褶皱组成，各级褶皱之上有次级褶皱

图1 放牧生态

的叠加。断裂活动较强烈，主要断裂以北西向，次为北东向，南北向一般规模较小，影响最大的为玉科——丹巴断裂，贯穿丹巴全境。以高山深切河谷为主，地势呈西高东低，北高南低，西北向东南倾斜。

全县辖区面积 5 649km²，现有耕地 39 515亩。辖 15个乡（镇），181个行政村，总人口 5.65万人，其中农业人口 5.044万人。丹巴县属青藏高原型季风气候，太阳辐射强烈，日照时间长。年平均气温 14℃～18℃，日照、光辐射充足，日照数一般在 2 107～2 316h 之间，雨热同季，降雨集中，干湿季分明，年降水量 500～1 000mm，有丰富的物产和多样的气候特征，独特的区域性及生物多样性，使丹巴县发展山羊具有独特的优势。

二、品种来源与变化

（一）品种来源

丹巴黄羊是利用杂交育种法，用南江黄羊为父本，藏山羊为母本，开展两个品种杂交，在此基础上，进行级进杂交，生产二代杂交羊。该羊血统含南江黄羊 75%，藏山羊 25%。属肉用型山羊，具有性成熟早、生长发育快、繁殖力高，适应性强、耐粗饲、抗病力强，适宜于高山峡谷半舍式和放牧饲养。

（二）群体数量及变化情况

2010年～2015年间，培育丹巴黄羊基础母羊 5 700只，推广公羊 255只，推广到康定市、泸定县、海螺沟景区管理局和丹巴本县改良本地山羊。

三、体型外貌

丹巴黄羊被毛主要为黄色，颜面黑黄，鼻梁两侧有浅黄色条纹；公羊颈部及前胸被毛黑色粗长，沿背脊有一条黑色毛带，十字部后渐浅；部分羊腰、臀、四肢为白色，体质结实，结构匀称；有角，角根粗，呈倒八字形；头大适中，耳直立或平直，颈长胸深，背腰平直，四肢粗壮，蹄质坚实；体躯各部结合良好，整个体躯略呈倒梯形；公羊有毛髯、额宽面平、颈粗短；母羊颜面清秀，颈细长。

图 2　丹巴黄羊（公）

图 3　丹巴黄羊（母）

四、体重及体尺

丹巴黄羊 6 月龄公、母羊体重分别 20.29±5.75kg 和 16.39±3.33kg, 12 月龄公、母羊体重 29.52±7.72kg 和 22.96±5.73kg。见表 1。

表 1 丹巴黄羊体重及体尺 单位: kg、cm

年龄	性别	体重（kg）	体长（cm）	体高（cm）	胸围（cm）
初生	♂	2.63±0.35	—	—	—
	♀	2.43±0.34	—	—	—
6 月龄	♂	20.29±5.75	54.23±8.64	52.11±7.42	62.89±6.78
	♀	16.39±3.33	45.54±9.50	42.83±4.26	51.06±5.54
12 月龄	♂	29.52±7.72	58.44±6.69	58.20±7.15	68.31±8.20
	♀	22.96±5.73	52.89±3.62	51.17±4.93	61.07±5.30
18 月龄	♂	31.52±7.37	63.78±6.34	61.37±6.05	72.29±7.75
	♀	27.75±7.70	57.35±3.63	56.51±4.87	65.73±6.83
24 月龄	♂	34.64±7.65	63.58±8.09	63.00±6.57	75.85±9.70
	♀	32.23±5.24	60.21±3.04	60.88±3.57	71.82±4.64
36 月龄	♂	48.27±11.09	72.91±9.50	68.55±8.76	84.45±7.49
	♀	36.87±6.31	63.61±4.10	63.78±5.38	75.55±5.17

五、生产性能

（一）产肉性能和肉品质

1. 产肉性能

随机选择发育良好、健康无疾病的 12 月龄丹巴黄羊公、母各 3 只进行屠宰测定。

1.1 屠宰前体重及体尺

丹巴黄羊公、母羊体重分别为 25.83±1.04kg 和 18.50±2.29kg，见表 2。

表 2 丹巴黄羊屠宰前体重及体尺 单位: 只、kg、cm

性别	样本数	屠宰前活重（kg）	体长（cm）	胸围（cm）	体高（cm）	管围（cm）
♂	3	25.83±1.04	63.68±0.58	71.00±2.65	57.33±1.53	8.66±0.57
♀	3	18.50±2.29	60.33±1.15	64.66±4.16	53.68±1.53	7.33±0.58

1.2 屠宰性能

丹巴黄羊公、母羊屠宰率分别为 45.18±0.78% 和 38.89±2.08%，净肉率分别为 33.76±1.4% 和 28.59±1.99%，胴体产肉率分别为 74.30±0.85% 和 74.08±0.65%，见表 3。

表 3 丹巴黄羊屠宰性能 单位: 只、kg、%、mm、cm²

性状	♂（kg）	♀（kg）
样本数	3	3
胴体重	11.68±1.29	7.17±1.57
净肉重	8.71±0.15	5.26±0.33
骨重	3.02±0.18	1.84±0.12
屠宰率（%）	45.18±0.78	38.89±2.08
净肉率（%）	33.76±1.4	28.59±1.99

续表3 丹巴黄羊屠宰性能 单位：只、kg、%、mm、cm²

性状	♂（kg）	♀（kg）
样本数	3	3
胴体产肉率（%）	74.30±0.85	74.08±0.65
肉骨比	2.89±0.13	2.86±0.10
后腿肉重	1.39±0.07	0.97±0.05
眼肌面积（cm²）	7.83±1.09	6.13±1.43
GR（mm）	0.37±0.03	0.33±0.13

1.3 副产物

丹巴黄羊副产物测定见表4。

表4 丹巴黄羊副产物 单位：只、kg、cm²

性状	♂（kg）	♀（kg）
样本数	3	3
头重	1.65±0.01	1.25±0.09
前蹄重	0.34±0.03	0.20±0.03
后蹄重	0.33±0.03	0.18±0.03
皮重	1.43±0.16	1.05±0.05
皮张面积（cm²）	5800±200	4200±600
心重	0.15±0.04	0.10±0.01
肝重	0.50±0.06	0.43±0.03
脾重	0.05±0.01	0.05±0.01
肺重	0.30±0.01	0.23±0.03
肾重	0.10±0.01	0.08±0.02
瘤胃净重	0.93±0.06	0.78±0.08
网胃净重	0.42±0.03	0.42±0.03
瓣胃净重	0.43±0.03	0.40±0.06
皱胃净重	0.50±0.09	0.47±0.03
小肠净重	0.42±0.08	0.38±0.06
十二指肠净重	0.30±0.22	0.24±0.06
直肠净重	0.13±0.03	0.13±0.04
头重	0.27±0.15	0.30±0.18

1.4 胴体体尺

丹巴黄羊公、母羊胴体长分别为59.67±5.86 cm和47.60±3.21 cm，见表5。

表5 丹巴黄羊胴体体尺 单位：只、kg、cm²

性状	♂（cm）	♀（cm）
样本数	3	3
胴体长	59.67±5.86	47.60±3.21
胴体深	28.00±2.00	26.33±0.58
胴体胸深	25.67±1.53	24.67±1.15
胴体后腿围	31.33±1.53	25.33±1.53
胴体后腿长	47.33±1.53	43.00±1.00
胴体后腿宽	17.67±1.53	16.67±0.58
大腿肌肉厚	4.77±0.50	4.77±0.12
腰肌肉厚	2.47±0.06	1.43±0.21
腰肉重（kg）	0.60±0.06	0.35±0.05

续表 5 丹巴黄羊胴体体尺		单位：只、kg、cm²
性状	♂（cm）	♀（cm）
样本数	3	3
肋肉重（kg）	0.54±0.07	0.29±0.08
肩胛肉重（kg）	1.01±0.02	0.64±0.02
胸下肉重（kg）	0.82±0.10	0.38±0.06

2. 肉品质

2.1 肉品质及理化特性

丹巴黄羊公、母羊剪切力分别为 8.88±3.77N 和 6.91±0.25N，熟肉率分别为 59.12±4.73% 和 60.15±0.78%，见表6。

表6 丹巴黄羊肉品质及理化特性		单位：只、N、%
性状	♂	♀
样本数	3	3
pH_{45min}	6.13±0.08	6.33±0.15
剪切力（N）	8.88±3.77	6.91±0.25
熟肉率（%）	59.12±4.73	60.15±0.78
L	46.67±1.38	46.10±1.27
a	7.78±0.43	5.62±0.35
b	7.32±0.91	7.04±1.19

2.2 营养成分

丹巴黄羊公、母羊肌肉中脂肪含量分别为 2.08±0.76% 和 1.30±0.43%，蛋白质含量分别为 20.63±1.29% 和 21.07±0.81%，见表7。

表7 丹巴黄羊肌肉中营养成分				单位：%
性别	水分	灰分	脂肪	蛋白质
♂	74.23±1.05	1.04±0.01	2.08±0.76	20.63±1.29
♀	75.30±1.06	1.12±0.06	1.30±0.43	21.07±0.81

2.3 矿物质及胆固醇含量

丹巴黄羊公、母羊肌肉中胆固醇含量分别为 70.23±3.29mg/100g 和 68.97±4.20mg/100g，钙含量分别为 47.77±2.94mg/kg 和 43.83±3.75mg/kg，镁含量分别为 225.67±17.90mg/kg 和 180.33±44.38mg/kg，铁含量分别为 16.33±1.47mg/kg 和 13.57±1.21mg/kg，锌含量分别为 32.50±2.55mg/kg 和 68.97±4.20 mg/kg，见表8。

表8 丹巴黄羊肌肉中矿物质及胆固醇含量		单位：%、mg/kg、mg/100g
类别	♂（mg/kg）	♀（mg/kg）
磷（%）	0.18±0.01	0.15±0.03
钾（%）	0.25±0.01	0.24±0.03
钠（%）	0.05±0.00	0.05±0.00
硒	0.03±0.01	0.02±0.00
钙	47.77±2.94	43.83±3.75
镁	225.67±17.90	180.33±44.38
铁	16.33±1.47	13.57±1.21

续表8 丹巴黄羊肌肉中矿物质及胆固醇含量 单位：%、mg/kg、mg/100g

类别	♂（mg/kg）	♀（mg/kg）
锌	32.50±2.55	29.33±9.98
胆固醇（mg/100g）	70.23±3.29	68.97±4.20

2.4 重金属含量

丹巴黄羊公、母羊肌肉中未检出砷、汞、铜、镉和锰等，铅和铬等含量极低，见表9。

表9 丹巴黄羊肌肉中重金属含量 单位：mg/kg

类别	♂	♀
铅	0.01±0.00	0.02±0.00
镉	未检出	未检出
铬	0.07±0.00	0.06±0.01
砷	未检出	未检出
汞	未检出	未检出
铜	未检出	未检出
锰	未检出	未检出

2.5 氨基酸含量

丹巴黄羊公、母羊肌肉中共检测到18种氨基酸(8种必需氨基酸和10种非必需氨基酸)。公羊必需氨基酸和非必需氨基酸分别占总氨基酸的39.56±2.30%和60.44±3.93%，必需氨基酸占非必需氨基酸的含量为65.45±0.71%；母羊必需氨基酸和非必需氨基酸分别占总氨基酸的39.48±1.10%和60.34±1.63%，必需氨基酸占非必需氨基酸的含量为65.43±1.80%。见表10。

表10 丹巴黄羊肌肉中氨基酸含量 单位：g/100g、%

氨基酸类型	♂ 含量（g/100g）	♂ 占总氨基酸（%）	♀ 含量（g/100g）	♀ 占总氨基酸（%）
必需氨基酸/EAA	7.75±0.45	39.56±2.30	7.78±0.22	39.48±1.10
赖氨酸	1.83±0.09	9.32±0.47	1.82±0.05	9.26±0.26
亮氨酸	1.71±0.09	8.71±0.46	1.71±0.04	8.66±0.18
异亮氨酸	0.91±0.06	4.64±0.28	0.92±0.04	4.67±0.20
苯丙氨酸	0.86±0.08	4.40±0.38	0.86±0.02	4.38±0.11
缬氨酸	0.89±0.06	4.54±0.28	0.89±0.03	4.52±0.15
苏氨酸	0.89±0.05	4.54±0.23	0.89±0.02	4.50±0.08
蛋氨酸	0.59±0.03	3.03±0.13	0.60±0.02	3.05±0.10
色氨酸	0.07±0.01	0.38±0.06	0.09±0.01	0.44±0.03
非必需氨基酸/NEAA	11.85±0.77	60.44±3.93	11.89±0.32	60.34±1.63
酪氨酸	0.71±0.04	3.62±0.18	0.72±0.01	3.67±0.06
丙氨酸	1.18±0.09	6.04±0.43	1.19±0.02	6.06±0.08
甘氨酸	0.90±0.11	4.59±0.55	0.91±0.09	4.64±0.46
天冬氨酸	1.88±0.10	9.59±0.50	1.88±0.03	9.56±0.16
谷氨酸	3.55±0.14	18.13±0.72	3.59±0.04	18.24±0.19
精氨酸	1.34±0.09	6.82±0.46	1.36±0.01	6.92±0.03
丝氨酸	0.78±0.04	3.98±0.22	0.77±0.01	3.91±0.05
胱氨酸	0.12±0.00	0.61±0.00	0.12±0.01	0.63±0.03
组氨酸	0.73±0.12	3.72±0.63	0.66±0.07	3.37±0.35
脯氨酸	0.65±0.05	3.33±0.23	0.66±0.05	3.35±0.23

续表 10 丹巴黄羊肌肉中氨基酸含量 单位：g/100g、%

氨基酸类型	♂		♀	
	含量（g/100g）	占总氨基酸（%）	含量（g/100g）	占总氨基酸（%）
鲜味氨基酸 /FAA	8.85±0.52	45.17±2.67	8.95±0.18	45.41±0.91
氨基酸总量 /TAA	19.60±1.15	100	19.7±0.20	100.00
EAA/NEAA	65.45±0.71		65.43±1.80	
EAA/TAA	39.56±0.26		39.48±0.66	

（二）繁殖性能

丹巴黄羊母羊性成熟早，4～6月龄初次发情，6～8月龄开始配种。公羊初配年龄8～10月龄。放牧条件下自然交配，发情周期21d，发情持续期48～72h。妊娠期150d左右，一年二胎，双羔率占70%，羔羊断奶成活率平均85%。配种公母比例为1:20～25。利用年限公羊为5～8年，母羊为8～10年。

六、饲养管理

丹巴黄羊以放牧为主，冬春季节主要补饲玉米、黄豆、青干草。羔羊4～5月龄断奶，公羊5～6月龄阉割去势。主要使用阿维菌素和阿苯达唑进行驱虫。

图4 放牧管理

七、研究和利用情况

（一）研究情况

四川省草原科学研究院、甘孜州畜牧业科学研究所、甘孜州畜牧站，丹巴县农牧农村和科技局共同对丹巴黄羊生长发育、产肉性能、肉品质与本地藏山羊对比进行研究。

（二）利用

丹巴黄羊培育期间，推广公羊 255 只到康定市、泸定县、海螺沟景区管理局和丹巴县改良本地山羊，改良面达 60% 以上。

八、评价与利用

（一）评价

1. 生长发育快

丹巴黄羊与本地藏山羊以屠宰周岁羊体重比较。本地藏山羊 1 周岁公、母羊平均体重分别为 14.33kg 和 12.50kg；丹巴黄羊周岁公、母羊平均体重分别为 25.83kg 和 18.50 kg，比本地同龄藏山体重增 11.5kg、6.00kg，提高 80.25%、48%。本地藏山羊 2 周岁公羊平均体重为 20.16 kg；丹巴黄羊 2 周岁公羊平均体重 34.64kg。较本地藏山羊体重增加 13.49kg，提高 66.91%。

2. 繁殖率高

本地藏山羊一年一胎，一胎一羔的占 80% 左右，一胎双羔的占 20% 左右，繁殖成活率 47% ～ 66%；丹巴黄羊一年二胎，一胎一羔的占 30% 左右，一胎双羔的占 70% 左右，极少数一胎三羔，繁殖成活率 150%。

3. 适应性强

丹巴黄羊适应大渡河流域沿岸高山峡谷，荒山荒坡，干旱河谷地带，具有耐粗放粗饲，抗病力强的特点。

（二）利用

为了提高甘孜州山羊生产能力，促进山羊产业发展，增加农牧民养羊收入。甘孜州先后引进南江黄羊、波尔山羊、简州大耳羊、金堂黑山羊等不同品种的山羊作父本，改良本地藏山羊试验示范，通过综合比较筛选出南江黄羊改良本地山羊得到了饲养农户的认可，取得了较好的经济效益。为充分利用甘孜州大渡河流域荒山荒坡资源，结合半舍式饲养方式和荒山荒坡放牧。提出以下几点建议：

1. 加大对丹巴黄羊新品种培育力度，加强丹巴黄羊培育领导，明确培育方向不走弯路。

2. 加强丹巴黄羊新品种培育的投入。没有资金投入，是不可能培育出新品种，没有固定连续的资金投入，也会严重影响品种培育的进度。

3. 组建技术团队，为丹巴黄羊新品种培育提供强有力的技术保障。

4. 培育或引入开拓市场、竞争有力、利益共享、风险共担的龙头企业，打造丹巴黄羊品牌，形成公司＋合作社＋农户的养殖模式，提高养殖组织化程度，完善丹巴黄羊产业链各环节的利益联结机制，促进养殖户持续稳定增收。

第三章

猪

藏猪

藏猪是世界上分布在海拔最高地区的猪种之一，属高原放牧型猪种，已列入《中国国家畜禽遗传资源名录》和《中国国家畜禽遗传资源保护名录》。

一、一般情况

（一）产地与分布

藏猪为肉脂兼用型品种，产于我国青藏高原的半农半牧区。中心产区为稻城、乡城、得荣、巴塘、雅江、道孚、理塘、丹巴、甘孜、白玉、石渠、新龙、炉霍、色达、康定、九龙、泸定均有分布。

（二）产区自然生态条件

藏猪产区主要分布在青藏高原至高山峡谷的过渡地带，位于北纬 27.93° ~ 33.59°，东经 98.83° ~ 104.23° 之间，海拔 2 600m ~ 3 500m。气候严寒，四季不分明，年平均气温为 6℃ ~ 12℃，昼夜温差大。空气干燥，光照充足，年日照量 2 300h，年降水量 600mm ~ 700mm，无霜期 100d ~ 120d。土质多属新积土、黑色石灰土、褐土、棕壤、黄棕壤。农作物以玉米、小麦、土豆为主，青稞、豆类次之，多一年一熟，产量很低，亩产 150 ~ 250kg。饲料作物以禾本科、菊科牧草为主，多年生牧草大都每年3月返青，10月枯黄，一般亩产鲜草 100kg ~ 200kg，低山草场亩产可达 250kg ~ 400kg。

图1 放牧生态

二、品种形成和数量结构

（一）品种形成

藏猪是藏族人民在世世代代辛勤劳动中，在漫长岁月里由野猪驯化而来，通过长期的自繁自育和人工选择而形成的品种。藏猪形成的历史记载较少，明朝何宇度《盖部谈资》（卷上）曾描述藏猪"小而肥，肉颇香"，极似今日藏猪之特点。青藏高原气候恶劣，农作物生存条件差，但草场资源丰富，当地民族多采用放牧方式饲养藏猪。高寒气候和放牧的饲养环境下，藏猪受自然选择影响，形成了独有的特征、特性。

藏猪适应高原环境气候，具有耐高寒、耐粗饲、抗逆性强等特点，视觉发达，听觉、嗅觉灵敏，反应迅速，奔跑能力强，是甘孜州极具特色的地方猪种。

（二）数量结构

2016 年调查藏猪存栏 70 494 头，其中能繁育母猪 20 378 头，公猪 2 090 头。近 20 年来，为提高生活质量，增加经济收入，养殖户大都引进外来猪种与藏猪杂交，提高生产性能。故纯种藏猪已十分少见。

三、体型外貌

甘孜州藏猪体型小，成年体重 40kg 左右，体高 40～50cm，体长 85cm 左右；头狭长嘴尖，额面直无皱纹，耳小而直立，身躯窄，背腰稍凸，后躯较前躯略高；被毛以黑色为主，少数额心和四蹄有白毛，绒毛密生，鬃毛长 12～18cm，毛密、坚，延伸到荐部；具有极强的适应性、抗逆性和抗病力；耐寒、耐粗饲；心脏发达，四肢结实，体躯结构紧凑，骨骼细致，善于奔跑，野性强；视觉发达，嗅觉灵敏，能有效逃避敌兽；皮薄肉多，肉质鲜美；繁殖性能较低，母猪一般有 5～6 对乳头。

图 2 甘孜州藏猪（公）

图 3 甘孜州藏猪（母）

四、体重及体尺

成年藏公猪体高 50.50±1.99cm，体长 84.71±5.61cm，胸围 77.14±3.74cm 体重 39.71±7.59kg；成年藏母猪体高 50.53±2.50cm，体长 85.53±2.89cm，胸围 73.76±0.00cm，体重 38.70±2.97kg。

五、生产性能

（一）繁殖性能

藏猪 120 日龄性成熟，180 日龄可配种。发情周期 18d ～ 21d，平均 19.55d，妊娠期 112 ～ 115d，平均 112.75d。初产母猪平均产仔数 3.9 头，存活产仔数 3.76 头，初生重 0.46kg，60 日龄断奶存活头数 3.38 头，断奶个体重 2.97kg，成活率 89.9%；经产母猪平均产仔数 5.26 头，存活产仔数 5.08 头，初生重 0.49kg，60 日龄断奶存活头数 4.2 头，断奶个体重 3.0kg，成活率 82.7%。繁殖性能见表 1。

表 1 藏猪繁殖性能

单位：窝、头、kg

胎次	窝数	产仔数	活产仔数	出生体重	60 日龄断奶 头数	60 日龄断奶 个体重
1	50	3.90±1.04	3.76±1.04	0.46±0.04	3.38±0.83	2.97±0.31
3 胎以上	51	5.08±1.05	5.08±1.05	0.49±0.04	4.20±0.95	3.00 ±0.38

（二）产肉性能和肉品质

1. 产肉性能

在放牧加补饲条件下，藏公猪 601 日龄可达 48.94kg。藏母猪 580 日龄可达 43.81kg。屠宰率 64.45 ～ 65.5%，瘦肉率 53.74 ～ 54.54%，6 ～ 7 肋处膘厚 3.1 ～ 3.2cm，皮厚 0.28 ～ 0.29cm，平均膘厚 2.68 ～ 2.72cm，眼肌面积 14.17 ～ 14.24cm²。

1.1 肥育

肥育性能见表 2。

表 2 藏猪肥育性能

单位：头、d、kg

性别	测定头数	日龄（d）	体重（kg）
♂	14	601±94.58	48.94±6.60
♀	13	580±119.21	43.80±11.58

1.2 屠宰

屠宰性能见表 3。

表 3 藏猪屠宰性能

单位：头、kg、%、cm、cm²

性别	头数	宰前重（kg）	胴体重（kg）	屠宰率（%）	胴体组成（%） 肉	胴体组成（%） 脂	胴体组成（%） 皮	胴体组成（%） 骨	6 肋~7 肋 皮厚（cm）	6 肋~7 肋 膘厚（cm）	平均膘厚（cm）	眼肌面积（cm²）
♂	14	48.94 ±6.60	31.99 ±3.71	65.57 ±1.84	53.74 ±1.02	29.30 ±1.11	7.44 ±0.29	9.92 ±1.73	0.29 ±1.73	3.10 ±0.11	2.72 ±0.25	14.17 ±0.82
♀	13	43.81 ±11.58	28.31 ±6.80	64.54 ±2.31	54.54 ±2.31	29.56 ±2.47	7.22 ±0.76	8.71 ±1.58	8.71 ±1.58	3.13 ±0.14	2.68 ±0.19	14.24 ±0.70

1.3 胴体

藏猪屠宰率偏低（62%），瘦肉率高（50%），其产肉性能是地方猪种中的佼佼者。肌肉贮藏损失 < 1.5%、pH_1(6.57) 接近中性、大理石纹评分 2.5 ～ 3 分，熟肉率 71% 以上，见表 4。

表 4 藏猪胴体性状

单位：头、kg、%、cm

头数	屠前重（kg）	屠宰率（%）	胴体长（cm）	三点平均膘厚（cm）	后腿比例（%）	瘦肉率（%）
6	35.55±6.63	62.00±4.10	54.50±4.80	1.82±0.20	29.47±2.86	50.00±12.19

2. 肉品质

2.1 肉质性状

藏猪肉质性状见表 5。

表 5 藏猪肉质性状

单位：头、%

头数	pH$_1$	pH$_2$	颜色评分	大理石纹评分	贮存损失（%）	粗脂肪（%）	熟肉率（%）
6	6.57±0.11	5.91±0.28	3.25±1.10	2.75±1.55	1.05±0.35	7.18±0.07	71.32±1.55

2.2 氨基酸含量

藏猪肌肉中氨基酸含量见表 6。

表 6 藏猪肌肉中氨基酸

单位：%

指　标	猪鲜肉	指　标	猪鲜肉
异亮氨酸	0.93	缬氨酸	1.01
亮氨酸	1.79	精氨酸	1.34
赖氨酸	1.88	组氨酸	0.95
蛋氨酸	0.57	丙氨酸	1.23
胱氨酸	0.073	天冬氨酸	2.0
苯丙氨酸	0.79	谷氨酸	3.45
酪氨酸	0.71	甘氨酸	0.98
苏氨酸	0.91	脯氨酸	0.78
丝氨酸	0.81	—	—
总量	20.2		

2.3 营养成分及矿物质含量

藏猪肌肉中营养成分及矿物质含量见表 7。

表 7 藏猪肌肉中营养成分及矿物质

单位：g/100g、mg/100g、%

指　标	鲜藏猪肉（g/100g）	指　标	鲜藏猪肉（mg/kg）
水　分	72.4	钙	44.4
蛋白质	22.0	镁	195
脂　肪	5.59	铁	24.4
灰　分	0.915	锌	39.6
胆固醇（mg/100g）	27.4	铜	1.31
钾（%）	0.2	硒	0.034

五、饲养管理

藏猪终年放牧，每年 5 月至 10 月中旬随牛、羊混群或单群放牧于山坡、草地，采食野草的茎叶、籽实及拱食草根，不补饲或只补给少量精料。10 月底至次年 4 月，主要放牧于村寨附近，每日要补饲 1～2 次粗料及少量精料。粗料主要为野草、芫根、干荞糠、胡豆、豌豆叶根等；精料是豌豆、胡豆、玉米、青稞、小麦、土豆，或采集的然巴籽、青杠籽等。

母猪均随大群放牧，无特殊照顾。产仔后多单独补饲，日喂 2 ～ 3 次，以青粗料为主，适当增加精料。分娩后 20d 左右即带仔放牧，30d 后逐渐转入大群放牧。公猪随大群放牧。

仔猪产后 10 ～ 15d 在圈舍后附近留放，25d 后用炒熟小麦、青稞或玉米粉调成糊状诱食，逐日增加诱食量。在 2.5 ～ 3 个月龄自然断奶，断奶后随群放牧。每年 8、9 月长膘，10 月喂精料育肥 2 ～ 3 个月屠宰。藏猪在放牧和适当补饲情况下，从出生到屠宰时间一般为一年半～两年半，生产周期长。

图 4 放牧管理

六、研究与保护

近年来，对藏猪种质特性研究较多。研究资料显示，藏猪的血细胞分析和血清学指标随月龄变化显著；染色体组型和 G- 带带型与长白猪一致，C- 带带型与长白猪有一定差异；个体的生长激素 (GH) 基因表现出 Hae II 多态性，A、B、C3 种等位基因频率分别为 14.5%、74.5%、11.0%。

2006 年，农业部 662 号公告，将藏猪列入全国畜禽品种资源保护名录。2011 年农业部第 1587 号公告，甘孜州乡城县白依乡为国家级藏猪保种区。藏猪品种保护工作已引起产区政府的高度重视，稻城县于 2001 年确定木拉乡和邓坡乡为藏猪保护区。2003 年四川省畜牧科学研究院从甘孜藏族自治州稻城县 4 个藏猪自然保护区引进 10 个血缘的纯种藏猪 50

头，其中公猪 12 头，母猪 38 头，开展选育研究。现已形成 9 个血缘的藏猪群体 128 头，其中公猪 18 头，母猪 110 头的保种规模。

20 世纪 60 年代，引进内江猪、荣昌猪、约克猪、长白猪等品种与藏母猪杂交。由于品种适应性等原因．藏猪受其他外来品种公猪的杂交利用相对较少。实践表明，内江猪与藏猪的杂交后代能适应当地条件，产仔较多，增重较快。相同舍饲条件下，体重达 50kg，杂种猪增重提高 34.9％，料肉比下降 13.5％。

因当地群众喜留杂种藏猪做种猪，公路沿线和养猪较集中的河谷、坝区，已罕见纯种藏猪。

七、评价与利用

藏猪体型特小、抗逆性（抗寒、抗缺氧、抗紫外线）和抗病性强、耐粗饲，肌肉纤维特细，肌间脂肪含量高，肉质细嫩、香味浓等特色性状具有不可估量的育种价值。比如，利用矮小性培育适合做人体临床试验的实验动物，利用抗逆性改良培育猪种，利用抗病性进行抗病育种。但是，藏猪产仔数低，生长缓慢，育肥期长，应在搞好保种选育同时，加强对该品种特征、特性和利用的研究，提高生产性能。

巴塘黑猪

巴塘黑猪是经过长期自然选择和人工选育形成的肉用高山峡谷型藏猪的一个地方类群。

一、一般情况

（一）中心产区和分布

巴塘黑猪中心产区位于四川省甘孜藏族自治州巴塘县昌波乡、中心绒乡、竹巴龙乡；分布区位于巴塘县亚日贡布乡、苏哇龙乡、地巫乡、中咱乡、夏邛镇、党巴乡等。

（二）产区自然生态条件

巴塘县地处横断山脉北端金沙江东岸河谷地带，位于甘孜州西部，北纬28°46′～30°38′，东经98°58′～99°45′。县境南北长约260km，东西宽约45km，东接乡城、理塘县，南连得荣县，西隔金沙江，与西藏芒康县、盐井县、贡觉县和云南省德钦县相望，北与白玉县交界。辖区面积8 186km²，辖19个乡镇，总人口约46 726人，其中藏族占96%以上，此外有少量汉、纳西、回、彝等民族。产区地形随金沙江走向由北向南倾斜，并呈现北高南低、东高西低之状，北部极高山区平均海拔3 300m。中南部高山峡谷区一般海拔在2 800m以下。中东部半高山、高山区海拔一般在2 800～3 300m之间。属高山高原气候，年平均气温为12.7℃，夏季最高气温35℃以上，雨季主要集中在6～9月，秋季由于冷热气流交替，小气候频繁，冬季天气变冷，最低气温–10℃以下，雨雪天气较少，呈现冬暖、春干、夏凉、秋淋的气候特征。全县草地占总面积43.8%，灌木林地占39.28%，耕地占0.63%，主要种植玉米、小麦、马铃薯、青稞等农作物。放牧草地类型主要为高山草甸草地、山地灌丛草地，植被以禾本科和莎草科为主。

图1 放牧生态

二、品种形成与数量结构

（一）品种形成

1978 年甘孜考古队在巴塘扎金顶发掘的石板墓出土文物证明，战国以前，巴塘就有人类活动，并定居生产，繁衍生息。秦以后，白狼部落住牧于此。白狼王向汉明帝"举种奉贡，称为臣仆"（《后汉书·南蛮西南夷传》），并献诗三章，曰"白狼歌"，该诗词反映了白狼部落畜牧业和狩猎生活，以及与内地的经济文化交流，说明该地有人类活动以来就饲养猪。

巴塘黑猪是经过长期驯养和自然选择形成的适应当地自然条件的猪种。由于巴塘农牧民饲养的猪较一般藏猪个体大，全身被毛以黑色为主，故称巴塘黑猪。

（二）数量结构

2016 年畜禽遗传资源数量调查，巴塘黑猪中心产区和分布区数量 9 148 头，其中，能繁育母猪 3 022 头，种公猪 140 头。巴塘黑猪数量结构见表 1。

表 1 巴塘黑猪数量结构　　　　　　　　　　　　　　　　单位：头

	中心产区	分布区	合计
总数	5459	3689	9148
能繁母猪	1766	1256	3022
种公猪	78	62	140

三、体型外貌

巴塘黑猪体形中等，头狭长，额面直有皱纹，嘴尖呈锥形，耳小下垂，体躯窄而短，胸较窄，背腰平直或微凸，腹部下坠，后躯略高于前躯，臀部倾斜，尾根高，四肢正常，蹄质坚实，适宜爬坡，善于奔跑。被毛多为黑色，少数棕色，鬃毛长而密。母猪乳头大小适中，排列整齐对称；公猪睾丸大小适中，发育匀称，左右对称。

图 2 巴塘黑猪（公）

图 3 巴塘黑猪（母）

三、体重及体尺

巴塘县昌波乡、中心绒乡、竹巴龙乡的巴塘黑猪体重及体尺结果见表 2。

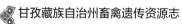

表 2 巴塘黑猪体重及体尺

单位：岁、头、kg、cm

性别	年龄	样本数	体重（kg）	体高（cm）	体长（cm）	胸围（cm）
♂	初生	11	0.65±0.15	—	—	—
♀	初生	13	0.55±0.05	—	—	—
♂	0.5	23	8.83±1.76	34.22±2.75	53.13±3.97	47.09±3.62
♀	0.5	30	7.5±1.09	33.2±2.52	48.97±3.19	45.2±3.42
♂	1	28	19.34±4.42	43.61±4.74	71.79±6.87	62.75±5.39
♀	1	33	16.66±3.39	41.52±3.41	66.7±5.63	58.79±5.40
♂	1.5	21	35.15±4.69	52.86±4.09	89.48±4.51	80.43±4.89
♀	1.5	32	28.22±4.36	48.91±4.28	82.22±5.28	74.19±4.72
♂	2	23	45.05±4.28	58.96±3.14	89.68±9.49	86.47±4.61
♀	2	29	30.11±4.24	51.94±2.89	77.82±9.14	72.01±4.86
♂	2.5	15	53.83±5.50	62.43±3.16	100.57±4.54	93.47±2.57
♀	2.5	22	43.08±3.55	56.39±3.80	90.23±9.05	83.70±4.43

四、生产性能

（一）产肉性能和肉品质

1. 产肉性能

中心产区随机抽选发育良好、健康无疾病的 2 岁巴塘黑猪公、母各 5 头进行屠宰测定。

1.1 屠宰前体重及体尺

巴塘黑猪屠宰前体重及体尺见表 3。

表 3 巴塘黑猪屠宰前体重及体尺

单位：岁、头、kg、cm

性别	年龄	样本数	屠宰前重（kg）	体高（cm）	体长（cm）	胸围（cm）
♂	2	5	42.96±8.45	57.2±5.89	86±3.39	83.4±6.5
♀	2	5	25.78±8.8	51±4.74	74.4±5.32	69.2±9.5

1.2 屠宰性能

巴塘黑猪 2 岁公猪和母猪屠宰结果见表 4。

表 4 巴塘黑猪产肉性能

单位：岁、头、kg、%、cm²

性别	年龄	样本数	宰前重（kg）	胴体重（kg）	净骨重（kg）	净肉重（kg）	屠宰率（%）	净肉率（%）	胴体产肉率（%）	骨肉比	眼肌面积（cm²）
♂	2	5	42.96±8.45	27.09±6.00	5.06±1.35	19.58±4.42	62.90±5.10	45.50±4.50	72.00±2.00	1:3.87	27.43±8.99
♀	2	5	25.78±8.80	15.73±5.03	3.22±1.04	12.06±3.94	61.40±4.00	47.10±2.00	76.90±5.00	1:3.76	19.15±2.87

1.3 胴体性状

巴塘黑猪胴体性状见表 5。

表 5 巴塘黑猪胴体性状 单位：岁、头、cm

性别	年龄	样本数	胴体长	胴体深	胴体胸深	胴体后腿围	胴体后腿长	胴体后腿宽	腰部膘厚	肩部膘厚	胸部膘厚
♂	2	5	61 ±5.79	27.60 ±3.58	22.80 ±3.96	38.60 ±5.32	34.20 ±2.39	20.80 ±1.64	1.40 ±0.22	3.10 ±0.46	2.08 ±0.52
♀	2	5	54.80 ±4.09	21 ±2.12	17.60 ±1.34	30.10 ±3.32	26.90 ±5.55	17.80 ±2.05	0.78 ±0.58	1.74 ±0.98	1.10 ±0.62

1.4 头、蹄、尾等副产物

巴塘黑猪副产物见表 6。

表 6 巴塘黑猪副产物 单位：岁、kg、g、头

性别	年龄	样本数	头重（kg）	蹄重（kg）	尾重（g）	内脏脂肪重（kg）
♂	2	5	3.1±0.36	0.94±0.10	60.9±14.10	0.52±0.09
♀	2	5	2.4±0.62	0.72±0.08	51.4±25.40	0.40±0.11

1.5 内脏器官

巴塘黑猪内脏器官见表 7。

表 7 巴塘黑猪内脏 单位：岁、kg、g、头

性别	年龄	样本数	心（kg）	肝（kg）	脾（g）	肺（kg）	肾（g）	胃（kg）
♂	2	5	0.18±0.03	0.95±0.19	48.72±1.84	0.59±0.13	120.0±21.20	0.62±0.17
♀	2	5	0.10±0.05	0.46±0.16	46.16±11.10	0.42±0.14	92.8±8.32	0.43±0.08

1.6 肠

巴塘黑猪净肠重见表 8。

表 8 巴塘黑猪净肠重 单位：岁、kg、头

性别	年龄	样本数	小肠	大肠	盲肠
♂	2	5	0.94±0.31	0.94±0.17	0.14±0.04
♀	2	5	0.47±0.08	0.65±0.26	0.08±0.03

2. 肉品质

选择健康 2 岁巴塘黑猪 10 头（♂ :5 头，♀ :5 头），屠宰后取样，送四川省农科院分析测试中心委托检验。

2.1 营养成分

巴塘黑猪营养成分见表 9。

表 9 巴塘黑猪营养成分 单位：岁、头、%

年龄	样本数	水分	粗灰分	粗蛋白	粗脂肪
2	6	71.82±6.65	1.36±0.35	20.68±2.96	4.28±0.42

2.2 矿物质含量

巴塘黑猪矿物质含量见表 10。

表 10 巴塘黑猪肌肉中矿物质含量

单位：头、mg/kg、%

矿物质	成年	
	样本数	$\overline{X} \pm SD$ (mg/kg)
钙	6	58.4±6.22
镁	6	214.83±34.6
铁	6	8.63±2.14
锌	6	26.1±7.20
锰	6	0.62±0.21
铜	6	2.97±0.98
钠	6	75.22±5.21
钾	6	314.17±27.57
磷（%）	6	0.22±0.02

2.3 氨基酸含量

巴塘黑猪氨基酸含量见表 11。

表 11 巴塘黑猪肌肉中氨基酸含量

单位：头、g/100g

	样本数	$\overline{X} \pm SD$
天门冬氨酸	6	1.75±0.25
苏氨酸	6	0.99±0.48
丝氨酸	6	0.76±0.11
谷氨酸	6	3.36±1.37
甘氨酸	6	0.96±0.21
丙氨酸	6	1.21±0.16
胱氨酸	6	0.16±0.02
缬氨酸	6	0.87±0.13
蛋氨酸	6	0.53±0.08
异亮氨酸	6	0.79±0.13
亮氨酸	6	1.50±0.21
酪氨酸	6	0.65±0.09
苯丙氨酸	6	0.70±0.09
赖氨酸	6	1.67±0.24
组氨酸	6	0.85±0.16
精氨酸	6	1.25±0.17
脯氨酸	6	0.78±0.16
氨基酸总量 (TAA)	6	18.12±2.54

2.4 药物残留含量

巴塘黑猪肉中六六六、滴滴涕、五氯硝基苯、金霉素、土霉素和其他磺胺类的药物残留均未检测到，结果见表 12。

表 12 巴塘黑猪肌肉中 药物残留含量

单位：岁、头

年龄	样本数	六六六	滴滴涕	五氯硝基苯	土霉素	金霉素	磺胺类
2	6	未检出	未检出	未检出	未检出	未检出	未检出

2.5 肌肉嫩度

巴塘黑猪剪切力见表 13。

表 13 巴塘黑猪肌肉剪切力 单位：岁、头、N

部位	年龄	样本数	剪切力
YJ	2	10	7.37±1.59
LJT	2	10	5.60±1.82
HGT	2	10	8.07±2.4

2.6 熟肉率

巴塘黑猪熟肉率见表 14。

表 14 巴塘黑猪熟肉率 单位：岁、头、%

部位	年龄	样本数	熟肉率
YJ	2	10	69.97±2.90
LJT	2	10	60.57±5.43
HGT	2	10	64.71±3.32

2.7 肌肉色度

巴塘黑猪肌肉色度见表 15。

表 15 巴塘黑猪肉色亮度值 L、红度值 a 及黄度值 b，测定结果 单位：岁、头、%

指标	部位	样本数	测定值
色差值 L	YJ	10	49.24±1.87
	LJT	10	48.61±2.05
	HGT	10	47.12±3.46
红度值 a	YJ	10	0.94±1.75
	LJT	10	4.11±2.03
	HGT	10	4.07±2.51
黄度值 b	YJ	10	4.63±0.92
	LJT	10	6.04±1.25
	HGT	10	5.28±1.53

（二）繁殖性能

巴塘黑猪在高寒牧区一般采用公、母混群放牧，随机交配。公猪初配年龄一般 8～9 月龄，母猪初配年龄为 6～7 月龄。母猪发情周期为 18～23d，发情持续时间较长为 2～3d，妊娠期为 114d 左右，乳头一般为 5～6 对。初产母猪产仔数平均为 4～5 头，第 2 胎平均为 6～7 头，第 3 胎平均为 7～9 头，初生重 0.6±0.15kg，2～3 月自然断奶，断奶重 4.25±0.45kg，在饲养管理条件好的情况下可年产两窝，断奶成活率 75% 左右。

五、饲养管理

有史以来，当地农牧民就有养猪的习惯，饲养方式为敞放，饲养管理粗放，全年放牧。白天随牛羊一道放牧，让其自由采食野果或树皮草根，有时给少量饲料；晚上任其在农家房院，帐篷附近自寻住处或与牛羊马集中圈养，部分补饲少量青饲料和玉米面、青稞面。

图 4 放牧管理

六、评价与利用

（一）评价

巴塘黑猪是在特定的自然生态环境条件下，经过长期的人工选择和自然选择形成的一个体型外貌基本一致、遗传性能稳定、适应性强的地方遗传资源。由于其遗传多样性丰富，选育程度低，具有较高的选育潜力。

（二）利用

关于巴塘黑猪的开发利用，第一，加强巴塘黑猪遗传特性和资源保护方面的研究。第二，加强本品种选育工作，提高产肉性能和繁殖性能。第三，开展巴塘黑猪标准化养殖技术研究与示范。

第四章

马、驴

藏马

藏马，原称西康马或康马，藏语为"博打"，属于乘、驮、挽兼用型品种。已列入《中国国家级畜禽遗传资源保护名录》。

一、一般情况

（一）中心产区及分布

藏马主产于甘孜藏族自治州的石渠、色达、白玉、德格、理塘、甘孜等县，广泛分布于甘孜州18个县（市）。

（二）产区自然生态条件

甘孜藏族自治州位于青藏高原东南边缘。地势西北高而东南低，平均海拔3 500m以上。北部巴颜喀拉山、罗科马山、牟尼茫起山、雀儿山逶迤连绵数百里，而大雪山、沙鲁里山、九拐山等呈南北向，巍然挺立于中南部。大渡河、金沙江从北到南流经甘孜州东、西部，雅砻江蜿蜒流经中部。在地貌类型上可分为丘原、山原和高山峡谷三大部分。境内气候的主要特点是气温低，冬季长，无霜期短，降水少，干雨季分明，光照强度大，日照时数多，气温随地势的升高而下降，呈明显的垂直分布。海拔2 600m以下地区，年均气温12℃～16℃，无霜期190d以上，大部分农作物一年两熟；海拔2 600～3 900m的地区，年均温3℃～11℃，无霜期50～160d，大部分农作物一年一熟；海拔3 900m以上地区，年均温0℃以下，无绝对无霜期，已超过林木生长上限，一般农作物不易成熟，属纯牧区。境内植物种类繁多，植被类型复杂，有森林、灌丛植被、草甸植被等。从低海拔到高海拔，有干热河谷灌丛、针叶林、针阔混交林、亚高山草甸、亚高山灌丛草甸、高山草甸、高山灌丛草甸、高寒沼泽草甸以及高山流石滩植被等类型。

图1 放牧生态

二、品种形成与数量结构

（一）品种形成

据 1939 年编著的《西康概况》记载，元朝前五百余年商业往来中的"锅庄"，就已成为当时群众集结交换产品的场所，关外（指康定折多山以西地区）各县及西藏商人，常骑骏马，赶逐驮牛，驮运各种土特产，如羊毛、皮张、麝香、贝母、虫草等来打箭炉（现今康定）易换粗茶、布匹等。该书"杂组"在描述西康风俗时也描述到："出入骅骝，堪羡君家万户侯"，形容当时群众对骏马喜爱羡慕之情。另据《甘孜、炉霍、瞻化（新龙）概况》一书记载，甘孜牧业，"家畜已牛为最，羊次之，马多西宁种，神骏者十之六七，驾驺下驰，十之一二，乘骑搬运皆用之。"由此可见藏马品种来源于青海玉树马与当地马杂交培育而成。

（二）数量结构

2016 年藏区畜禽遗传资源补充调查存栏藏马 20 万匹，能繁育母马 73 269 匹，占群体 36.63%，配种公马 36 849 匹，占群体 18.42%。目前无濒危危险。

三、体型外貌

藏马体质结实、干燥；头中等大小，多直头；颈较长，多斜颈，颈肩结合良好；鬐甲高，长中等；胸深广，腹稍大；背腰平直，尻部略短微斜，后躯发育良好；四肢较长而粗壮，肌腱明显，关节强大，蹄质坚实。尾毛长而密，尾础高。有的管后有长毛，俗称"飞毛腿"。据统计，青毛占 35%、栗毛占 27%、黑毛占 17%、骝毛占 9%、其他占 12%。

图2 藏马（公）

图3 藏马（母）

四. 体重及体尺

色达县测定成年公、母藏马体重及体尺，结果见表1。

表1色达藏马体重及体尺表

单位：kg、cm

性别	体高（cm）	体长（cm）	胸围（cm）	管围（cm）	体重（kg）
♂	128.9±4.4	131.0±6.1	158.8±6.7	19.2±1.3	307.3±38.6
♀	125.6±5.7	121.6±9.3	149.9±8.2	18.7±1.5	255±39.3

由于甘孜州地形地貌复杂，气候垂直变化大，各地生态条件不同，因而，虽同属藏马，但体型也不一致，故有大、中、小型之别。以母马体高来划分，分布于石渠、甘孜等县的藏马，体型高大，母马体高在125cm以上，划分为大型马。白玉、新龙、炉霍、康定、九龙等县藏马体型较大，母马体高在120cm以上，划为中型马。在中型藏马中，康定、九龙马又偏轻。分布于色达的藏马，体型矮小，母马体高不到120cm，划分为小型马。甘孜州公马、母马类型及体尺情况见表2、表3。

表2 甘孜州成年藏公马体尺比较表

单位：kg、cm

类别	县名	体高（cm）	体长（cm）	胸围（cm）	管围（cm）	体重（kg）
大型	石渠	130.0±5.72	138.5±7.57	154.6±8.19	16.93±0.84	314.51±43.37
大型	甘孜	134.0±3.7	134.5±5.9	151.9±6.9	17.9±0.95	293.84±45.78
中型	白玉	125.4±4.4	136.3±3.07	145.7±7.8	16.2±1.3	—
中型	新龙	125.13±6.5	130.8±8.1	156.9±8.7	17.28±0.95	327.5±4.8
中型	炉霍	127.7±4.6	128.9±3.95	160.0±5.6	18.5±0.99	344.14±28.4
中型	康定	123.9±5.4	132.7±8.1	145.5±7.6	16.24±0.9	266.06±4.21
中型	九龙	122.5±5.3	136.14±6.02	145.3±5.97	16.95±0.64	265.07±31.02
小型	色达	121.5±3.97	126.9±3.9	161.6±8.5	18.07±1.25	331.18±31.9

表3 甘孜州成年藏母马体尺比较表

单位：kg、cm

类别	县名	体高（cm）	体长（cm）	胸围（cm）	管围（cm）	体重（kg）
大型	石渠	125.30±3.8	137.1±6.7	152.3±7.4	16.3±0.65	303.3±38.03
大型	甘孜	126.3±6.4	135.0±6.4	154.8±7.7	17.7±0.8	270.1±39.2
中型	白玉	121.36±3.97	129.2±5.6	146.8±3.02	15.9±1.0	270.8±18.9
中型	新龙	121.5±3.8	131.9±5.8	150.8±8.6	16.9±0.8	289.5±44.8
中型	炉霍	121.87±4.5	130.2±4.3	152.2±7.4	17.4±1.1	303.2±36.8
中型	康定	120.5±4.3	127.57±6.7	143.8±7.0	16.0±0.88	257.3±36.7
小型	色达	114.6±4.52	123.2±3.1	150.4±27.7	17.2±1.0	289.9±56.2

藏马体态结构指标见表4。

表4 甘孜州藏马体尺指数表

单位：%

性别	体长指数	胸围指数	管围指数
♂	101.6	123.2	14.9
♀	96.8	119.3	14.9

甘孜州藏马幼龄马较中型发育快，大型周岁公马体高114.9cm，中型公马107.9cm，大型较中型高6%。属于较早熟品种。

五、生产性能

（一）役用性能

藏马较能负重，甘孜州藏马一匹成年公马载重500kg行3km耗时40min。成年骟马骑乘300m耗时32s。成年公马能长途驮运负重80kg、短途驮运负重100kg。

（二）繁殖性能

甘孜州藏马性成熟年龄为24月龄左右，初配年龄为48月龄。一般利用年限10年；发情季节为5～8月，发情周期平均21d，母马怀孕期330d左右。幼驹初生重量为公驹 26.34 ± 0.7kg、母驹 25.1 ± 0.4kg，幼驹断奶重量为公驹 142.8 ± 39.8kg、母驹117.8 ± 13.7kg。年受胎率 88.5%，年产驹率 77.1%。

六、饲养管理

甘孜藏马饲养管理随其所处生态环境与生产上的利用不同而有差异。在牧区为终年放牧、露宿，在农区、半农半牧区多有棚圈，除放牧外，在冬春还补给青干草，并根据膘情和使役情况，补给一定数量的精料、盐、茶、糌粑汤等。甘孜州农牧民无吃马肉、喝马乳习惯，藏马生老病死顺其自然，人为作用少。

图 4 放牧管理

七、品种保护和研究

甘孜州藏马仅用于驮运和乘骑，野交乱配现象严重。目前尚未建立保护措施，也未进行经济利用研究和开发。

八、品种评价与利用

甘孜州藏马系在高海拔、气候垂直变化和封闭的自然生态条件下，经农牧民长期选育而形成的品种，具有适应性强、耐粗饲、采食强、耐劳役、遗传性能稳定等优点，是藏区农牧民生产、生活中必不可少的畜种。但藏马存在体格大小不一、有的结构不够匀称等缺点。

为防止甘孜州藏马品种的退化，今后应加强选种、选配，改善饲养管理，加强后备种马的培育，保持其适应性强、耐寒、耐劳的优良特性，不断提高藏马的质量。

甘孜驴

甘孜驴属小型驴种。已列入《四川畜禽遗传资源志》。

一、一般情况

（一）中心产区及分布

甘孜驴，藏语为"果热"，于1978年～1983年第一次畜禽品种资源调查时命名，属小型驴种，主产于甘孜藏族自治州的巴塘县，分布于甘孜藏族自治州的乡城、得荣、甘孜等县。

（二）产区自然生态条件

甘孜藏族自治州位于青藏高原东南边缘。平均海拔3 500m以上。大渡河、金沙江从北到南流经甘孜州东、西部，雅砻江蜿蜒流经中部。在地貌类型上可分为丘原、山原和高山峡谷三大部分。境内气候的主要特点是气温低，冬季长，无霜期短，降水少，干雨季分明，光照强度大，日照时数多，气温随地势的升高而下降，呈明显的垂直分布。

甘孜藏族自治州总面积15.3万平方千米，其中草场面积10 120万亩。州内植物种类繁多，植被类型复杂，有森林、灌丛植被、草甸植被等。从低海拔到高海拔，有干热河谷灌丛、针叶林、针阔混交林、亚高山草甸、亚高山灌丛草甸、高山草甸、高山灌丛草甸、高寒沼泽草甸，以及高山流石滩植被等类型。甘孜州是典型的半农半牧业区，主产青稞、小麦、玉米，农作物秸秆丰富。

图1 放牧生态

二、品种形成与数量结构

（一）品种形成

据《傈情述论》，距今 1000 多年的南诏时代，有段氏女赶驴驮米送寺斋僧、诵经的记载。《四川省甘孜藏族自治州畜种资源》记载，驴可能是早年当地人民与云南丽江地区在相互交往中经长期的引种驯化逐步形成了适应本地高原山区气候的品种。由于该驴体小灵活、食量小、耐粗耐劳、易饲养，能适应当地生态条件，农牧民多喜饲养，促进了甘孜驴的形成和发展。

（二）群体数量及变化情况

据 1980 年统计，甘孜州有驴 9 135 匹。集中分布在甘孜州南部的巴塘、乡城、得荣三县，共为 7 234 匹，占全州驴总数的 79.18%；北部的石渠、甘孜两县有驴 1 545 匹，占总数的 16.9%；白玉、稻城、康定、泸定尚有少量分布；德格、理塘两县无驴。全州有能繁育母驴 1 801 匹，占总数的 19.22%；仔驴 910 匹，占 9.96%。

近 20 年来，甘孜驴的数量呈现急剧下降趋势。2005 年存栏 2.6 万匹，2016 年藏区畜禽遗传资源补充调查，主产区巴塘驴存栏 330 匹，能繁育母驴 60 匹，配种公驴 31 匹，而分布区白玉、乡城、甘孜的驴存栏为 188 匹，能繁育母驴 67 匹，配种公驴 62 匹。虽然甘孜驴品质变化不大，但面临濒危。

三、体型外貌

甘孜州的驴其体质粗糙结实，头长额宽，略显粗重；颈长中等，颈肩结合良好；鬐甲稍低，胸窄较深，腹部稍大，背腰平直，多斜尻。四肢健壮，关节干燥而明显；蹄较小，蹄质结实。全身被毛厚密，毛色以黑毛和灰毛为主，黑毛和灰毛各占 41.7%，栗毛占 13.3%，青毛占 3.3%。一般灰驴具有螺线、鹰膀和虎斑。

图 2 甘孜驴（公） 　　　　　　图 3 甘孜驴（母）

四、体重及体尺和生长发育

（一）体重及体尺

2006 年，在甘孜州不同地区测定成年公、母驴的体重及体尺和体态结构，见表 1、表 2、表 3、表 4。

表 1 甘孜州甘孜驴体重及体尺表

单位：kg、cm

性别	体高（cm）	体长（cm）	胸围（cm）	管围（cm）	体重（kg）
♂	93.2±4.1	97.3±5.7	104.9±2.8	12.4±0.6	99.4±10.6
♀	86.1±3.7	90.5±4.5	97.2±5.6	10.9±0.3	79.7±12.4

表 2 甘孜州成年公驴体尺比较表

单位：kg、cm

县名	数量	体高（cm）	体长（cm）	胸围（cm）	管围（cm）	体重（kg）
巴塘	226	91.44±4.3	95.27±4.7	101.87±4.2	11.99±0.2	113.5
乡城	180	89.12±4.4	92.23±6.0	95.77±4.8	11.12±0.5	94±15.8
甘孜	65	90.54±4.5	96.54±7.1	100.9±5.9	12.04±0.8	111.35±18.9

表 3 甘孜州成年母驴体尺比较表

单位：kg、cm

县名	数量	体高（cm）	体长（cm）	胸围（cm）	管围（cm）	体重（kg）
巴塘	243	90.45±3.4	95.03±4.5	102.2±4.2	11.58±0.2	114.93
乡城	15	88.2±5.2	92.70±4.2	97.00±5.3	11.50±0.8	98.1±17.3
甘孜	52	90.80±3.8	97.30±5.1	101.10±5.2	11.70±0.7	111.75±17.1

表 4 甘孜州巴塘驴体重及体尺指数表

单位：%

性别	体长指数	胸围指数	管围指数
♂	104.01	111.41	13.11
♀	105.06	112.99	12.80

（二）生长发育

甘孜州驴幼龄发育快，后期生长缓慢。在巴塘县测定公驴、母驴其生长发育情况，见表5、表6。

表 5 甘孜州巴塘公驴生长发育情况表

单位：kg、cm、匹

年龄	数量	体高（cm）	体长（cm）	胸围（cm）	管围（cm）	体重（kg）
1～3 日	5	57.4	47.8	49.1	6.4	10.84
6～12 日	13	60.98	49.72	54.7	7.2	15.87
18～28 日	8	61.94	54.98	59.2	7.9	19.26
90 日	6	69.7	66	67.8	8.3	33.3
6 月	12	76.4±5.96	73.1±5.1	76.3±5.99	8.9±0.78	48
1 岁	25	76.5±5.98	76.4±7.83	78.8±9.1	9.9±0.28	51.2
2 岁	25	82.3±5.16	84.5±4.43	89.1±5.83	10.5±0.3	61.4
3 岁	29	86.9±3.97	91.77±4.09	94±5.74	11.3±0.29	86.7
4 岁	28	87.4±2.36	72.2±3.09	95.6±4.38	11.2±0.26	93.66

表 6 甘孜州巴塘母驴生长发育情况表

单位：kg、cm、匹

年龄	数量	体高（cm）	体长（cm）	胸围（cm）	管围（cm）	体重（kg）
90 日	6	68.16	63.55	68.38	7.97	33.3
6 月	12	73.9±4.77	71.7±4.2	76.9±6.27	9.29±0.26	48
1 岁	34	76.5±5.06	73.8±8.35	78.6±8.58	9.6±0.3	48.1
2 岁	29	83.4±4.13	83.5±4.89	89.6±5.65	10.2±0.21	73.8
3 岁	25	86.8±3.82	89.9±6.01	95.5±6.34	10.8±0.25	90.8
4 岁	27	89.9±4.06	91.5±7.17	100.5±4.76	11.4±0.23	93.7±10.9

五、生产性能

（一）役用性能

甘孜州驴驮载能力强，1.5 岁开始调教使役，每年使役可达 280d 左右，使役年限可达 20 年。短途驮载 120 ～ 160kg，长途驮载可达 50kg，日行 15 ～ 20km。单驴驾胶轮板车可载 300 ～ 500kg 货物，每日行程 30km 左右。

（二）繁殖性能

甘孜州驴性成熟年龄为 18 月龄，初配年龄 36 月龄左右。一般利用年限为 6 年～ 7 年，发情季节为 3 月～ 10 月。发情周期 20 ～ 30d，怀孕期 345 ～ 365d。年平均受胎率 68%，年产驹率 64%。

六、饲养管理

甘孜州驴在海拔 4 000m 以下的农区、半农半牧区的各种生态环境下均能正常生长发育，繁衍后代。其饲养方式为放牧和半舍饲相结合。驴在夏季牧草生长期间自由采食，冬天草枯后主要饲喂农作物秸秆，有时也根据驴的劳役和膘情情况，补饲少量的青干草、芫根及茶叶等。

图 4 饲养管理

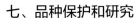

七、品种保护和研究

甘孜州驴为自留畜，终年放牧，自然交配，近亲繁殖造成品种退化。目前，尚未建立保种场和进行本品种选育。对其皮、肉、内脏加工利用研究处于空白。

八、品种评价与利用

甘孜州驴具有体小、耐粗饲，适应性强，耐寒抗暑，吃苦耐劳的特点，性情温驯，易调教与管理，特别能在山地、高原的生态环境下从事驮、乘、挽等多种劳役，是优良的小型地方品种。今后应注意保持本地驴种的优良特性，加强本品种选育，有计划引进外来品种进行杂交改良，提高养驴的经济效益。

第五章

鸡

藏鸡

藏鸡属肉、蛋兼用型高原地方原始鸡种。已列入《中国国家级畜禽遗传资源保护名录》。

一、一般情况

（一）中心产区及分布

藏鸡的中心产区主要在稻城、乡城、得荣、巴塘县，理塘、雅江、新龙、九龙、康定、泸定、丹巴、道孚等县（市）均有分布。

（二）产区自然生态条件

产区地处四川盆地西部，青藏高原东南部，海拔 1 400 ～ 3 500m，地处北纬 28°10′ ～ 34°18′，东经 98°10′ ～ 104°25′，即高原至高山峡谷的过渡地带，属山原地貌，区内冬、春气候严寒，雨日稀少，干燥多风；夏、秋较温凉、湿润，昼夜温差大。年平均气温 0.6℃ ～ 12℃，日照长达 2 300h 左右，日照率 52%，年降雨量 600 ～ 700mm，无霜期 110 ～ 120d。产区主要农作物有豌豆、胡豆、玉米、青稞、小麦、土豆、荞麦，饲料作物有牧草、芜根、豆科、秸秆糠等。

二、品种形成与数量结构

（一）品种形成

有关藏鸡的历史记载很少，据民族出版社 1980 年 6 月出版的藏文版《巴协》记载，公元 815 ～ 857 年 "……洛帝故（臣）以馨石堵门，在洞内呻吟许久，即后闻鸡叫"；说明大约 1000 年前，青藏高原就已经饲养鸡了。另据 1913 年《巴塘县志·物产》中有马、骡、驴、牛、绵羊、山羊和鸡等畜禽的记载，也表明甘孜州康南地区有养鸡的历史。新中国成立前，一般藏民多无食鸡、食蛋习惯，养鸡目的主要是将公鸡用以司晨报晓，同时也将鸡和蛋作为贡品向上层交纳。新中国成立后，养鸡已成为藏族人民家庭副业之一。

（二）数量结构

2016 年统计，藏鸡 68 296 只，其中，公鸡 13 579 只，母鸡 41 743 只。主产区稻城、乡城、得荣、巴塘有藏鸡 41 997 只，其中，公鸡 7 725 只，母鸡 26 514 只。分布区 26 299 只，其中公鸡 5 854 只，母鸡 15 229 只。

三、体型外貌

藏鸡体型轻小，呈 U 字形，匀称紧凑，胸肌发达，向前突出，头昂尾翘，行动敏捷，性情活泼，富于神经质，好斗性强。翼羽和尾羽发达，善于飞翔，公鸡大镰羽长达 40 ～ 60cm。藏鸡头部清秀。冠多呈红色单冠，少数呈豆冠和有冠羽。公鸡的单冠大而直立冠齿为 4～6 个；母鸡冠小，稍有扭曲。肉垂红色。除多呈黑色，少数呈肉色或黄色。虹彩多呈橘色，黄栗色次之。耳叶多呈白色，少数红白相间，个别红色。胫黑色者居多，其次肉色，少数有胫羽。头颈背多黄色并带灰褐色或斑点，主翼羽、尾羽灰褐带黄色或白色斑点，腹羽多为黄色，少数灰褐色。公鸡羽毛颜色鲜艳，羽装色泽较一致。其主、副翼羽、主尾羽和大镰羽均为墨绿色，梳羽、蓑羽均为红色或金黄色镶边黑羽。鸡体其他部位黑色羽多者称为黑红公鸡，红色羽多者称为大红公鸡。黑红公鸡占 41.0%，大红公鸡占 35.9%，白色占 15.4%。

图1 藏鸡（公）

图2 藏鸡（母）

四. 体重及体尺与生长发育

（一）体重及体尺
据甘孜州稻城县对 12 只藏公鸡，69 只藏母鸡测定，其结果见表1。

表1 成年藏鸡体重及体尺表

单位：kg、cm

性别	日龄	体重（kg）	体斜长（cm）	胸宽（cm）	胸深（cm）	骨盆宽（cm）	胫长（cm）
♂	成年	1.95±0.5	21.0±1.4	6.9±0.9	11.7±1.8	7.4±0.02	8.4±1.55
♀	成年	1.40±0.59	18.2±1.3	6.1±0.6	10.3±1.4	6.97±0.03	6.4±0.7

（二）生长速度
据甘孜州德格县对 12 只藏鸡测定，其结果见表2。

表2 藏雏鸡生长速度测定表

单位：g

年龄	性别	体重	月平均增重
初生	♂	30.52±2.16	—
	♀	30.52±2.16	—
一月	♂	122.12±20.65	91.6
	♀	122.12±20.65	91.6
二月	♂	232.17±34.83	110.05
	♀	232.17±34.83	110.05

续表2 藏雏鸡生长速度测定表

单位：g

年龄	性别	体重	月平均增重
三月	♂	636.92±78.7	404.75
	♀	531.67±94.43	299.5
四月	♂	879.41±140.38	242.49
	♀	773.08±107.27	241.41
五月	♂	1278.57±162.57	399.16
	♀	1012.5±118.94	239.42
六月	♂	1375±153	96.43
	♀	1120.83±194.83	108.33

藏鸡属速生羽品种，羽毛生长快，初生雏鸡的主翼羽和副主翼羽均较复翼羽长，十日龄时即有80.30%长出尾羽，且翼羽已长至尾部。

五、生产性能

（一）产肉性能及氨基酸含量

1. 产肉性能

藏鸡肉用性能特点是胸、腿肌肉发达。甘孜州德格县农牧局对藏鸡屠宰检测，结果见表3。

表3 甘孜州德格县藏鸡屠宰测定表

单位：g、%

性别	日龄	活重	半净膛重	半净膛率	全净膛重	全净膛率	胸肌重	大腿肌重	小腿肌重	三肌占胴体重
♂	成年	1158.3	963.7	83.19	913.3	78.84	155.5	121.4	84.9	39.61
♀	成年	796	615.8	77.36	581	72.99	138.2	69.8	50.9	44.56

2. 肌肉氨基酸含量

据《甘孜州高原特色农产品质量分析报告》，藏鸡肉中测出了17种氨基酸，氨基酸总含量为22.79%，表明藏鸡氨基酸含量不仅齐全而且含量高，其营养价值高。见表4。

表4 藏鸡肉氨基酸含量

单位：g/100g

氨基酸	含量
天冬氨酸	2.3
谷氨酸	3.71
丝氨酸	0.93
甘氨酸	1.05
组氨酸	1.53
精氨酸	1.53
苏氨酸	1.02
丙氨酸	1.41
脯氨酸	0.76
酪氨酸	0.76
缬氨酸	1.14
蛋氨酸	0.67
胱氨酸	0.072
异亮氨酸	1.06

续表 4 藏鸡肉氨基酸含量

单位：g/100g

氨基酸	含量
亮氨酸	1.96
苯丙氨酸	0.83
赖氨酸	1.06
总量	22.79

（二）产蛋性能和蛋的营养成分

1. 产蛋性能

藏鸡产蛋旺季为 3～9 月，一般年产蛋 40～80 枚，在饲养管理条件好的地方，也有产蛋达 120 枚左右。蛋呈椭圆形，蛋壳颜色多为黄、白、褐色或浅褐色，调查结果见表 5。

表 5 藏鸡蛋形

单位：g、cm、枚

测定数	蛋重（g）	横轴（cm）	长轴（cm）	蛋形指数
120	44.08±4.05	3.87±0.19	5.23±0.22	1.35±0.08

图 3 藏鸡蛋

2. 蛋的营养成分

据《甘孜州高原特色农产品质量分析报告》，藏鸡蛋脂肪含量高，适口性好，富含矿物质和微量元素，对人体非常有益，结果见表 6。

表 6 藏鸡鸡蛋营养成分测定表

单位：%、mg/kg

成分	含量（mg/kg）
水分（%）	74.2
蛋白质（%）	12.7
脂肪（%）	11.6
磷（%）	0.21
钙	449

续表6 藏鸡鸡蛋营养成分测定表　　　　　　单位：%、mg/kg

成分	含量（mg/kg）
镁	102
铁	26.8
锌	12.1
硒	0.14

（三）繁殖性能

藏公鸡性成熟早，120日龄左右开啼，母鸡性成熟较晚，一般在7～8月龄开始产蛋。就巢性较强。产区群众一般于每年4～6月采用母鸡自然孵化繁殖。据巴塘县农牧局测定，公、母鸡组合比例很不一致，一只公鸡可配3～6只母鸡。受精率为85.0%，受精蛋孵化率为89.9%。

六、饲养管理

藏鸡抗病力强，能适应极为恶劣的高寒气候环境，是其他鸡种所不及的。藏鸡饲养管理一般为敞放，无笼饲养。夜间栖息于藏房的横梁上，日出晚归，自由觅食。个别养鸡户在产蛋季节补饲少量青稞、玉米、小麦、荞子。有的在冬春严寒草枯时期给以少量青稞渣或小麦渣，或喂以酥油糌粑等。

图4 饲养管理

七、品种保护和研究

藏鸡是分布于我国青藏高原的少数地方原始禽种之一，1988 年列为我国的地方品种，2000 年列入《国家级品种资源保护名录》，2006 年列为"国家级畜禽资源保护品种"。2015 年在乡城建立了国家级藏鸡保种场。2016 年乡城县的藏鸡和藏鸡蛋成功注册国家地理标志产品。目前在乡城国家级藏鸡保种场进行藏鸡本品种选育。

八、品种评价与利用

藏鸡是青藏高原藏族人民经过长期自然选择和人工选择而形成的高原珍贵禽品种。具有体型小，胸腿肌肉发达，活泼好动，觅食力强，耐粗放的特征，耐高寒恶劣气候，抗病力强，尤其是速生羽，对家禽早期鉴别雌雄，提高经济效益具有重大的实用价值。

第六章

蜂

得荣中蜂

得荣中蜂为中华蜜蜂的一个生态类型，因主要分布区域在得荣县而得名。

一、一般情况

（一）产地与分布

1. 主产区，得荣中蜂主产区在得荣县境内。

2. 分布区，得荣中蜂分布区为巴塘县、乡城县。

（二）产区自然生态条件

得荣、巴塘、乡城等三县区域位于四川西部青藏高原东南缘，金沙江中游东岸的川、滇、藏三省（区）结合部（北纬 28°09′～30°37′），海拔 1 990～5 599m，相对高低悬殊较大，构成东北高西南低的坡状倾斜面。区域内河流均属金沙江水系，由北向南贯穿。受海拔高度、南北走向的山脉和大气环流的影响，该区域属高山高原和亚热带干旱河谷气候，年均气温约 12℃，无霜期约 200d，雨季主要集中在 6～9 月，多年平均降水量约 400mm，日照时间较长。

区域内蜜粉源植物丰富，种类繁多，既有野生林果类植物，又有人工种植的农作物、中药材等。主要蜜粉源植物有油菜、青稞、小麦、玉米、甜菜、荞麦等农作物，苹果、桃、梨、桔、樱桃等果树，白叶花楸、花椒、核桃等经济作物，以及毛叶蔷薇、仙人掌、白刺花、三颗针、露珠杜鹃、野丁香等药用植物和山花等蜜粉源植物。

图 1 生态环境

二、品种来源与数量结构

（一）品种来源

得荣中蜂生活在四川西部青藏高原东南缘的得荣、巴塘、乡城等县区域及周边，由横断山脉、沙鲁山系等高山，以及金沙江河谷形成的隔离带内生活的中蜂，经过隔离和自然选择，在长期与其他地区中蜂无基因交流而形成。

（二）数量

据2016年调查统计，得荣中蜂共有12 353群，其中，得荣县7 628群，巴塘县4 310群，乡城县415群。大多采用传统方式饲养，仅得荣县有活框饲养300群。

三、形态特征和生物学特性

（一）形态特征

得荣中蜂是中华蜜蜂中个体较大的一个生态型。蜂王呈黑色或棕红色，工蜂体色灰黄或灰黑色，雄蜂呈黑色，第3和第4背板黄色区域很窄，3+4背板长超过4.38mm，腹部粗长。其他主要形态特征见表1、表2、表3、表4。

表1 得荣中蜂主要形态标记　　　　单位：mm

地点	吻长	股节长	胫节长	基跗节长	基跗节宽
巴塘县	5.42±0.16	2.76±0.05	3.14±0.03	2.18±0.03	1.25±0.01
得荣县	5.40±0.02	2.69±0.03	3.07±0.10	2.16±0.07	1.26±0.01
乡城县	5.46±0.17	2.71±0.05	3.12±0.06	2.11±0.04	1.18±0.04

表2 得荣中蜂主要形态标记　　　　单位：mm

地点	右前翅长	右前翅宽	a/b	第6腹板长	第6腹板宽
巴塘县	9.19±0.05	3.58±0.06	2.93±0.24	2.67±0.04	3.01±0.02
得荣县	9.07±0.07	3.56±0.05	3.27±0.20	2.63±0.06	2.93±0.02
乡城县	9.07±0.21	3.57±0.10	3.04±0.08	2.62±0.05	2.85±0.03

表3 得荣中蜂主要形态标记　　　　单位：个、mm

地点	第4腹板长	蜡镜长	蜡镜斜长	蜡镜间距	后翅钩（个）
巴塘县	2.54±0.05	1.52±0.05	2.26±0.03	0.44±0.03	18.09±0.60
得荣县	2.58±0.04	1.47±0.02	2.15±0.04	0.47±0.02	17.84±0.60
乡城县	2.47±0.02	1.39±0.02	2.13±0.01	0.44±0.03	17.80±0.18

表3 得荣中蜂主要形态标记　　　　单位：mm

地点	第3背板长	第4背板长	第5背板长	第5背板绒毛带长	第5背板光滑带长
巴塘县	2.38±0.02	2.11±0.04	2.06±0.03	1.43±0.03	0.54±0.04
得荣县	2.39±0.05	2.08±0.01	2.02±0.03	1.43±0.06	0.52±0.02
乡城县	2.32±0.05	2.06±0.03	2.01±0.03	1.41±0.05	0.55±0.05

（二）生物学特性

得荣中蜂的蜂王产卵力强，蜂群分蜂性弱，可维持7～8框以上群势，采集力强，消耗饲料少，越冬能力强，但盗性较强，性情较凶暴，适宜高寒山地饲养。

图 2 工蜂和雄蜂

四、生产性能

（一）蜂蜜产量

得荣中蜂以产蜜为主，因不同的饲养管理方式及蜜源条件，蜂蜜产量差异较大。活框饲养一年能取 2 次蜂蜜，年均产量约 10 ～ 20kg；传统木桶饲养一年取 1 次蜂蜜，年均产量 10 ～ 15kg。

（二）蜂蜜质量

得荣中蜂主要采集白刺花、三颗针、露珠杜鹃、野丁香等植物的花蜜，所产蜂蜜口味极佳，花香浓厚，营养价值高。采用割脾取蜜为主，生产的蜂蜜均为成熟蜜，花粉含量高，蜂蜜色泽为琥珀色。

五、饲养管理

得荣中蜂大多采用树段、墙洞等传统方式饲养，且都是 定地饲养。饲养管理技术差，缺乏分蜂团收捕、越冬补饲等基本技术，导致蜂群自然分蜂、飞逃不可控，越冬蜂死亡率高。

六、现状与利用

（一）发展现状

得荣中蜂生态类型尚未进行品种审定以及品种登记,主要由蜂农野外收捕和自繁自养。近年来，四川省蜂业管理站、甘孜州蜂业管理站联合多家高校和科研院所等对得荣中蜂开

图 3 蜂场

展了生物学、生产性能调查及工蜂形态和基因测定，以及中蜂健康高效养殖技术培训、新型养蜂机具试验示范推广等工作。

（二）利用

得荣中蜂个体大，蜂群分蜂性弱，可维持较大群势，采集力强，消耗饲料少，对高寒环境适应性强。目前得荣中蜂饲养量达 1.2 万群，得荣县已申请"得荣蜂蜜"地理标志，登记证书编号 :AGI01926。得荣中蜂于 2019 年 3 月申报四川省中蜂遗传资源保护区，得荣县人民政府关于划定得荣中蜂种质资源地域保护范围的批复和公告(得府函[2019]35 号文)。

贡嘎中蜂

贡嘎中蜂是经过长期自然选择而形成的中华蜜蜂的一个生态类型，因分布于环贡嘎山而得名。

一、一般情况

（一）产地与分布

1. 主产区，贡嘎中蜂主产区在泸定县（含海螺沟管理局）、康定市辖区内。

2. 贡嘎中蜂分布区，在丹巴、九龙、稻城等县辖区内。

（二）自然生态条件

康定、泸定、丹巴、九龙、稻城、海螺沟管理局等县（市）辖区位于四川省甘孜藏族自治州东部、东南和南部（北纬 27°58' ～ 30°46'），有邛崃山脉与大雪山脉，大渡河、雅砻江两大水系由北向南纵贯全境。区域内平坝、台地、山谷、高山平原、冰川俱全，最高海拔（贡嘎山）7 556m，最低海拔 980m，区域内山体呈南北走向，许多山峰都在 4 000m以上。地势呈西高东低，北高南低，西北向东南倾斜。

甘孜州东部气候垂直差异明显，海拔 1 800m 以下地区属亚热带季风气候，为干热河谷气候；康定、泸定、丹巴、九龙等县（市）西部和西北部为丘状高原及高山深谷区，属高原型大陆季风气候；甘孜州南部的稻城县属青藏高原亚湿润气候区。年均温度7.5℃～ 14.2℃，年降水量 600 ～ 950mm，年均无霜期 163 ～ 200d，日照充足。

图 1 生态环境

区域内蜜粉源植物非常丰富，主要蜜粉源以农作物、林果树、野生灌木等为主，还有大量野生花草、中药材等。主要有油菜、玉米、荞麦、向日葵等农作物，佛手柑、乌梅、石榴、荆条、枇杷、桃、核桃、板栗、花椒、大樱桃、梨、柑橘等林果类，野草莓等野生花草，板蓝根、变叶海棠（也称俄色）、狼牙刺、洋槐、贝母、刺黄参、黄柏、当归、金银花、土黄连（三颗针）、五倍子、野藿香等中药材。

二、品种形成与数量结构

（一）品种形成

贡嘎中蜂是康定市、泸定县、丹巴县、九龙县、稻城县、海螺沟管理局辖区内的自然中蜂生态类型，生长于青藏高原东南，横断山脉、邛崃山脉与大雪山脉相接处，包含大渡河和雅砻江两大水系支流生活的中蜂。由于高山峡谷的自然隔离，经过长期自然选择而形成的一个中蜂生态类型。

（二）数量结构

2016 年统计，贡嘎中蜂总体数量为 21 502 群，传统饲养 16 383 群，活框饲养 5 119 群。其中，康定市传统饲养 883 群，活框饲养 1 395 群；泸定县传统饲养 7 850 群，活框饲养 2 496 群；丹巴县传统饲养 1 861 群，活框饲养 1 110 群；九龙县传统饲养 3 309 群，活框饲养 118 群；海螺沟管理局传统饲养 971 群；稻城县传统饲养 1 509 群。

三、形态特征和生物学特性

（一）形态特征

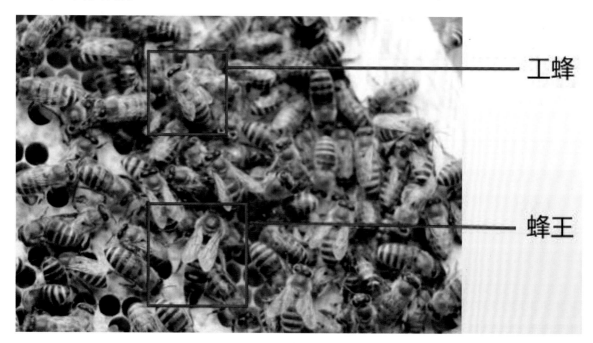

图 2 工蜂和雄蜂

贡嘎中蜂是中华蜜蜂中个体中等的一个生态类型。蜂王呈黑色或棕红色，雄蜂呈黑色，工蜂呈灰黑或灰黄色。其他主要形态特征见表1、表2、表3、表4。

表1 贡嘎中蜂主要形态标记表

单位：mm

地点	吻长	股节长	胫节长	基跗节长	基跗节宽
康定市	5.29±0.04	2.60±0.03	2.78±0.11	2.03±0.06	1.19±0.03
泸定县	5.19±0.03	2.65±0.06	2.90±0.02	2.06±0.05	1.18±0.01
丹巴县	5.35±0.25	2.65±0.05	3.10±0.02	2.15±0.14	1.15±0.08
稻城县	5.29±0.19	2.58±0.08	2.93±0.10	2.04±0.08	1.21±0.02
九龙县	5.32±0.03	2.55±0.12	2.85±0.02	2.04±0.06	1.20±0.02
海螺沟	5.30±0.04	2.65±0.03	2.97±0.03	2.11±0.04	1.18±0.03

表2 贡嘎中蜂主要形态标记表

单位：mm

地点	右前翅长	右前翅宽	a/b	第6腹板长	第6腹板宽
康定市	8.93±0.17	3.33±0.09	4.02±0.09	2.55±0.09	2.91±0.06
泸定县	8.78±0.10	3.45±0.03	3.75±0.16	2.58±0.03	2.81±0.02
丹巴县	8.92±0.09	3.40±0.05	3.04±1.02	2.65±0.01	2.95±0.04
稻城县	8.78±0.15	3.45±0.04	3.32±0.36	2.52±0.04	2.80±0.05
九龙县	8.69±0.06	3.41±0.04	3.33±0.25	2.59±0.05	2.82±0.04
海螺沟	8.74±0.04	3.44±0.04	3.67±0.10	2.57±0.05	2.81±0.04

表3 贡嘎中蜂主要形态标记表

单位：个、mm

地点	第4腹板长	蜡镜长	蜡镜斜长	蜡镜间距	后翅钩（个）
康定市	2.34±0.05	1.27±0.06	2.18±0.05	0.36±0.06	17.42±0.34
泸定县	2.39±0.02	1.36±0.03	2.18±0.01	0.33±0.00	18.40±0.18
丹巴县	2.43±0.02	1.40±0.08	2.23±0.04	0.29±0.04	18.87±0.99
稻城县	2.38±0.01	1.32±0.01	2.10±0.01	0.36±0.02	17.87±0.46
九龙县	2.38±0.06	1.35±0.06	2.18±0.01	0.32±0.03	18.29±0.47
海螺沟	2.32±0.05	1.33±0.02	2.15±0.04	0.30±0.01	17.80±0.83

表4 贡嘎中蜂主要形态标记表

单位：mm

地点	第3背板长	第4背板长	第5背板长	第5背板绒毛带长	第5背板光滑带长
康定市	2.17±0.14	1.98±0.10	1.92±0.08	1.30±0.06	0.55±0.07
泸定县	2.24±0.08	2.01±0.02	1.96±0.02	1.29±0.01	0.62±0.02
丹巴县	2.31±0.06	2.05±0.07	2.01±0.06	1.35±0.09	0.53±0.04
稻城县	2.22±0.02	1.96±0.02	1.90±0.02	1.27±0.04	0.58±0.05
九龙县	2.25±0.10	2.03±0.01	1.98±0.01	1.35±0.04	0.59±0.04
海螺沟	2.23±0.07	2.02±0.04	1.96±0.03	1.35±0.04	0.56±0.04

（二）生物学特性

贡嘎中蜂蜂王产卵力强，蜂群分蜂性弱，强群可维持群势8框以上，采集力强，消耗饲料少，越冬能力强，盗性较强，性情较凶暴，易感染中蜂囊状幼虫病和欧洲幼虫腐臭病，抗病力较弱，适宜高寒山地饲养。

四、生产性能

（一）蜂蜜产量

因不同的饲养管理方式及蜜源条件，产量差异较大。采用活框饲养一年能取2次以上蜂蜜，年均产量25kg左右，传统木桶饲养一年取1次蜂蜜，年均产量约15kg。

（二）蜂蜜质量

传统方式饲养的蜂群生产的蜂蜜含水量低于活框饲养，且蜂蜜中的蜂花粉含量较高，口感和香味更好，更受消费者喜爱，价格也高于活框饲养中蜂生产的蜂蜜。但活框饲养的蜂群生产的蜂蜜纯净无蜂蜡等杂质，食用起来更舒适。

五、饲养管理

贡嘎中蜂都是定地饲养，相对于甘孜州其他县，该区域蜂农饲养中蜂的技术水平较高，但仍以传统饲养方式为主，活框饲养为辅。采用活框饲养中蜂的蜂农具备一定蜜蜂生物学基本知识，基本掌握了人工育王分群、病虫害防控、蜂蜜质量安全生产等技术。

图 3 蜂场

六、现状与利用

（一）发展现状

贡嘎中蜂尚未进行品种审定以及品种登记，主要由蜂农野外收捕和自繁、自养。近年来，四川省蜂业管理站、甘孜州蜂业管理站联合高校和科研院所对贡嘎中蜂开展了采样调查及工蜂形态、基因测定工作，结果表明贡嘎中蜂生态类型属于甘孜州得荣中蜂、鲜水源中蜂、雅江中蜂与四川盆地中蜂和凉山州中蜂种群的过渡带。

（二）利用

贡嘎中蜂个体中等，蜂群分蜂性弱，可维持较大群势，采集力强，消耗饲料少，越冬能力强，可作为育种素材。尚未对其建立保种场或保护区，未见对其进行生化或分子遗传方面的研究报告。

鲜水源中蜂

鲜水源中蜂是经过长期自然选择而形成的中华蜜蜂的一个生态类型，因分布于鲜水河流域一带而得名。

一、一般情况

（一）产地与分布

1. 主产区，鲜水源中蜂主产区在炉霍县辖区内。

2. 分布区，鲜水源中蜂分布区在道孚县、新龙县辖区内。

（二）自然生态条件

道孚、炉霍、新龙3县（北纬30.23°～32.21°）位于四川省甘孜州北部，地处青藏高原东南缘鲜水河断裂带和雅砻江中游高山峡谷地带，境内最高海拔5 992m，最低海拔2 670m。属青藏高原亚湿润气候和寒温带大陆性季风气候区，年平均气温为6℃～8℃，年平均降水量约630mm，无霜期约110d。

区域内蜜源植物较为丰富，蜜源植物有油菜、桃、苹果、杏等经济作物，黄连、蒲公英、俄色茶、党参、黄芪等药用植物，狼牙刺、红白刺、沙棘、海棠、黑刺、仙人掌等山野花，为当地中蜂繁育、优质蜂蜜生产提供了保障条件。

图1 生态环境

二、品种形成与数量结构

（一）品种形成

鲜水源中蜂生态类型是道孚、炉霍、新龙等3县区域内的自然蜂种，位于青藏高原东南缘的鲜水河断裂带沙鲁里山脉，北与阿坝州的金川县、壤塘县相邻。经过山地天然地理屏障的长期隔离和自然选择而形成的一个中蜂生态类型。

（二）数量结构

2016年调查统计，鲜水源中蜂共有2 274群，其中，道孚县传统饲养120群，活框饲养84群；炉霍县传统饲养866群，活框饲养784群；新龙县活框饲养420群（主要是林场职工饲养）。

三、形态特征和生物学特性

（一）形态特征

鲜水源中蜂是中华蜜蜂中个体较大的一个生态型。蜂王呈黑色或棕红色，雄蜂呈黑色，工蜂呈灰黑色。其他主要形态特征见下表1、表2、表3、表4。

表1 鲜水源中蜂主要形态标记表
单位：mm

地点	吻长	股节长	胫节长	基跗节长	基跗节宽
道孚县	5.30±0.03	2.61±0.07	2.91±0.03	2.11±0.05	1.18±0.01
炉霍县	5.30±0.13	2.58±0.16	2.91±0.11	2.08±0.10	1.14±0.13
新龙县	5.28±0.01	2.70±0.04	3.03±0.02	2.06±0.01	1.20±0.01

表2 鲜水源中蜂主要形态标记表
单位：mm

地点	右前翅长	右前翅宽	a/b	第6腹板长	第6腹板宽
道孚县	8.86±0.09	3.46±0.05	3.63±0.25	2.62±0.04	2.88±0.02
炉霍县	8.81±0.24	3.43±0.08	3.36±0.72	2.63±0.10	2.89±0.12
新龙县	9.05±0.13	3.56±0.05	3.38±0.25	2.69±0.01	2.98±0.02

表3 鲜水源中蜂主要形态标记表
单位：个、mm

地点	第4腹板长	蜡镜长	蜡镜斜长	蜡镜间距	后翅钩（个）
道孚县	2.43±0.03	1.40±0.03	2.18±0.06	0.33±0.05	18.13±0.58
炉霍县	2.46±0.09	1.39±0.11	2.18±0.11	0.32±0.06	17.97±1.12
新龙县	2.50±0.01	1.36±0.03	2.21±0.01	0.35±0.02	17.82±0.14

表4 鲜水源中蜂主要形态标记表
单位：mm

地点	第3背板长	第4背板长	第5背板长	第5背板绒毛带长	第5背板光滑带长
道孚县	2.28±0.07	2.03±0.05	1.97±0.03	1.31±0.06	0.63±0.03
炉霍县	2.28±0.11	2.03±0.08	1.97±0.08	1.30±0.08	0.65±0.08
新龙县	2.36±0.06	2.06±0.05	2.05±0.03	1.42±0.09	0.64±0.05

（二）生物学特性

鲜水源中蜂蜂王产卵力强，蜂群分蜂性弱，可维持群势7～8框以上，采集力强，消耗饲料少，越冬能力强，盗性较强，性情较凶暴，易感染中蜂囊状幼虫病和欧洲幼虫腐臭病，抗病力较弱，适宜高寒山地饲养。

工蜂

蜂王

雄蜂

图2 工蜂、蜂王和雄蜂

四、生产性能

（一）蜂蜜产量

鲜水源中蜂以产蜜为主，因不同的饲养管理方式及蜜源条件，蜂蜜产量差异较大。活框饲养的蜂群一年能取2次蜂蜜，年均产量约15～20kg，传统木桶饲养一年取1次蜂蜜，年均产量8～12kg。

（二）蜂蜜质量

传统方式饲养蜂群生产的蜂蜜含水量低、品质好，当地药物植物较多，生产的蜂蜜含有药花香味，色泽为琥珀色，品质上乘。

五、饲养管理

鲜水源中蜂在道孚、炉霍、新龙县以活框饲养为主，传统方式饲养相对较少，都采用定地饲养。采用活框饲养中蜂的蜂农全部是道孚、炉霍、新龙等县原森林工作局的职工，这些职工都来自州外的工作人员，他们具有较好的养蜂技术，到甘孜州工作后，收捕到当地野生的自然分蜂群开始自繁自养，选择强群采用人工囚王后产生的急造王台进行换王、分群，不断扩大养殖规模，基本能进行择优选留蜂种。但蜂病防控技术差，因昼夜温差大，蜂群易患中囊病，患病后多在网上购买药物治疗，对蜂蜜质量安全造成隐患。然而，当地农牧民基本不会养蜂，都是利用空心树段进行传统养蜂，缺乏养蜂技术。

图3 蜂场

六、现状与利用

（一）发展现状

鲜水源中蜂尚未进行品种审定以及品种登记，主要由蜂农野外收捕和自繁、自养。近年来，四川省蜂业管理站、甘孜州蜂业管理站联合相关高校和院所对该种群进行了调查和工蜂形态、基因测定，结果表明鲜水源中蜂产生了独特的形态和分子遗传分化。

（二）利用

鲜水源中蜂个体大，蜂群分蜂性弱，可维持较大群势，采集力强，消耗饲料少，越冬能力强，对高海拔高寒地区有较强的适应性，可作为育种素材。目前，尚未对鲜水源中蜂建立保种场或保护区，未见对其进行生化或分子遗传方面的研究报道。

雅江中蜂

雅江中蜂是经过长期自然选择而形成的中华蜜蜂的一个生态类型，因分布于雅江县境内而得名。

一、一般情况

（一）分布

1. 主产区在该县的呷拉镇、河口镇、八角楼乡 3 个乡镇。

2. 分布区在该县的米龙乡、麻郎措乡、恶古乡、八衣绒乡、波斯河乡、牙衣河乡共 6 个乡镇。

（二）自然生态条件

雅江县海拔约 2 640m，地处川西北丘状高原山区，横断山脉中段，大雪山脉与沙鲁里山脉之间的山原地带，地势北高南低。西南部是极高山地貌，海拔 5 000m 以上，中部为河谷地貌，东北和西北部为山原地貌。雅江县属青藏高原亚湿润气候区，年平均气温 11℃，年降水量 650mm，无霜期 188d，年均日照 2 319h。

主要蜜源植物有黄连、狼牙刺、苹果、梨、花椒、核桃、扁桃、葵花等林果类，贝母、牡丹等野生药用植物。丰富的蜜源植物为境内的中蜂繁育、生产提供了有利条件。

图 1 生态环境

二、品种来源与数量

（一）雅江中蜂形成

雅江中蜂生态类型是生长在雅江县境内邛崃山脉、雅砻江流域区形成的高山峡谷中的自然蜂种，经生殖隔离和长期的自然选择而形成的一个中蜂生态类型。2016 年调查，雅江中蜂现有人工饲养量为 1 167 群，全部采用传统方式饲养。

（二）群体规模

雅江中蜂大都采用中空树段土法饲养。利用自然分蜂的方式进行分群，分布的野生中蜂数量较多，在分蜂季节，当地农牧民通过在野外岩石下安放蜂桶的方式，诱捕野生蜂群进行饲养，蜂群数量变化不大，无外来中蜂群引入。

三、形态特征和生物学特性

（一）形态特征

雅江中蜂是中华蜜蜂中个体较大的一个生态型。蜂王呈黑色，雄蜂呈黑色，工蜂的足及腹节腹板呈黑灰色，第 3 和第 4 背板黄色区域较窄。其他主要形态特征见表 1、表 2、表 3、表 4。

表 1 雅江中蜂主要形态标记表　　单位：mm

地点	吻长	股节长	胫节长	基跗节长	基跗节宽
雅江县	5.33±0.02	2.64±0.01	3.13±0.08	2.20±0.06	1.18±0.01

表 2 雅江中蜂主要形态标记表　　单位：mm

地点	右前翅长	右前翅宽	a/b	第 6 腹板长	第 6 腹板宽
雅江县	9.04±0.01	3.55±0.03	3.12±0.50	2.60±0.02	2.85±0.02

表 3 雅江中蜂主要形态标记表　　单位：个、mm

地点	第 4 腹板长	蜡镜长	蜡镜斜长	蜡镜间距	后翅钩（个）
雅江县	2.46±0.05	1.39±0.01	2.22±0.07	0.26±0.03	17.80±0.53

表 4 雅江中蜂主要形态标记表　　单位：mm

地点	第 3 背板长	第 4 背板长	第 5 背板长	第 5 背板绒毛带长	第 5 背板光滑带长
雅江县	2.34±0.04	2.13±0.04	2.06±0.03	1.43±0.04	0.51±0.03

（二）生物学特性

雅江中蜂蜂王产卵力强，蜂群分蜂性弱，可维持群势 7～8 框以上群势，采集力强，消耗饲料少，越冬能力强，盗性较强，性情较凶暴，易感染中蜂囊状幼虫病，抗病力较弱，适宜高寒山地饲养。

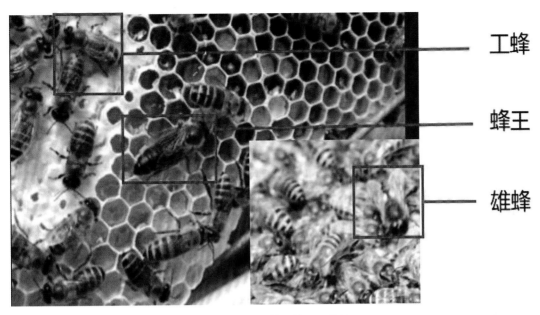

图2 工蜂、蜂王和雄蜂

四、生产性能

（一）蜂蜜产量

雅江中蜂以产蜜为主，传统木桶饲养一年取一次蜂蜜，年均产量6～10kg。

（二）蜂蜜质量

传统方式饲养的蜂群生产的蜂蜜含有大量蜂花粉，口感香味特殊，且含一些蜂蜡等杂质，更能体现其蜂蜜的真实性，因而这样的蜂蜜很受当地消费者的青睐，价格也相对较高。

五、饲养管理

雅江中蜂大都采用中空树段土法饲养，利用自然分蜂的方式进行分群。雅江中蜂分布的野生中蜂数量较多，在分蜂季节，当地农牧民通过在野外岩石下安放蜂桶的方式，诱捕野生蜂群进行饲养，取蜜方式为割脾取蜜。

六、现状与利用

（一）发展现状

目前，雅江中蜂尚未进行品种审定以及品种登记，主要由蜂农野外收捕，自繁、自养，群体规模较小。近年来，四川省蜂业管理站、甘孜州蜂业管理站联合高校和科研院所对该生态类型分布区域的蜂群进行了采样调查及工蜂形态、基因测定，得出该生态类型产生了独立的遗传分化。

（二）利用

雅江中蜂具有个体大，蜂群分蜂性弱，可维持较大群势，采集力强，消耗饲料少，越冬能力强等优点。可作为育种素材，进行提纯复壮，或对其他非保护区的中蜂进行杂交改良。目前雅江中蜂饲养量仅为 1 167 群，且全部为传统方式饲养，应在有条件的区域适当推广活框饲养技术，提高饲养技术，扩大蜂群饲养规模，同时也可推进雅江中蜂的保护和利用。雅江中蜂于 2019 年 3 月申报四川省中蜂遗传资源保护区，雅江县人民政府关于划定雅江中蜂种质资源地域保护范围的通知（雅府办发 [2019]17 号文）。

图 3　蜂场

第七章

藏獒

藏獒

藏獒是一种古老的犬种。藏獒又名蕃狗、多启、大狗，古称苍猊犬等。

一、一般情况

（一）分布及数量

藏獒产于青藏高原，据有记载起距今已有 2000 多年的历史，2000 多年以前藏獒便活跃在喜马拉雅山脉，以及海拔 3 000 多米以上的青藏高原地区。

甘孜州的藏獒属于康巴系，主要分布在石渠、色达、理塘、德格、白玉纯牧区县；雅江、巴塘、稻城、乡城、得荣、康定、九龙、丹巴、道孚、炉霍、甘孜、新龙、泸定半农半牧区县（市）亦有分布，有藏獒 8 480 只。

（二）产区自然生态条件

甘孜州的藏獒产区海拔高，气候寒冷，最低平均气温达 –10℃～15℃，主要农作物为耐寒、耐旱的青稞、小麦、豌豆等，主要牲畜为耐寒的牦牛、藏绵羊等。境内地势变化显著，地貌类型复杂多样，既有深切的高山峡谷，又有平坦辽阔的高原，形成了热带、亚热带、温带、寒带和湿润、半湿润，半干旱和干旱等多种多样的气候类型，同时也形成了青藏高原地区所特有的生物种群组成和生态系统类型。

（三）特性、特征

藏獒是喜食肉和带有腥膻味食物的杂食动物。耐严寒，不耐高温；听觉、嗅觉、触觉发达，视力敏锐，味觉较差；领域性强，善解人意，忠于主人，记忆力强；勇猛善斗，护卫性强，尚存野性，对陌生人有攻击性。

二、品种形成与数量结构

（一）品种形成

藏獒起源于羌狗，随着羌族进入藏区游牧生活驯养而成藏犬，距今已有 2000 年的历史。

据《尚书·旅獒篇》记载，周武王统一中国后，有西旅献獒。周武王的史记官员太保作旅獒篇："惟克商，遂通道于九夷，西旅底贡藏獒，太保乃作旅獒，用训于王，曰：呜呼！明王慎德，四夷咸宾，无有远迩，毕献方物……"。这是最早有关的史记载。《尔雅·释畜》中有记载说："捡、猲獢犬，四尺为獒。"而《博物志》有载"周穆王有犬，名耗毛白；晋灵公有畜狗，名奖；韩国有黑犬，名虚，犬四尺为奖"。说明周以后，藏獒已广为帝王将相所豢养。表明藏獒已由当时广泛居住和分布在青藏高原的少数民族（古羌人的不同部族，今藏民族的祖先）培育成功。

三、体型外貌

藏獒头大而方,额面宽,眼睛黑黄,嘴短而粗,嘴角略重,吻短鼻宽,舌大唇厚。颈粗有力,颈下有垂,形体壮实,听觉敏捷,视觉锐利,前肢五趾尖利,后肢四趾钩利,犬牙锋利无比,耳小而下垂,收听四方信息,尾大而侧卷。全身被毛长而密,身毛长 10 ～ 40cm,尾毛长 20 ～ 50cm,毛色以黑色为多,其次是黄色、白色、青色和灰色,四肢健壮,便于奔跑,动如豹尾骨架粗壮、体魄强健、吼声如雷、英勇善斗。藏獒类型按头部的饰毛分有狮头型、虎头型;从毛色分类,可分为纯白色(雪獒)、纯黑色、黑背黄腹色(四眼毛色,也称铁包金)、棕红色、杏黄色及狼青色;按地域有西藏型、青海型和河区型。甘孜州的藏獒按地域属于青海型。

图 1 藏獒(公)　　　　　　　　　　图 2 藏獒(母)

四、体重及体尺

甘孜州的藏獒体尺与青海玉树藏獒接近,青海型藏獒体尺见表1。

表 1 青海型藏獒体尺测定表　　　　　　　单位:只、kg、cm

性别	数量	体重(kg)	体长(cm)	体高(cm)	胸围(cm)	管围(cm)
♂	45	65.2±5.11	78.6±3.61	68.2±4.18	67.9±3.68	15.2±0.63
♀	55	57.4±4.58	66.8±3.48	63.8±3.14	65.6±3.46	12.7±0.54

(表 1 数据摘自郭万春等的"青藏高原不同类型藏獒体尺的调查研究")

五、生产性能

(一)生长特点

藏獒体重的绝对增长(日增重)在 6 月龄前是持续的,6 月龄以后随着日龄的增加,生长速度逐渐减少。根据藏獒生长发育特点和规律,其最重要的生长发育阶段是在 3 ～ 6 月龄期间。此阶段的日增长量可以达到最高值,体高的生长发育也处于十分关键的时期。忽略了 3 ～ 6 月龄藏獒的饲养和培育,就很难培育出高大雄壮和熊风虎威形态的犬只。另外,研究也证明 6 月龄以后公藏獒的发育慢于母藏獒,或者说,公藏獒有较长的发育过程和生长期。

（二）繁殖性能

藏獒因几千年都生活在极其恶劣的环境中，造就了它独有特殊的生活习性和抗逆性。发育较慢、性成熟较迟，在生理、繁殖方面也和其他犬类大不相同，每年只繁殖1次。藏獒母犬10月龄性成熟，1.5岁体成熟，每年的9月～11月份发情，妊娠期一般为58～63d，平均60d。产仔多集中在11月、12月和翌年1月。母獒最佳配种繁殖年龄2～5岁，利用繁殖年限最高可达10～12岁。公獒12～14月龄性成熟，2岁体成熟，寿命12～15岁，少数个体可达20年以上。

六、饲养管理

藏獒是食肉目犬科犬属动物，具有杂食性和广食性的摄食特点，在青藏高原广大牧区，偏肉食性，包括马、牛、羊等家畜和生活在青藏高原的多种野生动物的肉、骨、内脏等都可为藏獒所摄食。除食肉、骨等动物性食物外，也吃各种谷物、蔬菜，如糌粑汤、莲白汤、米饭。藏獒具有暴食性、护食性特点。饲养管理条件的保障是培育藏獒的关键因素，要予以高度重视，并且重视藏獒的驯育。同时注意环境卫生、及时驱虫、防疫。

七、品种保护和研究利用

藏獒独有的特性成为甘孜州农牧民看守帐篷、守牲畜等生命财产必需的动物，目前，有些企事业单位也引进藏獒守护财产，有的国家和地区引用藏獒参与刑侦工作。藏獒价值昂贵，近年来国内外的商人不同程度地建立大小不一的藏獒养殖基地，进一步研究和推广藏獒。

目前，甘孜州还未建立保种群或保种选育核心群，也尚未进行开发利用方面的研究。

八、品种评价

藏獒能够在 –30℃～35℃的环境中保持健康，食欲旺盛，生长发育正常，适应性好，抗病力强。为了使藏獒的品种优良基因得到很好的保存，建议在保护基地内建立藏獒保种群或保种选育核心群，便于品种保护与选育、利用同步进行。同时利用杂种优势，合理利用藏獒遗传资源，培育肉用犬新品种。

附录

一、参考资料

一、国家畜禽遗传资源委员会组编·《中国畜禽遗传资源志·牛志·羊志·猪志·鸡志·马志·蜂志》北京：中国农业出版社出版，2011

二、刁运华主编，《四川畜禽遗传资源志》.成都：四川出版集团·四川科学出版社出版，2009

三、《四川省甘孜藏族自治州畜种资源》《四川省甘孜藏族自治州畜种资源》编写小组，1984年5月

四、甘孜州畜牧局编.《甘孜藏族自治州畜牧志》，2001年12月

五、甘孜州家畜改良站、甘孜州农牧局、甘孜州农业区划办公室主编.《四川省甘孜藏族自治州畜种区划》，1986年12月

六、四川省甘孜藏族自治州白玉县志编纂委员会编.《白玉县志》成都：1994年四川大学出版社出版

七、四川省德格县志编纂委员会编纂.《德格县志》成都：四川人民出版社出版，1993

八、泸定县县志编纂委员会编纂.《泸定县志》成都：四川科学出版社出版，1999

九、得荣县地方志编纂委员会编纂.《得荣县志》成都：四川大学出版社出版，2000

十、四川省稻城县志编纂委员会编纂.《稻城县志》成都：四川人民出版社出版，1997

十一、石渠县志编纂委员会编纂.《石渠县志》成都：四川人民出版社出版，2000

十二、四川省理塘县地方志编纂委员会编纂.《理塘县志》续编成都：四川科学技术出版社出版，2009

十三、四川巴塘县志编纂委员会编纂.《巴塘县志》成都：四川民族出版社出版，1991

十四、甘孜州统计局编.《甘孜州统计年鉴》1991年

十五、甘孜州统计局编.《甘孜州统计年鉴》2001年

十六、2006年《甘孜州统计年鉴》甘孜藏族自治州统计局、国家统计局甘孜调查队编

十七、主编：李良 张锡洲，副主编：张翼 马代君 唐毓.《耕地地力评价报告—以甘孜藏族自治州为例》成都：四川财经大学出版社出版，2016

十八、新龙县农牧科技局主编.《新龙县农牧志》（1951～2006），2010年12月

十九、2018年甘孜州牧业统计数据 甘孜州农牧农村局。

二十、四川省统计局、国家统计局四川省调查总队、农业农村厅水产局编.《四川农村统计年鉴》（2007～2017）

二十一、蜂的资料由甘孜藏族自治州蜂业管理站提供。

二、甘孜藏族自治州遗传资源调查组织机构及成员名单

（一）甘孜藏族自治州州级畜禽遗传资源调查领导小组成员名单

组　　长：杨树农　甘孜藏族自治州农牧农村局原党组副书记、副局长

副组长：王大成　甘孜藏族自治州农牧农村局原总畜牧师

成　　员：邹家凌　甘孜藏族自治州农牧农村局财务科科长

　　　　　任　进　甘孜藏族自治州农牧农村局原畜牧业科科长

　　　　　毛进彬　甘孜藏族自治州畜牧站站长

　　　　　张月明　甘孜藏族自治州原蜂业管理站站长

（二）甘孜藏族自治州州级畜禽遗传资源调查实施小组成员名单

组　　长：毛进彬　甘孜藏族自治州畜牧站站长、农业技术推广研究员

副组长：方世界　甘孜藏族自治州畜牧站分管财务副站长

　　　　　王　平　甘孜藏族自治州蜂业管理站副站长、高级畜牧师

成　　员：阿农呷　甘孜藏族自治州畜牧站高级畜牧师

　　　　　代舜尧　甘孜藏族自治州畜牧站高级畜牧师

　　　　　张永成　甘孜藏族自治州畜牧站高级畜牧师

　　　　　杨鹏波　甘孜藏族自治州畜牧站畜牧师

　　　　　彭海云　甘孜藏族自治州畜牧站畜牧师

　　　　　冯　勇　甘孜藏族自治州畜牧站畜牧师

　　　　　涂永强　甘孜藏族自治州畜牧站畜牧师

　　　　　王俊杰　甘孜藏族自治州畜牧站助理畜牧师

　　　　　王照燕　甘孜藏族自治州畜牧站畜牧师

　　　　　邓启红　甘孜藏族自治州畜牧站助理畜牧师

　　　　　格桑拉姆　甘孜藏族自治州畜牧站高级畜牧师

　　　　　罗晓蓉　甘孜藏族自治州畜牧站高级畜牧师

　　　　　潘晓玲　甘孜藏族自治州畜牧站畜牧师

　　　　　杨小波　甘孜藏族自治州畜牧站初级工

　　　　　张月明　甘孜藏族自治州蜂业管理站原站长

　　　　　余廷辉　甘孜藏族自治州蜂业管理站助理畜牧师

　　　　　赵光阳　甘孜藏族自治州蜂业管理站助理畜牧师

　　　　　高太利　甘孜藏族自治州蜂业管理站高级畜牧师

　　　　　黄　伦　甘孜藏族自治州蜂业管理站硕士研究生

　　　　　黄耀琼　甘孜藏族自治州蜂业管理站畜牧师

　　　　　樊世蓉　甘孜藏族自治州蜂业管理站畜牧师

（三）县（市）参加调查单位及成员名单

1. 稻城县农牧农村和科技局：杨得平、刘明刚、余先琼、娜珍、陈国红、何宗伟、黄尼玛、杨珊、何政东

2. 新龙县农牧农村和科技局：阿拥、樊珍祥、泽翁洛泽、刘志才、张锐平、登子

3. 理塘县农牧农村和科技局：翁登、毕堂平、四郎彭措、李松明、昂旺丁真

4. 色达县农牧农村和科技局：曹银波、尼玛登珠（李祥）、欧华、泽绒加、色麦

5. 石渠县农牧农村和科技局：拥忠彭措、泽仁洛日、四郎措、吴松

6. 得荣县农牧农村和科技局：陈康全、雷君勇、郭格桑、吉俄曲者、马贵云、海金平、李阳、恩珠、次仁

7. 泸定县农牧农村和科技局：陈敏、殷国蓉、龙昆、文俐、张德成、李雪郊、夏永彬、王孝琼、王谊、杜雨

8. 九龙县农牧农村和科技局：王孝康、马文才、袁玲、甘万华、孙文平、叶子月哈、成涛、邵发亮、伍福秋、施前全、李玉萍、杨兴康、正开平、李元富、程瑜

9. 德格县农牧农村和科技局：尼玛泽仁、春华、尼破沙塔、苏光奎、冲翁扎西、泽仁瓦德、彭陆斤、王朋聪、罗林、泽仁扎姆

10. 白玉县农牧农村和科技局：冷安书、牟桂娟、吴伟、尼尔学康

11. 巴塘县农牧农村和科技局：格绒卓玛、斯朗拥忠、杨恩超、拥忠多吉

12. 道孚县农牧农村和科技局：李永寿、罗建梅、李雪梅、莫双千

13. 丹巴县农牧农村和科技局：学加纳尔布、王燕军、唐勇、刘洪、纳尔加泽郎、肖文平

14. 甘孜县农牧农村和科技局：汤中才、巴登郎加

15. 乡城县农牧农村和科技局：杨武、郎拥忠、格玛拉姆、陈亭宇、格桑

16. 雅江县农牧农村和科技局：杨超、彭措德吉、张兴、格德牙迫、刘斌、黄喜忠

17. 炉霍县农牧农村和科技局：伍晓君、尼强、生措、王瑞

18. 康定市农牧农村和科技局：曲批、蒋军、陈勇、吴斌、樊斌

19. 海螺沟景区管理局农业处：陈专、郑亚琴、谢忠强

20. 四川省草原科学研究院：罗晓林、杨平贵、周明亮、赵洪文、官久强、陈明华、庞倩

21. 四川省畜牧总站：徐旭、李强、周光明、王小强

22. 四川省蜂业管理站：王顺海、赖康